辽河流域水战略研究

LIAOHE LIUYU
SHUIZHANLUE YANJIU

《辽河流域水战略研究》编纂委员会 著

中国水利水电出版社
www.waterpub.com.cn
·北京·

内 容 提 要

辽河是中国七大江河之一，流经河北省、内蒙古自治区、吉林省、辽宁省，全长1345公里。辽河流域位于东北地区西南部，流域总面积22.14万平方公里。在当前全球化、信息化、智能化的时代，融合发展已经成为推动社会进步和经济发展的重要手段和途径。没有融合发展，就没有创新，就不会有高质量的发展。本书根据辽河流域发展现状及未来发展方向，提出水网（防洪减灾网、供水保障网、河湖生态网、水文化景观网和智慧水利网）＋运网（松辽航运网）6网融合发展的辽河流域水战略。以水资源调配促水利发展，以人工运河促航运发展，两者之间又有“蓄水通航”“借水行舟”相融合，跨水利、交通两大领域对辽河流域水网运网融合的水战略进行研究。本书包括以下11个部分的内容：水是国运民生命脉；辽河流域本底状态与总体战略研究；辽河流域高标准防洪减灾网；辽河流域空间均衡供水保障网；辽河流域高质量河湖生态网；高品质水文化景观网；高效能智慧水利网；松辽航运网战略方案研究；辽河流域水安全评价体系研究；辽河流域水管理模式研究及结语。

本书主要适用于水利与交通两大领域的专家学者以及关注交通、水利的相关人士研究探讨。

图书在版编目（CIP）数据

辽河流域水战略研究 / 《辽河流域水战略研究》编纂委员会著. -- 北京 : 中国水利水电出版社, 2024. 8.
ISBN 978-7-5226-2698-7
Ⅰ. TV213.4
中国国家版本馆CIP数据核字第2024J4E381号

书　　名	**辽河流域水战略研究** LIAO HE LIUYU SHUIZHANLÜE YANJIU
作　　者	《辽河流域水战略研究》编纂委员会　著
出版发行	中国水利水电出版社 （北京市海淀区玉渊潭南路1号D座　100038） 网址：www.waterpub.com.cn E-mail：sales@mwr.gov.cn 电话：（010）68545888（营销中心）
经　　售	北京科水图书销售有限公司 电话：（010）68545874、63202643 全国各地新华书店和相关出版物销售网点
排　　版	中国水利水电出版社微机排版中心
印　　刷	北京中献拓方科技发展有限公司
规　　格	184mm×260mm　16开本　12.25印张　298千字
版　　次	2024年8月第1版　2024年8月第1次印刷
印　　数	001—200册
定　　价	**168.00**元

《辽河流域水战略研究》编纂委员会

前言

辽河是中国东北地区南部的河流，是中国七大河流之一。其在汉代以前称句骊河，汉代称大辽河，五代以后始称辽河。辽河有二源，东源称东辽河，西源称西辽河。一般以西辽河为正源，而西辽河又有两源，南源老哈河，北源西拉木伦河。两源于翁牛特旗与奈曼旗交界处会合，为西辽河干流，自西南向东北，流经河北省平泉县，内蒙古自治区宁城县、翁牛特旗、奈曼旗、开鲁县、通辽市，吉林省双辽市，至内蒙古科尔沁左翼中旗白音他拉纳右侧支流教来河继续东流，在小瓦房汇入北来的乌力吉木伦河后转为东北—西南向，进入辽宁省。东源东辽河出自吉林省东南部吉林哈达岭西北麓，北流经辽源市，穿行二龙山水库，在辽宁省昌图县福德店与西辽河汇合。东西两源汇合后始称辽河（干流）。

辽河干流继续南流，经辽宁省昌图县、康平县、法库县、开原市、铁岭市、沈阳市、新民县、辽中县、台安县、盘锦市、盘山县、大洼区等县市，分别纳入左侧支流招苏台河、清河、柴河、泛河和右侧的秀水河、养息牧河、柳河等支流后，曾在盘山县六间房水文站附近分成两股。一股西行经台安县，盘锦市双台子区，在盘山县纳绕阳河后入渤海，旧称此段为双台子河，实际为辽河真正的入海口。另一股南行，称外辽河，在三岔河水文站与浑河、太子河汇合后称大辽河，穿过大洼县、大石桥市，于营口市的老边区入渤海。自 1958 年外辽河于六间房截断后，浑、太两河汇成大辽河，成为独立水系。

辽河全长 1345km，流域总面积 22.14 万 km^2，其中平原区面积 9.48 万 km^2，山丘区面积 12.66 万 km^2。作为中国七大江河之一，辽河水一路向南、奔赴大海，连接了河口、海湾等类型多样的生态单元，养育了各具特色的生物群落。辽河流域是国家重要的工业和商品粮基地、东北振兴核心区、老工业基地绿色转型示范区，发展基础扎实，生态地位重要，文化底蕴厚重，对维护国家国防安全、粮食安全、生态安全、能源安全和产业安全，引领实现东北全面振兴、全方位振兴至关重要。如何做好辽河流域“水文章”，更好服务于经济、社会、生态环境和国家重大战略，提出切实可行的辽河流域水战略，是非常必要的。

中国经济的高速发展离不开基础设施支撑，“中国模式”成功的背后是高质量构建起的几大“网络”，有总里程超越15万km的中国高速公路网，可绕地球赤道4圈；有总里程达到3.5万km的中国高速铁路网，占世界高铁总里程的70％；也有“三纵三横一环”覆盖全国的特高压电网，年输电量占全球总发电量的25％。这几张“网”保证了我国经济发展所需的电力、物流、交通、人力、贸易需求，是中国能成为“世界工厂”的基础保证。中国打造大“网”的脚步不会停止，在党的十九届五中全会上，党中央提出了要“加强水利基础设施建设，提升水资源优化配置和水旱灾害防御能力”“积极构建国家水网”。2022年5月，中共中央、国务院印发了《国家水网建设规划纲要》，提出“坚持先节水后调水、先治污后通水、先环保后用水，聚焦流域区域发展全局，兼顾生态、航运、发电等用水保障，推进南水北调后续工程高质量发展，实施一批重大引调水工程，加强互联互通，加快形成战略性输水通道，优化水资源宏观配置格局，增强流域间、区域间水资源调配能力和城乡供水保障能力，促进我国人口经济布局和国土空间利用格局优化调整。”2019年《交通强国建设纲要》印发实施，2021年2月，中共中央、国务院印发《国家综合立体交通网规划纲要》，为我国综合立体交通网建设描绘了宏伟蓝图、指明了前进方向。

辽宁当前的水资源开发利用格局与国土空间布局、自然生态系统格局还不相协调，人口经济与资源环境不相均衡。在辽中南城市群、沿海经济带、辽西粮食主产区等刚性用水需求无法保障的水资源超载区，当节水达到一定限度时，落实空间均衡还需要谋划开拓外来水源，提升水资源现代化调度能力，立足流域整体和水资源空间均衡配置，科学推进重大引调水工程规划建设。在实现供水基本公共服务均等化和提升水旱灾害防御能力方面，需要更高标准完善水利基础设施网络，优先推进城乡供水一体化建设，通过现代水网统筹调度，努力实现水资源供给与需求在更高水平的动态平衡，从根本上增强辽宁省水安全风险防控能力。

交通运输是国民经济中基础性、先导性、战略性产业和重要的服务性行业，交通现代化是国家现代化的重要标志。水运是综合运输体系的重要组成部分，具有运能大、成本低、能耗小、污染少等比较优势。建设松辽运河是东北地区人民的百年梦想，事关东北地区通江达海、向海图强，事关松辽运河沿线地方长远发展。修建松辽运河这个设想最早从清康熙年间提出，已历经 300 多年。松辽运河建设可形成贯通东北地区的水运出海大通道，彻底改变东北地区内河水运无出海口的困局，打造新型松辽水系生态经济带，是国家构建新发展格局的重大工程，也是东北振兴的头号工程和重要抓手，功在当代，利在千秋。

在当前全球化、信息化、智能化的时代，融合发展已经成为推动社会进步和经济发展的重要手段和途径。没有融合发展，就没有创新，就不会有高质量的发展。本书根据辽河流域发展现状及未来发展方向，提出水网（防洪减灾网、供水保障网、河湖生态网、水文化景观网和智慧水利网）＋运网（松辽航运网）6 网融合发展的辽河流域水战略。水网：按照水资源、水环境、水生态、水灾害、水文化“五水统筹”的基本思路，系统解决辽河流域面临的涉水问题，构建辽河流域现代水网，具体打造“五张网”，即防洪减灾网、供水保障网、河湖生态网、水文化景观网和智慧水利网。防洪减灾网守江河安澜护万家无虞，供水保障网促民生发展保供水安全，河湖生态网护绿水青山保生态安全，水文化景观网促历史传承显文化底蕴，智慧水利网以数字孪生促信息智能。运网：按“蓄水通航”理念，建设松辽运河，连通松花江至黑龙江同江，再通过抚远水道直至鞑靼海峡，贯通东北 3100km 的黄金水道，另连通嫩江、黑龙江、乌苏里江，形成东北超过 7000km 高等级航道网。

本书从两个角度，以水资源调配促水利发展，以人工运河促航运发展，两者之间又有“蓄水通航”“借水行舟”相融合，在技术可行、经济合理的基础上，根据《国家水网建设规划纲要》和《交通强国建设纲要》，跨水利、交通两大领域提出辽河流域水网运网融合的水战略。水网和运网的建设将促进辽中南、哈长两大国家级城市群的繁荣发展，形成线状延伸的生产、流通一体化的松辽运河经济走廊，形成黑龙江、吉林及蒙东出海新通道，形成水运、海运、陆运、空运连通，环中国东北、俄罗斯远东和朝鲜半岛的“东北亚国际大通道”，为维护国家国防安全、粮食安全、生态安全、能源安全、产业安全五大安全提供支撑，实现经济效益、社会效益、生态效益、安全效益相统一。

本书在编写过程中，进行了五次比较深入的调研活动。一是对辽河主干以及东辽河和西辽河的实地考察，掌握了辽河流域水资源和生态现状；二是赴吉林省、黑龙江省考察松花江、嫩江和黑龙江，深入到黑河、坤河和抚远具体勘察取水黑龙江的地址；三是赴尼尔基水库水利枢纽、额尔古纳河等，调查未来引水的具体路径；四是赴吉林省、黑龙江省考察黑龙江、额木尔河水资源状况、河道防洪整治工程等；五是赴吉林省松花江丰满水电站及公主岭市东辽河，围绕“辽河综合治理保护”和“东北水网规划、实施北水润辽工程、建设东北大运河”等议题开展调研。此外还以咨询会、研讨会、座谈会等形式进行课题研究。在此对研究中大力支持我们的吉林省政协和水利厅、黑龙江省政协和水利厅、内蒙古自治区政协和水利厅、南水北调集团、水利部水利水电规划设计总院、水利部松辽水利委员会、清华大学、中水东北勘测设计研究有限责任公司等单位表示诚挚的感谢。本书课题组成员有辽宁省政协、辽宁省水利厅、水利部水利水电规划设计总院、辽宁省水利水电勘测设计研究院有限责任公司、东北财经大学、大连海事大学、辽宁社会科学院、辽宁省期刊协会、沈阳农业大学、辽宁大学、长春工程学院等单位相关人员组成，值此本书出版之际，特向各参与单位的朋友们表示衷心感谢。

由于编者水平有限，书中疏漏和错误之处在所难免，敬请广大读者批评指正。

编纂委员会

2024年4月

目 录

前言

第 1 章 水是国运民生命脉 …… 1

第 1 节 水与文明 …… 1

第 2 节 辽河是辽宁人民的母亲河 …… 2

第 3 节 水与“五大安全”的战略关系 …… 3

第 4 节 辽河水战略研究的目的和意义 …… 5

第 2 章 辽河流域本底状态与总体战略研究 …… 7

第 1 节 流域特征及水流特点 …… 7

第 2 节 水利发展现状分析 …… 14

第 3 节 水利发展形势分析 …… 20

第 4 节 航运发展现状分析 …… 21

第 5 节 航运发展形势分析 …… 25

第 6 节 辽河流域六网融合发展战略 …… 26

第 3 章 辽河流域高标准防洪减灾网 …… 28

第 1 节 基本思路与格局 …… 28

第 2 节 河流防洪体系建设 …… 32

第 3 节 涝区排涝体系建设 …… 36

第 4 节 沿海防潮体系建设 …… 39

第 5 节 洪涝潮风险防控 …… 39

第 4 章 辽河流域空间均衡供水保障网 …… 41

第 1 节 基本思路与格局 …… 41

第 2 节 水资源节约集约利用 …… 42

第 3 节 未来水资源需求分析 …… 45

第 4 节 北水润辽东北一体化战略工程研究 …… 48

第 5 节 水资源空间均衡配置 …… 49

第 5 章 辽河流域高质量河湖生态网 …… 53

第 1 节 基本思路与格局 …… 53

第 2 节 河湖生态廊道建设 …… 54

第 3 节 辽河口国家公园建设 …… 58

第 4 节 水土保持与水源涵养 …… 71

第 5 节　重要河湖生态流量保障 …… 73
第 6 节　饮用水水源地保护 …… 74
第 7 节　河湖水系连通与水美乡村建设 …… 75
第 8 节　地下水保护与治理 …… 79
第 6 章　高品质水文化景观网 …… 81
第 1 节　基本思路与格局 …… 81
第 2 节　提升水文化软实力 …… 81
第 3 节　建设精品水文化工程 …… 83
第 4 节　水活经济新模式探索 …… 95
第 7 章　高效能智慧水利网 …… 115
第 1 节　基本思路与格局 …… 115
第 2 节　立体感知网建设 …… 116
第 3 节　数字水流仿真网建设 …… 118
第 4 节　智慧水利应用体系建设 …… 122
第 5 节　强化网络安全体系 …… 123
第 8 章　松辽航运网战略方案研究 …… 124
第 1 节　基本思路与建设契机 …… 124
第 2 节　松辽航运网对经济发展的促进作用分析 …… 125
第 3 节　松辽航运网建设方案研究 …… 133
第 9 章　辽河流域水安全评价体系研究 …… 139
第 1 节　水安全评价指标体系的研究现状 …… 139
第 2 节　常用评价方法 …… 140
第 3 节　辽河流域水安全评价指标体系的构建 …… 148
第 4 节　实例研究 …… 152
第 10 章　辽河流域水管理模式研究 …… 157
第 1 节　水法治体系研究 …… 157
第 2 节　水网良性运行机制研究 …… 163
第 3 节　水行业监管模式研究 …… 167
第 4 节　重大工程建管模式研究 …… 178
结语 …… 183
参考文献 …… 185

第1章 水是国运民生命脉

水，自古以来便是文明的血脉，是国运昌隆与民生福祉的根基。它滋养着万物生灵，孕育了灿烂的文化，也见证了无数王朝的兴衰更替。从大禹治水的传说，到都江堰的千年智慧，从京杭大运河的南北贯通，到现代南水北调工程的宏伟蓝图，中华民族的历史始终与水息息相关。水不仅是农业的命脉、工业的血液，更是生态系统的灵魂。它不仅承载着历史的记忆，更寄托着未来的希望。它的丰沛与匮乏，直接关系到一个国家的繁荣与稳定。然而，随着全球气候变化与人类活动的加剧，水资源正面临着前所未有的挑战。干旱、洪涝、水污染等问题频发，成为制约经济社会发展的重要因素。如何科学合理地利用水资源，如何实现水资源的可持续管理，已成为当今世界共同关注的重大课题。对于中国这样一个水资源分布不均、人均占有量偏低的国家而言，水的问题更是关乎国计民生的核心议题。

第1节 水与文明

水是万物之母，生存之本，文明之源，是人类以及所有生物存在的生命资源。纵观人类文明的发展，从起源，到聚集，到迁移，到疾病与战争再到繁荣和交流，这一切，都和水有关。文明依赖于水的滋养，需要水技术的支撑。治水理念之智慧，工程设计之巧妙，无一不加速着人类社会的蓬勃发展。于是研究水、净化水、管理水，并与水的基因在历史的长河中逐渐融合。储水、运水、净水、治水，随着历史的变迁而不断丰富、完善和发展。

人类逐水而居，文明的起源、进步与发展都得益于水的哺育滋养。自古以来，水对于人类的农业生产、城市建设、经济发展和文明进步有着深远的影响。世界上几乎所有的国家和民族都把自己国土上流淌的河流比作自己的母亲，正是这些河流培育了那里的生命、城市和文明，成为不同文化的发祥之地，繁衍出灿烂的人类文明。

在人类文明史中所出现的四大文明古国，无一例外都诞生和成长于大河流域。中国文明中，水被视为柔顺、谦卑、包容的象征。《道德经》中提到："上善若水，水善利万物而不争，处众人之所恶，故几于道。"水被认为是道家无为而治的典型代表。此外，五行学说中，水与金、木、火、土相互制约，象征着生命和自然的循环；印度文明中，水具有净化和圣洁的意义。恒河被视为神圣的河流，印度教信徒认为沐浴恒河可以洗净罪孽。在佛教中，水也被用于净化仪式；在古埃及文明中，尼罗河被认为是生命之源。水神赫普特是古埃及神话中的重要神祇，掌管尼罗河的洪水；在古希腊文明中，水被认为是万物之源。哲学家泰勒斯认为，"一切皆水"，即万物都起源于水。

另外在世界各地的发展中，水都是极为重要的因素。在古罗马文明中，水被视为财富和生命的象征。罗马人建造了众多的水道、喷泉和浴场，强调水的重要性。在美洲原住民文明中，水具有神圣和生命之源的意义。

我国独特的地理条件和农耕文明决定了治水对中华民族生存发展和国家统一兴盛的重大意义。在我国古代农耕社会，水情决定着农业丰歉，农业丰歉决定着社会安稳。国家统一有利于治水，治水又有利于国家统一。早在 2000 多年前古人就认识到治水的重要性，中国历史上“善为政者，必先治水”。我国历史上一些“盛世”局面，无不得益于统治者对水利的重视，得益于水利建设成就。

辽宁的文明也是一样，与辽河有着不解之缘。辽宁省中南部、辽河下游左岸有金牛山古人类遗址，是中国东北地区最早的一处旧石器时代遗址。新乐遗址是古浑河岸边人类生活遗存的见证，与辽河流域的其他重要遗址一同证明了辽河流域在新石器时代已有人类活动，并创造了全新的文化。红山文化大致范围在燕山以北、大凌河与西辽河上游，著名考古学家苏秉琦先生经研究认为，红山文化在中国文明起源过程中处于‘先走一步’的前导地位。另外朝阳市喀左县水泉乡鸽子洞遗址，地点位于紧贴在大凌河沿岸的悬崖峭壁上，是旧石器时代的古人类生活遗址。海城仙人洞遗址位于孤山镇，地处辽河下游，为旧石器时代晚期和新石器时代早期的古人类生活遗址。后洼遗址位于丹东东港市马家店镇，在鸭绿江入海口处，出土的龙虎石雕成为中华“龙虎文化”的源头，为中华文明起源的多元化提供了重要实证。

辽河流域众多史前遗迹的发现，证明了辽河流域同样孕育了早期的文明与文化，辽河流域与长江流域、黄河流域一样，同为中华民族文明的摇篮。

第 2 节 辽河是辽宁人民的母亲河

辽河是一条滋养万物的生态之河、生生不息的文明之河、泽被八方的命脉之河。古代辽河在《山海经》中称为“潦水”，以其雨后易涝得名；《吕氏春秋·有始览》《淮南子·地形训》中称辽水；《汉书·地理志》《水经》中称为大辽水；北魏郦道元的《水经注》称辽水（称今浑河为小辽水）；唐朝杜佑《通典》中又称大辽水；五代以后称辽河。这是辽河名称变化的基本情况，但在某些朝代和不同的河段上还有一些特殊的名称，如明清以来的史料称辽河中游一段为句骊河、枸柳河、巨流河，下游又称三岔河，另外又有中辽河、外辽河等称呼。

辽河流域位于东北地区西南部，东邻松花江、鸭绿江流域，西邻内蒙古高原，南邻滦河、大凌河流域及渤海，北邻松花江流域，流域总面积 22.14 万 km^2，其中平原区面积 9.48 万 km^2，山丘区面积 12.66 万 km^2。辽河流至辽宁省福德店附近与发源于吉林省的东辽河相汇，经辽北康法丘陵区进入下辽河平原。在下游六间房以下，曾分为两股，一股由双台子河经盘山县入渤海；另一股由外辽河，在三岔河汇入浑河、太子河下游的大辽河，经营口市区入渤海。1958 年，外辽河在六间房附近进行了人工堵截，浑河成为独立水系。辽河干流的主要支流有招苏台河、亮子河、清河、中固河、柴河、泛河、秀水河、养息牧河、柳河和绕阳河，流域内山丘区面积占总流域面积的 57%。辽河干流纵贯辽宁省的辽北康法丘陵区与下辽河平原区，流经辽宁省中部的铁岭、沈阳、鞍山、盘锦四个市，其河谷开阔，地势平坦，河道迂回曲折，河道比降小，泥沙淤积严重，是辽宁省汇流时间最长、泄洪能力差的河流。辽河是地处下辽河平原的辽宁中部经济区的水资源主要来源之一，由辽东山地丘陵区汇入辽河的招苏台河、亮子河、清河、中固河、柴河、泛河等支流是辽河径流在我省内的主要产流区。

作为中国七大江河之一，辽河水一路向南、奔赴大海，连接了河口、海湾等类型多样的生态单元，养育了各具特色的生物群落。西辽河及其众多支流，孕育了著名的红山文化，是中国历史上无法绕过的文化之河。辽河流域的东部主要包括东辽河、辽河干流左侧支流、浑太河等上游地区，属哈达岭、龙岗山脉和千山山脉，该区河流发育，山势较缓，森林茂盛，水资源相对丰富；中部主要包括辽河干流和浑太河等辽河中下游平原区，该区地势低平，土壤肥沃，水资源开发利用程度较高，在河口沿岸有大片的沼泽地分布；西部主要包括西辽河流域，该区沙化明显，分布有流动或半流动沙丘，有著名的科尔沁沙地。西部地区总体来讲水资源匮乏，水土流失及土壤沙化现象严重，生态环境较差。

辽河流域是我国重要的工业基地和商品粮基地。行政区划涉及内蒙古、吉林、辽宁和河北四省（自治区）的20个市（盟）。辽河为辽宁省1550万群众饮水、258万公顷耕地灌溉提供重要水源。辽河流域辽宁段人口数量占辽宁省的62%，土地面积占46.6%，工业增加值占72.2%，是辽宁人民的母亲河。

第3节　水与“五大安全”的战略关系

1.3.1　“五大安全”的战略地位

2018年9月，习近平总书记在沈阳主持召开深入推进东北振兴座谈会时强调，“东北地区是我国重要的工业和农业基地，维护国家国防安全、粮食安全、生态安全、能源安全、产业安全的战略地位十分重要，关乎国家发展大局。”2022年3月，时任辽宁省委书记张国清在《人民日报》发文指出，要“把维护国家‘五大安全’作为重要政治任务，作为推动辽宁全面振兴、全方位振兴的重大机遇”。

维护国家“五大安全”，关键要瞄准方向、发挥优势，形成对国家重大战略强有力支撑。保障国防安全，重点是加强对边境地区经济社会发展和国防建设的保障力度，维护边境稳定和海洋权益。保障粮食安全，重点是优先划定耕地和永久基本农田保护红线，加强优质耕地保护和高标准农田建设。保障生态安全，重点是强化辽东辽西生态屏障建设，争创辽河口国家公园，保护生物多样性。保障能源安全，重点是加强战略性矿产资源勘查、保护与合理利用，加强清洁能源的开发利用。保障产业安全，重点是优化现代产业体系布局，支撑辽宁省提高产业链自主可控和本地配套能力。

1.3.2　水与粮食安全

党中央把粮食安全作为治国理政的头等大事，提出了“确保谷物基本自给、口粮绝对安全”的新粮食安全观。水利是农业的命脉，当前农田水利建设滞后仍然是影响农业稳定发展和国家粮食安全的最大硬伤。近年来，随着耕地分布重心持续北移和北粮南运的粮食生产格局变化，我国水土资源布局不匹配性不断加剧。在全国粮食主产区中，有65%的主产区和约一半以上的粮食主产县位于水资源超载或临界超载区。我国约有三分之一的耕地面积位于江河洪水威胁的中下游，依据第三次全国国土调查主要数据成果，分布在河道、湖区范围内的耕地约有3000万亩，需要进一步结合防洪和耕地占补平衡要求进行优化调整。

辽宁省是农业大省、粮食储备和调出大省，有37个国家级产粮大县，粮食安全地位重要。不同于北方其他省区，辽宁省的辽西、辽中北片区耕地资源丰富，是国家玉米最优产区之一，由于水资源短缺制约，现状耕地灌溉率仅为22.9%和31.6%，远低于全国54%的平均水平。灌溉可提高农作物单产，有调查数据显示，有灌溉条件的玉米单产是旱地单产的1.4～1.5倍，而且产量相对稳定。未来通过东北水网和辽宁省级水网的互联互通，适度增加辽西、辽中北等农业发展有潜力地区的水资源供给，发展高效节水灌溉农业，能有效提高粮食生产能力，可为国家粮食安全产业带构建创造有利条件，为保障国家粮食安全做出积极贡献。

1.3.3　水与生态安全

生态是统一的自然系统，是相互依存、紧密联系的有机链条。人的命脉在田，田的命脉在水，水的命脉在山，山的命脉在土，土的命脉在林和草。要坚持用系统论的思想方法，从生态系统整体性和流域系统性出发，追根溯源、系统治理，强化山水林田湖草沙等各种生态要素的协同治理，推动上中下游地区的互动协作，增强各项举措的关联性和耦合性。在当前辽宁省的治水实践中，将山水林田湖草沙作为生命共同体进行治理的系统性措施还不够，一方面，偏重于治水和治田，对其他要素统筹考虑不够，出现“单打独斗”“一头热”的问题；另一方面，在系统治理过程中对不同行业不同部门之间的协同协作统筹不够。

保障生态安全，迫切需要统筹自然生态各个要素，从涵养水源和修复破损的生态入手，持之以恒开展水源涵养与水土保持。以小流域综合治理、黑土区保护、坡耕地治理、生态清洁小流域建设为抓手，持续推进水源涵养和水土流失综合治理。要提升水生态保护修复与水环境治理能力。重点研究提高生态流量达标率、水土保持率、水生态空间划定率等水生态安全标准，实现水环境状态与水生态系统质量与现代化国家人民美好生活需求和绿色发展要求相匹配。

1.3.4　水与能源安全

水和能源是人类社会赖以生存和发展的物质基础和战略资源。我国是全球最大的能源生产国和消费国，同时也是水资源紧缺国家之一，能源安全和水安全是关系国计民生的全局性、战略性问题。

水是保障能源安全的核心要素，其在能源生产、开采、加工、储存和输送等环节中发挥着不可替代的作用。煤炭产业、火核电是高耗水行业，水电站、抽水蓄能电站的运行也伴随大量的水资源消耗。通过高效的水资源管理、技术创新和综合规划，可以确保能源生产的可持续性，同时缓解水资源短缺对能源安全的威胁。

要强化水安全与能源安全协同布局。紧密对标党的二十大报告提出的“积极稳妥推进碳达峰碳中和”的战略要求，为加快东北地区规划建设新型能源体系和能源产供储销体系提供水资源保障。能源与水协同优化调控对于能源安全与水安全、生态文明建设和双碳目标实现具有的重大现实意义。

1.3.5 水与产业安全

水在保障产业安全中发挥着至关重要的作用，几乎所有产业都直接或间接依赖水资源。把水资源作为最大的刚性约束，合理规划产业规模和产业结构。“以水定产”意味着要实现水资源与产业结构之间相协调、水资源配置与产业布局相适应、水利项目与产业项目相匹配，实现水利项目投入与产业效益的双赢。

通过优化重大水利基础设施布局，加快建设现代化水利基础设施体系，为辽河流域在产业链供应链安全、产业链协同等领域纾困破局提供水利支撑保障。要提升工业供水保障能力，充分考虑水资源保护和开发利用条件，沈阳都市圈、沿海经济带等水资源短缺地区在保障现有工业用水的基础上，严格控制高耗水工业项目。要提升现代服务业供水保障能力。充分保障沈阳建设国家综合枢纽、大连建设东北亚国际物流中心用地用海用水需要。进一步分析辽河流域重要城市的科技研发、工业设计、金融服务等生产性服务业集聚发展高品质高保证率用水需求，建设一批高效节水的高水平现代服务业集聚区。

第4节 辽河水战略研究的目的和意义

实现高质量发展这一首要任务，水利是基础性支撑和重要带动力量。以中国式现代化全面推进中华民族伟大复兴，对辽河流域治理保护赋予了新内涵。在高质量发展的要求下，辽河流域治理保护至关重要。辽河流域面临水资源短缺、水污染和生态退化等问题，治理保护能够恢复生态系统功能，提升防洪能力，改善水质，保障水资源可持续利用。同时，它为农业、工业等产业提供稳定支撑，推动绿色经济和生态旅游发展，助力经济转型。此外，治理保护还能提升居民生活质量促进社会和谐，响应国家战略推动区域协调发展，提升流域应对气候变化的能力增强气候韧性。

辽河水系和浑太河水系贯穿着辽宁的东北与西南。辽河干流处于辽宁省版图的中轴线，连接辽西北、沈阳经济区和辽宁沿海经济带三大经济板块。辽河流域水利发展中既面临着洪涝干旱、工程失事等直接风险，也会因水安全影响到粮食供应、能源供给、生态环境等领域的安全保障。通过深入分析水是国运民生命脉的内涵要求，研判“三新一高”和加快建设农业强国、推进乡村振兴、实现共同富裕等国家战略要求，明确辽河流域水战略研究的目标任务，实现问题导向与目标导向相统一，有机结合战略的原则性和策略的灵活性，提出辽河流域水安全战略格局和保障水安全的相关策略非常必要。

辽宁省当前的水资源开发利用格局与国土空间布局、自然生态系统格局还不相协调，人口经济与资源环境不相均衡。在辽中南城市群、沿海经济带、辽西粮食主产区等刚性用水需求无法保障的水资源超载区，当节水达到一定限度时，落实空间均衡还需要谋划开拓外来水源，提升水资源现代化调度能力，立足流域整体和水资源空间均衡配置，科学推进重大引调水工程规划建设。在实现供水基本公共服务均等化和提升水旱灾害防御能力方面，需要更高标准完善水利基础设施网络，优先推进城乡供水一体化建设，通过现代水网统筹调度，努力实现水资源供给与需求在更高水平的动态平衡，从根本上增强辽宁省水安全风险防控能力。

交通运输是国民经济中基础性、先导性、战略性产业和重要的服务性行业，交通现代化是国家现代化的重要标志。水运是综合运输体系的重要组成部分，具有运能大、成本低、能耗小、污染少等比较优势。建设松辽运河是东北地区人民的百年梦想，事关东北地区通江达海、向海图强，事关松辽运河沿线地方长远发展。修建松辽运河这个设想最早从清康熙年间提出，已历经300多年。松辽运河建设可形成贯通东北地区的水运出海大通道，彻底改变东北地区内河水运无出海口的困局，打造新型松辽水系生态经济带，是国家构建新发展格局的重大工程，也是东北振兴的头号工程和重要抓手，功在当代，利在千秋。

在当前全球化、信息化、智能化的时代，融合发展已经成为推动社会进步和经济发展的重要手段和途径。没有融合发展，就没有创新，就不会有高质量的发展。当前不同产业之间的边界逐渐模糊，通过技术、资本和市场等要素的整合，形成新的产业形态和商业模式。通过不同领域技术的交叉融合，推动科技创新和产业升级。本书根据辽河流域发展现状及未来发展方向，提出水网（防洪减灾网、供水保障网、河湖生态网、水文化景观网和智慧水利网）+运网（松辽航运网）6网融合发展的辽河流域水战略。水网和运网的建设将促进辽中南、哈长两大国家级城市群的繁荣发展，形成线状延伸的生产、流通一体化的松辽运河经济走廊，形成黑龙江、吉林及蒙东出海新通道，形成水运、海运、陆运、空运连通，环中国东北、俄罗斯远东和朝鲜半岛的“东北亚国际大通道”。为维护国家国防安全、粮食安全、生态安全、能源安全、产业安全五大安全提供支撑，实现经济效益、社会效益、生态效益、安全效益相统一。

第2章　辽河流域本底状态与总体战略研究

第1节　流域特征及水流特点

《管子·水地篇》讲：“水者，地之血气，如筋脉之通流者也。”水流具有维系水文循环的自然演化功能，调蓄洪水、调节气候、稀释净化的生态服务功能以及向人类提供水资源、水生态产品及其审美享受的社会服务功能。如同电网调节电流一样，水网是以自然河湖水系为基础，引调水和输配水工程为通道，调蓄工程为节点，智慧化调控为手段的水流调配网络。辽宁河海连通，水系纵横，省内河流分属辽河、松花江和海河三大流域，流域面积50km^2以上的河流845条，其中，5000km^2以上的河流16条，3000～5000km^2的河流4条，1000～3000km^2的河流28条，200～1000km^2的河流181条，100～200km^2的河流203条，50～100km^2的河流356条，平原水网河流57条。降水量自东南向西北递减，年际间差异大且年内分配不均。

2.1.1　辽宁水系流域特征

流域面积5000km^2以上的大型河流有16条，其中辉发河、青龙河仅有部分河段位于辽宁省内，因此主要研究省内14条河流的流域特征，分别为：辽河、鸭绿江、浑河、太子河、绕阳河、柳河、清河、东辽河、老哈河、大凌河、小凌河、大洋河、浑江、爱河。

1. 辽河

辽河是中国七大江河之一，位于东北地区的西南部。东西宽约770km，南北长约539km，东以吉林哈达岭、龙岗山和千山与松花江、东江两流域分界；西和大兴安岭南端内蒙古高原的大、小鸡林河及公吉尔河流域相邻；南以七老图山、努鲁儿虎山、医巫闾山与滦河、大凌河流域毗连；北以松辽分水岭和松花江流域相接。流域总面积22.14万km^2，其中内蒙古自治区13.28万km^2、辽宁省6.93万km^2、吉林省1.54万km^2、河北省0.39万km^2。

流域内东部、西部和南部的西端，被群山环绕，地势较高，一般海拔500m以上，为中、低山丘陵地形；北部为海拔200～300m岗丘地形的松辽分水岭；中部即为著名的辽河平原；南部为渤海。

辽河干流最上游的河道为老哈河，老哈河在海流吐附近与右侧大支流西拉木伦河汇合后称西辽河。西辽河沿途纳教来河、乌力吉木仁河、新开河流经郑家屯，于福德店附近与东辽河汇合，以下称为辽河干流。辽河干流的主要支流有招苏台河、清河、柴河、泛河、养息牧河、柳河和绕阳河。柳河、绕阳河是辽河干流福德店以下各支流中最干旱的两大支流。

辽河流域的中部主要包括辽河干流和浑太河等辽河中下游平原区，该区地势低平，土壤肥沃，水资源开发利用程度较高，在河口沿岸有大片的沼泽地分布。辽河平原是松辽平原的一部分。这里地域广阔、地势低平、河流蜿蜒、堆积物巨厚。一般第四纪松散层厚度为数十至百余米，最厚处在开鲁一带可达 208m。辽河平原的高程变化具有自北向南、自四周向中间倾斜降低之特点，一般由东、西、北部的 450～250m，向干流降至 200～140m，再向南降低至 50～3m 而与渤海相接（相对比高 30～1m），该平原大致以铁法、康平丘陵地和东、西辽河汇口处的福德店为界，分成上、下辽河冲积平原和西辽河的沙坨平原、沙质平原等四个亚区。

2. 鸭绿江

发源于长白山主峰南麓，沿中朝边境从北东流向南西，流经吉林省的临江和集安，与浑江汇合后流入辽宁省的宽甸县、丹东市区，于东港市注入黄海。鸭绿江干流全长 816km，总流域面积 64471km^2，其中中国侧流域面积 32466km^2，辽宁段为 1673km^2。

鸭绿江干流自源头到临江镇为上游段，属高山区，河谷切割较深，山势陡峻，急流滩较多，河道比降为 4.3%，临江镇至水丰水电站为中游段，该段已建三座大型水库（云峰、渭源、水丰），除水库回水段外，尚余自然江段 72km，水丰坝下至江海分界线为下游段，长 118.3km，其中虎山以上 55.8km，属丘陵区，建有太平湾水电站，除库区回水段外，尚余自然江段 26km，虎山以下至江海分界线为河口段，属平原区，长 62.5km，水面宽 800～2000m，平均比降为 0.13%，江中岛屿较多，两岸均为起伏的台地，分布城市与乡镇，洪水受潮水顶托影响。

在鸭绿江左侧朝方支流虚川江、长津江、赴战江上建有黄水院、内中里、沙草坪等 9 座跨流域引水水库，将水引至朝鲜东海岸，总引水面积 5326km^2。这 9 座水库的调节性能多数是多年调节，只在汛期有时溢流，平水期不放流。另外，在秃鲁江上建有秃鲁江水库。

鸭绿江中国侧在辽宁段的主要支流有浑江、蒲石河、安平河、爱河、大沙河等。浑江的流域面积 15414km^2，其中辽宁境内 6032km^2，占鸭绿江在辽宁境内流域面积的 35.95%，爱河流域面积 5902km^2，占鸭绿江在辽宁境内流域面积的 35.3%。

3. 浑河

浑河为辽宁省东部地区的较大河流，流域南部与太子河毗邻，北与清、柴、泛河接壤，东部以龙岗山脉与鸭绿江及松花江分界，流域地处东经 112°20′～125°15′，北纬 41°00′～42°15′。

浑河发源于辽宁省清原县长白山支脉滚马岭。主流于清原附近与第一支流英额河汇合，向西南流至营盘附近，左岸纳入最大支流苏子河，至大伙房附近左岸有社河汇入，向下又依次纳入右、左两岸的章党河和东洲河，然后流经抚顺左岸纳入古城河、拉古河等诸多小河，越沈阳改向西南流，右岸纳入细河，至黄土坎后第二大支流蒲河由右岸汇入，最后在三岔河处与太子河汇合，一同注入大辽河。浑河（不含大辽河）全长 386.7km，流域面积 11481km^2。

浑河流域上游为山地，山地海拔一般在 400～800m，中游至抚顺附近地形较缓，为丘陵地带，至沈阳附近进入平原。其中山区、丘陵、平原面积分别占全流域面积的 63%、2%、35%。

4. 太子河

太子河上游分南北两支，以北支为长，源于新宾县平顶山乡红石砬子，南支源于桓仁县白石砬子，两支流在本溪县下崴子汇合后始称太子河干流。太子河流经新宾县、本溪县、本溪市区、辽阳县、辽阳市区、灯塔市、海城市等市（县），在三岔河与浑河汇合后共同汇入大辽河。太子河河流全长413km，流域面积13883km^2。

太子河辽阳以上属石质山区，植被较好，植被覆盖率70%，林地覆盖率约50%。河道多处于山谷之间，纵比降较大，河床质组成以砂卵石为主，是暴雨洪水多发区。太子河辽阳以下进入辽河冲积平原，河道蜿蜒曲折，纵比降变缓，河床质组成以中细砂为主。其中山区、丘陵、平原面积分别占全流域面积的69%、6.1%、24.9%。

太子河支流较多，辽阳以上左侧支流有细河、兰河、汤河，辽阳以下左侧有柳豪、南沙、运粮、杨柳、三通、五道、海城等支流。右侧仅有北沙河一条支流。

5. 绕阳河

绕阳河是辽河右侧最大的支流，位于辽宁省中部平原区的西侧，医巫闾山以东。发源于阜新县扎兰营子乡查哈尔山，自北向南流经彰武、新民、黑山、辽中、台安、北镇、盘山等市（县），在盘锦市汇入双台子河。流域面积10438km^2，干流河长289.7km。主要支流有苇塘河、二道河、东沙河、西沙河、羊肠河、黑鱼沟河。较大的排水干渠有马连杆、袁海亮、贺家及辽绕排干等。

绕阳河的北面和东西为辽河的另一支流柳河，西以医巫闾山为界，与大凌河相邻，南为辽河干流下游双台子河，全流域由西北向东南呈扇形坡面。

干流及右侧支流的上游地区为低山区，共1490km^2，占全流域面积的14.3%。本区山峦重叠，山高陡峻，岩石裸露；海拔300～800m，地面坡度30°～35°，植被占40%，多分布在西沙河上游；水土流失比较严重，是绕阳河干、支流洪水、泥沙的主要来源地区。

低山向平原过渡地带包括干流东白城子以上、支流东沙河新立屯以上、羊肠河司屯以上、西沙河中安堡，沈屯以上地区为丘陵漫岗区，共3020km^2，占全流域面积29%。本区丘陵起伏，由于剥蚀和黄土堆积，沟蚀严重，沟壑发育，海拔100～300m植被较差，只有30%～40%也多分布在西沙河及其支流黑鱼沟河；水土流失也比较严重，也是干、支流洪水、泥沙的主要来源地区。

绕阳河干流东白城子以下及支流上述各地点以下的广大平原地区，面积5928km^2，占全流域面积的56.7%。地势平坦、土质肥沃，是辽宁省中部商品粮基地之一。沈山线铁路以南地势低洼，下游地区土壤盐渍化严重，海拔大部分在50m以下，是本流域洪涝灾害严重地区。

6. 柳河

柳河是辽河中下游右侧的一条多泥沙支流，发源于内蒙古自治区奈曼旗的双山子，流经内蒙古的库仑旗、科左后旗及辽宁省阜新县、彰武县、新民县等6个县旗，在新民县城南王家堡村附近注入辽河。河流全长297km，总流域5798km^2。

柳河上游有三条支流，南支称扣河子，扣河子上设有石门子水文站，控制面积2405km^2；中间支流铁牛河上设有白庙子水文站，控制面积341km^2；北侧支流养畜牧河上设有三家子水文站，控制面积 825km^2。三支流于闹德海库尾端相汇，始称柳河。柳河闹德海以下左岸有大小清沟等几条小支流汇入，大汗屯以下则呈分水岭式的地上河。

闹得海水库控制面积 4051km^2，1938 年动工兴建，1942 年竣工。闹得海为蓄清排浑水库，每年汛后关闸蓄水，汛期所有闸门全部开启，为自由泄洪水库。

闹得海水库以下相继设有彰武、新民水文站，控制面积分别为 5022km^2 和 5671km^2。

整个流域内地势起伏不平，整个地形呈西南高、东北低。在彰武县城以上，基本上分为四种类型：低山丘陵区、丘陵沟壑区，漫岗区、坨甸区；彰武以下，柳河进入平原地区，两岸无支流汇入。

7. 清河

清河是辽河左岸的较大支流。清河上游有南北两支，南支为主流，发源于清原县英额门镇老虎顶山，流至开原县与发源于西丰县的碾盘河在耿王庄汇合，在老城镇接纳寇河，在业民镇大高力屯注入辽河。全长 170.7km，流域面积 5113km^2。

清河流域地处东北长白山脉的延伸部分与辽河冲积平原的缓接地带，东经 123°52′～125°10′，北纬 42°18′～43°02′，北接东辽河、招苏台河及亮子河，南邻柴、泛河，东南与浑河相接，总的地势特征是东高西低，东部为低山丘陵区，地势相对陡峭，地面比降大，如发生集中暴雨，极易产生急流。西部为平原，地势平坦。整个流域山地面积占 85%，植被较好，上游山地海拔 400～800m，岩石多露头，山坡较陡，一般在 30°～45°。

清河水库是辽河流域的重要水利枢纽工程之一，位于清河干流上，控制面积 2376km^2，占清河流域总面积的 49%，总库容 9.71 亿 m^3，为大（2）型水库，坝址距下游长大铁路桥和开原县城约 13km。坝址处 1956—2007 年多年平均径流量 5.08 亿 m^3。清河水库坝址以上河长 122km，河道宽度为 30～300m，平均比降 2.03%，滩槽由砾石、粗砂组成。清河水库以下至河口段，河道宽约 1000m，主河槽宽 300～500m，河道比降约为3%～1.4%，河床以细砂、粗砂为主。

南城子水库位于寇河支流叶赫河上，控制面积 625km^2，占寇河流域总面积的 28.5%，总库容 2.35 亿 m^3，为大（2）型水库。

8. 东辽河

东辽河是辽河上游左侧较大支流，发源于吉林省东辽县宴平乡安乐村小寒葱顶子山东南，在拉津河与保安河汇合后，始称东辽河，流向转向西北，至小辽河汇入后，又折向西南，于辽宁省康平县辽阳窝堡乡三门郭家附近与西辽河汇合后称辽河。东辽河流域地势由东南向北西逐渐降低，地面高程在 106～450m，流域形状呈长弓型，流域面积 11208km^2，河道全长 400.4km，河道平均比降约为 0.4%，流经吉林省的辽源市、东辽县、梨树县、公主岭市、双辽市和辽宁省的西丰县、昌图县、康平县及内蒙古自治区科尔沁左翼后旗。

辽河流域暴雨多集中在夏季 7—8 月。一次暴雨历时一般在 3d 之内，主要雨量又多集中在 24h 内。

流域性大暴雨主要是由台风、高空槽、华北气旋、低压冷锋、冷涡、静止锋、江淮气旋等天气系统造成，雨区笼罩面积较小，一次暴雨 200mm 雨量等值线最大范围 1.8 万 km^2。

辽河流域的洪水由暴雨产生，与暴雨特性相应，洪水有80%～90%出现在7—8月，尤以7月下旬至8月中旬为最多。

由于暴雨历时短，雨量集中，东辽河又多流经山区和丘陵区，汇流速度快，故洪水多呈现陡涨陡落的特点，一次洪水过程不超过7d，主峰在3d之内。由于暴雨系统有时连续出现，使一些年份的洪水呈现双峰型，双峰历时一般在13d，两峰间隔3～4d。

9. 老哈河

老哈河为辽河的源头，发源于河北省平泉县七老图山脉的光头山，由河北省承德市入内蒙古自治区宁城县甸子乡，之后由西南向东北流经喀喇沁旗、元宝山区、松山区及敖汉旗注入红山水库，于翁牛特旗大兴乡海流吐村东敖吉组与一级支流西拉木伦河汇合后称西辽河。

老哈河干流全长426km，流域面积27411km^2，一级支流共12条（主要大支流有4条），绝大部分从左侧汇入，形成不对称的扇状水系。从上游至下游左岸流域面积较大的一级支流依次为黑里河、八里罕河、坤头河、英金河、羊肠子河，右岸支流流域面积超100km^2的较大一级支流有海棠河、黑水河、烧锅营子河、崩河。

老哈河与黑里河汇合口以上流域植被覆盖率达70%，年降雨量450～600mm，属湿润区。老哈河与黑里河汇合口以下植被稀疏，水土流失严重，年降雨量为400～450mm，属半干旱地区。

宁城县甸子灌区以上为老哈河上游，河段长57km，河道比降1/200，河谷狭窄，两岸高山环绕，水流较急。甸子灌区以下进入黄土丘陵区，红山水库以上为中游，河段长217km，河道比降在1/400～1/500，地面高程在445～545m，地貌特征是两岸多为黄土覆盖的丘陵山地，植被差，冲沟发育，地貌破碎，水土流失严重。河流两岸多砂壤土、砂土，河槽呈宽浅型，河床由中、细砂组成。河流两岸较为宽阔，沿河两岸为宽3～5km的河川平地（冲积河谷），河岸年坍塌速度为5～50m，河道抗冲刷能力较差，加之支流集中汇入，造成该段主槽左右摆动较大，最大摆幅可达2.0km。红山水库以下至海流图为老哈河下游段，河段长152km，比降为1/500～1/1000，该河段无支流汇入，河道宽窄不一，两岸多为固定和流动性沙丘，海拔在300～500m。

10. 大凌河

大凌河上游分为南、西两支，南支发源于辽宁省建昌县要路沟乡要路沟村，西支发源于河北省平泉县泉子沟，两支在喀左县大城子镇东南汇合后，流经朝阳县、朝阳市区、北票市、义县、凌海市，于盘山县与凌海市交界处注入渤海。流域呈西东向，地理坐标为东经118°53′～121°52′，北纬40°28′～42°38′。北与老哈河、教来河相邻，以努鲁尔虎山为界；南与小凌河、六股河相邻，以松岭为界；东邻绕阳河，以医巫闾山为界；西邻滦河支流青龙河。全河长度为453km，流域面积23235km^2，其中山、丘区20992km^2，占全流域的89%，自凌海市石窗子以下进入平原区，平原区面积仅占全流域的11%。我省境内面积为19989km^2，占全流域面积的86%。大凌河在宫山咀水库以上地势较陡，河道坡度在5%以上，宫山咀水库以下地势趋向平缓，河道坡度在1%左右。大凌河的支流多集中于左侧，较大支流有老虎山河、凉水河子河、牤牛河及细河。流域内植被较差，水土流失严重，洪峰涨跌迅速。

11. 小凌河

小凌河是辽宁省西部较大河流之一，流域位于东经120°06′～121°21′，北纬40°55′～41°21′之间。小凌河西邻六股河，南邻兴城河、连山河，北部和东部与大凌河毗邻。小凌河发源于建昌县和朝阳县交界的柏山山脉，自西北向东南流经朝阳、南票、凌海、锦州等市（县、区），于凌海市娘娘宫乡的龙王庙附近注入辽东湾，干流河长209km，流域面积5088km^2。

小凌河共有一级支流10条，其中左侧支流有黑牛营子河、滚龙河、五十家子河、巴图营子河、北小河与百股河，右侧支流有大车户沟河、四台营子河、根德河与女儿河。其中女儿河是小凌河的最大支流，发源于兴城市药王庙五股泉，自西南向东北流经兴城、连山、南票，在金星镇的于家窝堡进入锦州市太和区后，于锦州市果树农场大碑屯注入小凌河，河道长129km，流域面积1495km^2。

小凌河干流上游六家子附近有元宝山水库（中型），在锦州市上游小凌河干流上，有锦凌水库［大（2）型］，其控制流域面积3029km^2。

小凌河流域呈长方形，东西长90km，南北宽60km，地势自西向东，由南北向中部倾斜。小凌河锦凌水库以上，河流穿行山谷之间，河道弯曲，两岸植被较差，河床比降为1.27%～1.52%。自山河营子以下河道进入丘陵及沿海平原区，河床比降为1.13%。其左岸即为大、小凌河冲积平原，右岸除有少量沿河平地外，基本属于丘陵地带。女儿河流域地势北高南低，乌金塘以上河床比降2.21%，台集屯以下进入丘陵平原区。百股河沿岸有不明显的河漫滩及河流阶地，阶地可分为堆积阶地和基座阶地两部分。

12. 大洋河

大洋河位于辽宁省东南部，是辽东半岛地区最大的一条独立入海的河流，地理位置为东经122°51′～124°07′；北纬39°49′～40°49′。其东侧为鸭绿江支流爱河，北以千山山脉分水岭为界与太子河为邻，西侧有大清河、大洋河和英那河，南临黄海。

大洋河上游分为东、西两支，西支为东洋河，发源于岫岩县西北部偏岭乡的唐望山，海拔高程928.9m，先后有五道河、汤池河、雅河、牤牛河和沟爱河汇入；东支为哨子河，发源于岫岩县北部的古洞岭，海拔937.8m，先后有青河、牧牛河、古洞河和渭水河汇入。东洋河与哨子河在哨子河乡汇合，先后纳入亮子河、土牛子河、小洋河和双岔河，于东港市黄土坎乡南注入黄海。

大洋河流域地势北高南低，且自东、西两侧向中间倾斜。上游山区群山环抱，植被较好，矿藏丰富，占流域面积的40%；中游丘陵起伏，河道弯曲，占流域面积的47%；下游平原广阔，土地肥沃，交通便利，占流域面积的11%；沙丘及其他占2%。

大洋河水系发育良好，水量丰沛，拥有丰富的水资源。大洋河流域面积超过50km^{2}的河流有37条，流域面积超过100km^{2}的河流有19条，流域面积超过500km^{2}的河流有5条。

13. 浑江

浑江位于吉林省的南部和辽宁省的东部，是鸭绿江下游右侧的一条大支流。发源于长白山脉西南龙岗山的南麓，自东北流向西南，经白山、通化市于东村以下进入桓仁水库，桓仁水库以下为西江、凤鸣、东方红、回龙山、太平哨等梯级电站，然后转向东南，于宽甸县镇江乡小孤山附近注入鸭绿江下游水丰水库。

浑江全长431km，流域集水面积15340km²。流域形状近似椭圆形，长轴呈东北—西南向。流域地处东经124°43′～126°50′，北纬40°41′～42°17′，地势东北高、西南低。海拔在200～1300m，流域平均高程588m。流域东北与长白山脉相邻，北和西北侧有龙岗山脉，东侧为老岭，西和西南侧为千山山脉，南部山势最低。流域北临松花江，西临浑河、太子河，东南两面为鸭绿江干流。浑江为山区性河流，蜿蜒于丛山之中，中下游河谷呈U形，宽度一般在1km。

浑江沿程汇入较大支流10余条，通化以上有红土崖河、大罗圈河、哈尼河汇入；在通化至桓仁间逐次有喇咕河、苇沙河、新开河和富尔江汇入；桓仁以下较大支流集中在右岸，桓仁至回龙山间有大二河、大雅河汇入；回龙山至太平哨坝址之间有小雅河，太平哨坝址至沙尖子水文站间有半拉江汇入。浑江为山区性河流，全河蜿蜒于山谷之间，两岸山势陡峭，仅在支流汇入处地势才较开阔。河道中多急滩，比降较大，桓仁以上平均比降0.943%；沙尖子以上平均比降0.719%；全河平均比降0.63%。

浑江水力资源丰富，在干流中、下游相继建成了桓仁、西江、凤鸣、东方红、回龙、太平哨、双岭、金哨等电站，其中规模较大的有桓仁、回龙、太平哨、双岭，桓仁水库规模最大，为不完全年调节电站，其他电站为日调节电站。

14. 爱河

爱河是鸭绿江右岸一条较大支流，发源于宽甸满族自治县老木垛子岭，流经宽甸、凤城、丹东市郊至九连城炮台顶处分为东西两支汇入鸭绿江。河流全长182km，流域总面积5902km²。八道河、草河及饮马河是爱河的主要支流，在爱河及其支流上已建有九座径流式电站。八道河上建有文化电站，草河上建有长虹、中兴、沙子岗三座电站，爱河干流上建有西限子、红旗、军民、龙凤、灌水五座电站。

三湾水利枢纽及输水工程坝址位于丹东市振安区爱河干流下游的九连城庙岭村，是爱河流域水能梯级开发的最后一级，距爱河河口8km，距丹东市中心25km，坝址以上流域面积5869km²，占流域总面积的99.44%。三湾水库是以丹东市城市供水为主，兼顾发电，并为丹东市供水安全提供保障的大型综合利用水利工程。

2.1.2 辽宁水系水流特点

1. 水资源时空分布差异大

辽宁省地处东部半湿润气候向干旱气候过渡、农林区向牧业区过渡的两区过渡地带，四季分明，雨热同期，日照丰富，干燥多风，天然水资源本底条件较为脆弱，东中西部水循环特点差异显著。依据第三次全国水资源调查评价成果，省内多年平均降水量约674mm，自东南向西北递减，年际间差异大且年内分配不均，东部丰水区降水量超过1100mm，西部干旱区降水量则低于400mm。辽宁省全年降水量的70%以上发生在汛期，丹东市宽甸、凤城一带为辽宁省暴雨中心，鸭绿江流域洪灾出现频次居辽宁省首位。干旱灾害风险大，特别是辽西北地区素有“十年九旱”之称。辽宁省多年平均（1956—2016年系列）水资源总量332亿m³，折合产水深度229mm，人均水资源总量780m³/人。水资源总量中，地表水资源量295亿m³，地下水资源量110亿m³，地表水资源与地下水资源不重复量37亿m³。水资源总量分布趋势与降水分布趋势相似，由东南向西北递减。辽宁省水资源与人口、生产力布局以及土地等其他资源不匹配。辽东地区面积占辽宁省的16%、人口占7%、GDP占4%，水资源总量占36%，产水系数达0.51，辽西地区面积占辽宁省的26%、人口占21%、GDP占10%，水资源总量占11%，产水系数仅为0.19。

2. 水质状况总体稳中向好

辽河流域河流水质持续改善，鸭绿江、大小凌河等流域河流水质总体优良、保持稳定。2020年辽宁省86个河湖地表水质监测断面中，Ⅰ～Ⅲ类断面比例提升至74.4%，Ⅳ类和Ⅴ类断面分别下降至22.1%和2.3%，其中鸭绿江流域均为Ⅰ～Ⅱ类断面，水质为优；大小凌河流域Ⅰ～Ⅲ类断面占92.9%，总体优良；辽河流域Ⅰ～Ⅲ类断面占58.0%，其他断面多为Ⅳ类，水质轻度污染。地级及以上城市46处集中式饮用水水源地水质总体良好，达标率为97.8%，其中26处地下水水源地全部达标，20处地表水水源地达标率为95.0%。16座大型水库营养状态总体良好，均为中营养水平，除葠窝水库总磷超标外，其他水库水质均为Ⅲ类及以上。

3. 河流水动力条件分区差异明显

河流水动力过程受地形地貌、产汇流特性以及人类活动等多重因素影响，对于水资源天然禀赋条件较差的河流，水流过程受到异常扰动后较难恢复。辽东山地丘陵区森林覆盖率高，水源充沛，鸭绿江、大洋河等河道坡降大，水能资源丰富。辽西低山丘陵区水源不足，大、小凌河流域内多属荒山秃岭，水土流失严重，河流含沙量大。辽河干流、浑河、太子河、绕阳河及大凌河下游一带地势低洼，为海拔50m以下的宽阔冲积平原。其中，绕阳河下游河道坡降小，易发生洪涝灾害；辽河干流河谷开阔，河道迂回曲折；浑河下游河道错综弯曲、坡度缓、泄流能力差。受水库、闸坝建设等因素影响，河流纵向连通性受阻，如辽河干流建有石佛寺水库、盘山闸和多座橡胶坝，太子河受观音阁水库和葠窝水库影响，水动力条件变化明显。近年来，受气候变化、水资源过度开发等影响，辽河流域、大小凌河流域部分支流出现不同程度的断流，河流流动性减弱，自净能力降低。

4. 涉水生态空间复杂多样

辽宁省水生态空间类型多样，特点突出。辽东山地、辽西丘陵形成辽宁省两大水源涵养和水土保持生态屏障。辽东山地为大伙房水库、观音阁水库、碧流河水库等重要水源涵养区，为辽宁“产水之塔”。辽西低山丘陵为大小凌河及辽河重要支流水源涵养区，同时是抵御科尔沁沙地南侵的重要屏障，植被稀疏，水土流失严重。辽南沿海区分布鸭绿江河口和辽河口两个国家级滨海湿地，形成河口、浅海、海滩、芦苇湿地、海岛等复杂多样的生态系统。以辽河干流为核心的绿色生态廊道逐步形成、辽河干流及主要支流、河口湿地等涉水生态空间保护格局日趋完善。

第2节 水利发展现状分析

长期以来，面对水资源时空分布不均、水旱灾害频发、水资源短缺、水环境污染、水生态损害等新老水问题，在辽宁省委、省政府的正确领导下，围绕水旱灾害防御、水资源配置、农业农村水利保障、河湖生态健康保障、水治理现代化等体系建设，辽宁省防洪减灾、供水保障、河湖治理和水土保持取得显著成效，重大水利工程建设积累丰富经验，管理体制机制进一步优化，为进入新时代以空间均衡水网建设为引领的水利高质量发展奠定了坚实基础。

2.2.1 水旱灾害防御体系基本建立

（1）防洪体系显著提升。建成了以2.02万km堤防为骨干，以777座水库为调蓄节点的防洪工程体系和科学高效的防洪防潮调度指挥体系。其中，流域面积5000km^2以上的16条河流已基本形成库堤结合的防洪体系，县级及以上行政区主城区基本达到规划防洪标准，中小河流和山洪沟小流域达标河段长度稳步提升。沈阳城市主城区防洪标准达到300年一遇、左岸浑南区防洪标准达到100年一遇，抚顺、本溪、辽阳、盘锦4市城市主城区防洪标准达到200年一遇，鞍山、丹东、锦州、营口、阜新、铁岭、朝阳、葫芦岛8市城市防洪标准基本达到100年一遇，新民等31个县级城市防洪标准基本达到50年一遇。沿海防潮体系逐步完善，现状海堤达标率超70%。

（2）城乡排涝体系逐渐完善。城市主城区低洼地区防洪排涝能力大幅提升；约60%的易涝耕地排涝标准达到5年一遇以上，已初步形成以92km撇洪沟、4782km排涝河道、8.97万km排涝沟渠及6.41万座排涝涵闸组成的农田排涝体系。

（3）抗旱应急能力不断提高。实施辽西北等地区应急备用水源建设，在锦州、阜新、铁岭、朝阳、葫芦岛等干旱易发区、粮食主产区，建设了一批中小型抗旱应急备用水源工程，抗旱应急能力明显增强，有效应对了2014年、2020年等特大干旱。

2.2.2 水资源配置体系初步形成

（1）水资源调蓄能力显著提升。大伙房水库、观音阁水库、白石水库等一批重大水库工程相继建成，31座大型水库兴利库容达87.37亿m^3（不含6座以发电为主要任务的水库），其中17座水库库容系数超过1.0，水资源调蓄能力显著提升。

（2）骨干引调水工程实现通水。辽中南供水工程、北线工程设计供水范围覆盖辽宁省13个市，直接受益人口超2000万人。工程建设实施进展较快，其中辽中南供水工程于2011年通水，连续安全稳定供水10年，累计供水超60亿m^3。北线工程于2018年底完成主体工程建设，2020年开始供水，实现既定通水目标。观音阁水库输水工程于2018年通水，结束了本溪市民一直使用河道水的历史。

（3）水资源配置网络已初具规模。以大江大河为基础，以辽中南供水工程、北线工程等引调水工程为骨干，以37座大型水库为主要节点的水资源配置体系初具规模。辽宁省供水工程总供水能力达到190亿m^3，其中城镇供水工程覆盖辽宁省14个市，供水人口超2500万人，城市生活、工业用水安全得到了有效保障。

2.2.3 农业农村水利保障能力稳固提升

（1）灌排工程体系逐步完善。辽宁省建成万亩以上灌区70处，有效灌溉面积达2453万亩，农田灌溉水有效利用系数提高到0.592，灌区"卡脖子"及骨干渠段严重渗漏等突出问题得到根本解决，灌区续建配套与节水改造稳步推进，初步形成了灌区管理的长效机制。以大中型灌区为骨干的农田灌排体系为辽宁省粮食稳产提供有力支撑。

（2）农村供水保障程度进一步提高。建成农村饮水安全工程2.34万处，农村1700余万人口用水问题基本得到解决，农村集中供水率达到86%，自来水普及率达到82%，规模化工程供水人口覆盖比例为15.8%，自然村通水率为75%，农村饮水安全保障水平明显提升。“基本保障，广域覆盖”的农村地区供水格局逐步形成。

2.2.4　河湖健康保障体系逐步形成

（1）生态保护与修复效果显著。辽西北生态屏障初步形成，“十三五”期间累计完成封山育林 870 万亩，森林蓄积量增加 10.2%，科尔沁沙地南侵趋势得到有效控制。水土流失治理成效显著，水土保持率达到 75%。辽河、大小凌河治理保护力度加大，千里生态廊道全线贯通。湿地保护修复不断强化，丹东、锦州、盘锦三市“十三五”期间累计修复滨海湿地面积约 10.6 万亩，恢复浅海滩涂生境约 7.1 万亩。矿区综合整治取得突出成效，“十三五”期间共完成历史遗留废弃矿山治理 5.1 万亩。

（2）河流水质改善明显。“十三五”期间，辽宁省河流Ⅰ～Ⅲ类优良水质监测断面比例显著提升，由 18% 跃至 74.4%，Ⅳ、Ⅴ类断面比例分别由 42.7%、20.5% 降至 22.1%、2.3%，劣Ⅴ类断面全面消除。地级及以上城市集中式生活饮用水水源地优良水质得到持续巩固，城市建成区 70 条黑臭水体全部完成整治任务。

（3）地下水保护和海侵区治理初见成效。地下水漏斗区和海水入侵区治理工作取得一定成效，沈阳城区漏斗基本恢复，辽阳首山漏斗区面积从 2003 年的 317.6km^2 缩减到 25.3km^2，中心埋深由 2003 年的 19.5m 回升至 8.2m；海水入侵面积从 2010 年的 990km^2 减少到 829km^2。

（4）水土流失状况持续好转。“十三五”期间，辽宁省完成水土流失治理面积 9248.35km^2，完成小流域综合治理 2242.3km^2，完成坡耕地专项治理面积 150.1km^2，完成侵蚀沟综合治理 1685 条。2001 年以来，辽宁省累计完成水土流失治理面积 35763km^2。水土保持制度建设逐步健全，水土保持监管能力全面提升，实现生产建设项目遥感监管和省级以上水土保持重点工程完工项目监管全覆盖，监测和信息化支撑能力全面增强，实现水土流失面积、强度“双下降”、水蚀风蚀“双减少”，辽宁省水土流失状况持续好转。

2.2.5　水治理体系建设稳步推进

（1）水资源管理全面加强。水资源监控能力持续增强，实现 178 户工农业重点取用水户自动在线监测，建成地下水监测站 1067 个。强化河湖生态流量管理，组织省管大型水库实施生态泄流，累计泄放生态水量 27 亿 m^3。全面实施用水统计调查制度，持续实施压采地下水行动，全面启动重点区域地下水超采治理与保护方案编制工作。完成 13 个县域节水型社会达标建设任务。

（2）水利监管能力不断提升。水治理制度化、规范化和现代化水平显著增强。涉水事务监管能力不断提升，已形成“综合监管、专职监管、专业监管、日常监管”四个层次的监管力量。地方水法规逐步完善，相继出台《辽宁省东水济辽工程管理条例》《辽宁省节约用水条例》《辽宁省河长湖长制条例》《辽宁省水利工程管理条例》等地方性法规。全面建立河长制、湖长制，扎实推动节水型社会建设。辽宁省信息化、数字化发展呈现良好势头，水利信息化水平不断提高。已建成 12 个国家级水利风景区，18 个国家级湿地公园，公众参与程度日益提高。

（3）水价改革取得新突破。充分发挥价格杠杆作用，建立健全补偿成本、合理盈利、激励提升供水质量、促进节约用水的水价形成机制和动态调整机制。完成农业水价综合改革面积 1271.0 万亩，省内两大引调水工程实现统一定价。

2.2.6 辽河流域现状存在的主要问题

2.2.6.1 防洪排涝防潮体系有待提升

(1) 现状防洪排涝防潮体系尚不完善。辽宁省现有中小河流（流域面积 200km^2 以上的河流）228 条，其中有 25 条河流的防洪体系中还缺乏必要的防洪水库。辽宁省中小河流中有 107 条河流缺少堤防保护，缺失堤防长度超过 1800km。辽宁省有近 80%的河流局部河段下泄能力达不到规划标准要求。辽宁省大陆海岸线全长 2110km，其中 1310km 需要建设海堤的海岸线中，还有近 40%的海岸线没有海堤或堤防不达标。排涝体系尚不完善，大部分城市尚未开展滞涝区建设，涝水调蓄能力不足；农田排涝存在排涝标准低、排水工程及配套建筑物老化失修、田间排涝沟排水不畅等问题。

(2) 洪涝潮灾害防御能力不足。辽河是辽宁省境内唯一的大江大河，现状大部分河段依然达不到流域规划标准。辽河以外流域面积 5000km^2 以上的 15 条主要河流中，除浑江、辉发河外，其他河流均存在防洪薄弱环节。辽宁省有近 80%的中小河流存在不同程度的防洪能力不足现象，现有堤防达标率仅为 63.7%，近 70%的区县城区（主要为新城区或开发区）存在防洪标准未达标河段。18 个三级涝区现状排涝标准不足 5 年一遇。防潮标准普遍偏低，需要设防的海岸线中有约 40%的区段没有海堤或堤防不达标。

2.2.6.2 水资源供给能力有待提升

(1) 开源和节流方面矛盾突出，水资源开发过度与用水效率不高并存。2020 年辽宁省万元 GDP 用水量 51.5m^3，低于全国平均值 14%；万元工业增加值用水量 21.3m^3，低于全国平均值 42%；农田灌溉水有效利用系数 0.592，高于全国平均值 6%。节水型社会建设达标县（区）13 个，工业用水重复利用率超 90%，市区节水器具普及率近 100%，高效节水灌溉面积占比 45%。整体来看，辽宁省节水水平处于东北地区领先水平，但地区间、行业间节水水平差别较大。节水潜力较大的行业为农业，其次为工业。以农业用水为主的铁岭、阜新、朝阳、葫芦岛、丹东、锦州和辽阳等市仍具有一定的节水潜力。

辽宁省河流水资源开发利用率整体偏高，其中辽河干流为 67.4%，浑河为 87.4%，绕阳河为 63.9%、碧流河为 65.6%，大凌河为 66.1%，均超过一般河流 40%的水资源开发利用率警戒线。2000 年以来，水资源短缺并且开发利用程度较高的辽河干流、柳河、绕阳河、碧流河、大凌河等流域水资源衰减突出，2001—2016 年系列与 1956—2000 年系列相比，河川径流量减少约 12%～44%，水资源紧缺形势进一步加剧。辽宁省现状浅层地下水超采区 9 个、深层承压水超采区 3 个，主要分布在沈阳、锦州、阜新、盘锦、朝阳五市，超采量约 2.3 亿 m^3。

综合来看，辽宁省相对稀缺的水资源、不利的演变形势和低效的用水方式加剧了水资源紧缺。水资源刚性约束作用发挥不足，对不合理的用水需求还没有有效抑制。处理好开源和节流的关系，将是今后一个时期辽宁省水网建设中要解决的核心问题。

(2) 存量和增量方面统筹不够，水资源供给保障水平与经济社会发展需求不相适应。一是水资源空间分布不均衡。辽宁省水资源开发利用格局与国土空间布局、自然生态系统格局不相适应，人口经济与资源环境不相均衡。辽东地区国土面积占辽宁省的 16%，人口占 7%，水资源量占 36%；辽西地区国土面积占辽宁省的 26%，人口占 21%，水资源量仅占 11%。根据水资源承载能力评价结果，辽宁省有 36%的区域属于水资源超载或临界超载区。辽中南城市群、辽河油田以及辽宁省 36 个国家级产粮大县中的 17 个县，均处于水资源超载或临界超载区；二是现状缺水严重。根据本次规划基准年水资源供需平衡分析测算，辽宁现状总缺水 25.6 亿 m^3，其中经济社会缺水量 14.7 亿 m^3，河湖被挤占的生态环境需水量约 10.9 亿 m^3。经济社会 14.7 亿 m^3 的缺水量中，一部分是因供水体系不完善限时限量供水形成的缺水量，约 12.4 亿 m^3；另一部分是由于超采了 2.3 亿 m^3 的地下水来满足经济社会用水需求。从缺水区域上看，台安等 6 个区县尚没有稳定供水水源。大连市、建平县、南票区、宽甸县等部分城镇仍存在限时供水现象，农村限时供水普遍。阜新、朝阳、锦州、盘锦等地市农业缺水严重。

（3）时间和空间方面配置不均衡，城乡供水保障体系还存在明显短板，应急供水保障能力亟需提升。一是城乡一体化供水水平不高。辽宁省骨干水源间的互联互通不够，农村规模化供水管网覆盖程度低，城市水网延伸工程和千吨万人工程覆盖的农村供水人口规模仅占辽宁省农村供水总人口的 16%。城乡供水一体化与农村供水标准化水平与乡村振兴要求不相适应。二是应急备用及战略储备水源不完善。辽宁省超过 60%的区县缺乏应急备用水源或将现有地下常规水源转为备用水源。约 37%的农田灌溉水源不稳定。现状工业和农业争水严重，英那河、汤河、石门等水库原设计以农业灌溉供水为主，近年来已改变供水任务，向城市供水。水资源精准调度水平总体偏低，联网联调能力有待进一步提升。三是气候变化和人类活动影响可能进一步加剧供水安全风险。辽宁省战略储备水源不足。未来随着全球气候变化和人类活动影响的加剧，持续性降雨或发生特大干旱等极端天气的风险增加，可能导致水资源时空分布格局出现新的变化，加剧供水安全保障风险。

2.2.6.3　水生态系统的质量和稳定性有待提升

（1）水环境水生态风险较高。一是局部水环境问题突出。辽河流域水质监测断面Ⅰ～Ⅲ类良好比例仅为 58%，部分城镇污水处理率和再生水利用率偏低；200 处城乡集中式饮用水水源地中仍有 7.5%的水源地水质不达标，葠窝水库水质污染问题突出；辽东湾近海局部海域水质超标，盘锦、营口海域存在无机氮污染。二是河湖生态水量不足。截至目前，参评的 24 个生态流量（水量）控制断面，生态流量（水量）满足断面 18 个，占 75%；近两年随着新建水库工程的竣工和生态流量保障实施方案实施，生态流量保障程度在逐年提高。2000 年以来年均入海水量较 20 世纪 80 年代减少 32%。部分地区存在地下水超采和海水入侵现象。8 个地市浅层地下水超采区面积 1293km^2，深层承压水超采区面积 5870km^2。大连、营口等沿海城市不同程度存在海水入侵现象。

（2）水生态空间遭受挤占，重要生态系统功能受损。一是水生态空间侵占严重。辽宁省河漫滩地、岸线等水生态空间受农业生产、城镇化发展挤占，部分河湖水生态空间萎缩问题较为突出，河湖湿地生态功能下降。辽河、浑河等中西部地区主要河流湿地存在不同程度萎缩，部分湖泊湿地消失。其中辽河上游地区湿地面积减少 13%，双台子河口等重要湿地长期处于亚健康状态。部分河流拦河闸坝众多，阻断鱼类洄游通道。城镇河段堤防硬化比例较高，中下游地区生物多样性较差。二是森林水源涵养功能偏低。森林林分结构中次生幼龄林的比例为 60%，比重偏大，水源涵养功能偏低，其中辽西和辽南广大低山丘陵仍以矮林、灌丛和草地为主，辽西低山丘陵部分区域出现大面积的临界裸地，植被覆盖率只有 10%～15%。草地退化沙化风险增加，辽宁省沙化土地和具有明显沙化趋势土地面积占 7.3%，辽宁西北部的沙丘地由于开荒耕种和过度放牧，加剧草地退化、沙化和水土流失风险。坡耕地水土流失仍然严重，侵蚀沟不断扩张，水土流失治理任务艰巨。

2.2.6.4 水文化品牌特色有待提升

（1）水文化体系建设尚处于起步阶段。水文化是独具特色的辽宁历史文化的重要组成部分，但水文化价值挖掘与阐释、展示与传播尚处于起步阶段。与提升文化软实力，建设文化强省的要求相比，辽宁省水文化顶层规划尚未开展。对水文化资源没有充分挖掘和开展系统性的整编工作，缺乏系统性、完整性和前瞻性顶层规划。对水工程承载的文化内涵认识不足，水文化发展不平衡、不充分，水景观特色不鲜明等问题突出，水文化研究、水文化体系建设与解决辽宁省现实水问题结合还不够紧密，亟需以水网建设为载体，全面开展辽宁省水文化建设的顶层规划。

（2）水文化品牌塑造亟待加强。辽宁省水文化建设处于起步阶段，优质水文化资源潜力没有得到充分发挥，水文化魅力展示不足。对水工程承载的文化内涵认识不充分，故事不生动，水景观特色不鲜明。优质水文化资源没有得到充分发挥，水资源保护利用、水环境治理等与优秀传统文化、红色文化、农业文明和工业文明融合度不够。体现辽宁的水文化特色的水工程布局、规模、品质、功能、管理与人民群众对美好生活的期待还存在差距，水文化业态、产品零散，分布不均衡，品牌塑造亟待加强和创新。

2.2.6.5 信息化智慧化水平有待提升

（1）辽宁智慧水利建设还处于起步阶段。按照水利高质量发展的新要求，辽宁在立体感知、数字水流仿真网、智能应用体系方面仍存在明显短板。

一是立体感知网监测和传输能力不足。2019 年底辽宁中小河流监测覆盖率 56.3%，中小型水库欠缺自动化水雨情监测预警及大坝安全监测设施。跨市界河流断面监测控制率 38.9%，跨县界河流断面尚未开展站点监测。地下水监测站点自动化率仅 45.8%。所有堤防未建设安全运行监测设施。水质监测断面自动化监测水平低，针对浮游生物、底栖生物等要素的监测工作基本为零。除省管水利工程以外，其他水利工程基本没有工控网建设。二是数字水流仿真网建设尚处于起步阶段。水利数据关联分析和可视化水平较低，基于大数据分析挖掘的水利专业模型、智能算法、知识管理等尚属空白。三是业务应用体系不完善且智能化水平不高。部分业务领域尚存在信息化系统空白，大部分业务应用做不到流程再造、管理模式创新，水利业务协调支撑能力亟待数字赋能。城乡供水、节水、水土流失、水利工程建设等业务仍没有相应的较为完善的信息化管理系统。四是网络安全体系与多维保障体系不够健全。网络安全等级保护建设仍有欠缺，威胁感知应急响应能力不足，无法及时掌握网络安全态势、主动防御网络威胁，网络安全防护能力从管理、技术及运营等方面还需全面加强。网络安全相关的体制机制不够健全。水利网信总体投入比重低，信息技术人才储备不足，运维队伍不健全，重建轻管的现象仍普遍存在。

（2）现代水管理体制机制尚未完全形成，深化水利改革的任务依然艰巨。水利智能业务应用与现代水治理体系之间尚未形成相互支撑、相互融合、合力发展的良性模式。现代水管理的体制机制法治体系亟待完善。一是水法治体系不健全。水法规体系尚不完善，水生态补偿、洪水风险管理、水资源管理等方面缺乏法制保障，现有法规还存在界限不清、衔接不够的问题，水行政执法体制机制不顺，执法队伍力量薄弱，依法治水管水护水能力不足。二是行业监管制度不完善。江河湖泊、水资源、水利工程、水安全风险等重点领域监管制度不完善。水资源刚性约束制度，初始水权分配和交易制度，水生态产品价值实现机制，水流生态保护补偿机制等亟待建立，管理执法能力和科技支撑能力仍然薄弱，地市间、部门间协同协调治水需进一步加强。三是水利工程良性运行机制亟待形成。“重建轻管”局面依然没有彻底改变，工程维修养护机制、水利工程安全保护制度不健全，缺乏风险查找、研判、预警、防范、处置、责任等全链条管控机制。多元化水利投融资机制不完善，国有水利企业水务建设管理优势发挥不充分。省内骨干水利工程管理还不适应辽宁省统一精细化调度的要求，影响工程整体效能发挥。

第3节　水利发展形势分析

我国发展进入了全面建设社会主义现代化国家的新阶段，社会主要矛盾发生了历史性变化。经过多年努力，辽宁发展也形成了较强的支撑能力，积蓄了强劲的发展势能，具备了迈上高质量发展新台阶的有利条件。水的承载空间决定了经济社会的发展空间，党的十九大提出要加快水利基础设施网络建设，十九届五中全会对实施国家水网重大工程作出战略部署。中央财经委员会第十一次会议明确提出，要加强水利等网络型基础设施建设，把联网、补网、强链作为建设的重点，着力提升网络效益。习近平总书记指出，“加快构建国家水网主骨架和大动脉，为全面建设社会主义现代化国家提供有力的水安全保障”。辽宁水网是国家水网和东北水网的重要组成部分，目前，辽宁省水网建设具备了由点向网、由分散向系统转变的工程基础和从粗放式管理向精细化、规范化、法治化管理转变的制度基础。

立足“五大安全”战略定位，与推动高质量发展的要求相比，辽河流域水利发展不平衡不充分问题依然突出，还存在水资源配置格局与经济社会发展需求不相适应，河湖生态环境需水保障不足，水旱灾害风险隐患依然突出等问题。结合辽宁振兴发展实际，推动新阶段水利高质量发展，满足人民群众对美好生活的新期望，建成人与自然和谐共生的美丽社会，迫切需要在更高水平上统筹解决水灾害、水资源、水生态、水环境问题，迫切需要以习近平总书记“节水优先、空间均衡、系统治理、两手发力”治水思路为根本遵循，贯彻落实党中央决策部署、深入推进“三新一高”的战略要求，厘清问题、研判趋势，优化对策，做好辽河流域水网的系统谋划。

辽河流域水网要以完善流域防洪体系、保障城乡供水安全、复苏河湖生态环境、推进智慧水利建设为重点，以重要河湖综合治理和重大水利工程建设为抓手，夯实辽宁水网的工程基础，初步形成工程和智能管理交相呼应的水利基础设施体系，探索水文化、水经济发展新模式。为新阶段水利高质量发展奠定扎实基础。

（1）完善流域防洪体系。坚持“建重于防、防重于抢、抢重于救”，科学把握洪水发生和演进规律，统筹协调上下游、干支流、左右岸关系，防洪工程措施和非工程措施相结合，进一步优化流域防洪减灾布局。以辽河干流堤防达标建设和重点河段河势控制为重点，开展防洪综合治理，对重要防洪城市、县区的重要河段，按照流域防洪规划和国家规程规范等要求，复核防洪能力，适时开展必要的提标建设。进一步加快实施主要支流和中小河流系统治理，以河流为单元，实现治理一条、见效一条。充分协调城市洪水、涝水、潮水之间的遭遇关系，完善城市应对洪涝潮等灾害的防御体系，确保发生极端天气时重要洪涝潮通道畅通。

（2）保障城乡供水安全。围绕“东水济辽，北水润辽，四干十脉，互联互通”的供水网络格局，以水资源集约节约利用为前提，加快推进引洋入连工程等重大引调水工程建设，加强区域河湖水系连通，推进供水灌溉工程建设。综合考虑规划依据充分、生态环境争议小、前期工作基础较好、地方建设积极性高、长远效益显著等要求，适度超前开展枢纽水库工程等前期工作，争取尽早开工建设。全面提升水资源优化配置能力、供水保障能力和战略储备能力，为均衡供水网构建筑牢基础。

（3）复苏河湖生态环境。围绕“两屏一带、一轴九廊、多点多片”的河湖生态保护治理格局，以提升水生态系统质量和稳定性为目标，坚持保护优先、自然恢复为主，坚持山水林田湖草沙系统治理，实施河湖生态保护治理、地下水超采综合治理、水土流失综合治理等重点任务，实现涉水空间得到有效管控、重点河湖基本生态流量得到有效保障、人为水土流失得到有效治理、重点地区地下水超采得到有效遏制的总体目标，万里幸福河湖生态廊道稳步推进、辽河口国家公园加快创建，逐步实现河湖生态系统良性循环。

（4）推进智慧水利建设。按照国家智慧水利建设顶层设计和辽宁省委、省政府关于“数字辽宁”的决策部署，结合辽宁水利发展实际与信息化建设基础，以“强感知、增智慧、促应用”为需求导向，遵循“需求牵引、应用至上、数字赋能、提升能力”的基本原则，以数字化场景、智慧化模拟、精准化决策为路径，充分运用云计算、大数据、人工智能、物联网、数字孪生等新一代信息技术，构建辽宁水利立体感知网、数字水流仿真网、智慧应用体系、网络安全体系和多维保障体系，形成“一网联测知全域、一网仿真精决策、智慧应用强四预”的辽宁智慧水网，为行业管理科学化、社会治理精准化、公共服务高效化提供支撑。

第4节　航运发展现状分析

辽宁省作为东北地区唯一的沿海省份，辽宁港口群是东北最便捷的航运枢纽。目前辽宁省共有六大港口、20个港区、257个万t级泊位，泊位数居全国第5位，港口货物通过能力达到7.5亿t；集装箱航线总数达195条，已连通全球160多个国家和地区。2023年，辽宁港口集装箱吞吐量达1290万标准箱，辽宁港口为服务东北经济发展、服务畅联双循环的保障作用显著，在保障“北粮南运”、煤炭能源运输中发挥着重要作用，有力支撑了进出口贸易稳步增长。

2.4.1　辽河流域航运史

辽宁省内河航道均系天然河流航道，通航河流主要为辽河水系和鸭绿江水系。在历史上，辽河是省内外、国内外的主要内河航道，水运事业在清朝中叶达全盛时期，清光绪年间航行在辽河上的各种船只达两三万艘，以后逐渐衰落。中华人民共和国成立后的头 10 年，内河航运有明显的恢复和发展，在整个水运业中比较活跃。后由于陆路运输水平的提高，内河运输速度慢、环节多和冬季停航等缺点日益突出，加上重陆路，轻水运，对水资源缺乏统一规划，综合利用，内河运输逐渐萎缩。

辽河通航历史悠久，早在汉魏时期，辽河航运已具规模。据《三国志·吴志》记载，东吴孙权于嘉禾二年（233 年）“使太常张弥、执金吾许晏、将军贺达等将兵万人，金宝珍贺、九锡备物，乘海受渊”。渊即公孙渊，驻地襄平（今辽阳市）。孙权派遣的这支庞大的东吴船队，从东海一路来到渤海并溯辽河北上，抵达辽阳，可见当时辽河的航运能力之强。辽河主航道 600 多 km，支流太子河、浑河各约 200km，总长大致在 1000km。

辽、金、元以后，有关辽河航运的记载屡见不鲜，金王寂著的《辽东行部志》以及《元史·罗壁传》都有“运槽辽东”“溯辽河以运军粮”的记述，说明辽河航运当时相当发达。据《金史·河渠志》金明昌三年（1192 年）四月：“辽东路米粟素饶，宜航海以达山东。咸平铜善馆（今开原县中国镇）皆可置仓贮粟以通漕运。若山东、河北荒欠，即可运以相济。”表明金时已有辽河水运。

明清时期，辽河是运送军粮的主要通道。特别是清康熙年间，为运送军粮，抵御沙俄的侵略，清廷还特意在巨流河渡口、乌喇（吉林省境内）等地分别修造船只百余艘，作为官船运送军粮。同时在辽河上游的邓子村、伊屯河流经的伊屯门（伊通县）等地筑仓储存军粮。辽河两岸粮米由各庄屯统一征收，分春秋两季用船运至邓子村粮库。邓子村至伊屯门不通水路，需换车辆运送，到达伊屯门后，再次装船沿松花江运到各个军营。这一水陆联运线的开辟，不仅保证了雅克萨自卫反击战的胜利，同时也促进了东北经济的发展。

1858 年，第二次鸦片战争失败后，英法等国强迫清政府签订了《天津条约》，增开汉口、九江、南京、镇江、台南、淡水、潮州、登州、牛庄等港口。牛庄即今海城市牛庄镇。历史上牛庄确是闻名东北的港口，由于辽河下游流水平缓，泥沙淤积，致使河道变迁，牛庄便由港口变为陆地上的贸易中心，但依然管辖小姐庙、田庄台、没沟营三个码头，没沟营也称营口。

1861 年 5 月，英国首任驻牛庄领事托马斯乘“斯福因库斯”号来到牛庄，在他考察了小姐庙、田庄台、没沟营三个码头后，与清政府派驻牛庄负责通商事宜的乌勒洪额、山海关监督福瑞、牛庄防守尉毓昌、海城县知事张鼎镛进行了会谈。他认为小姐庙河水淤浅航行不便。而没沟营距海很近，水深河阔，是开埠通商的理想之地。于是托马斯提议将商埠改在牛庄属下的没沟营。清政府谈判官员知道早有移地开埠先例，没沟营又是牛庄辖地与条约无违，便予以默许。不久，英国领事馆在没沟营的东营子三义庙（现营口日报社附近）租赁民房开馆，营口于是代替牛庄开埠。

营口开埠通商后，带动了辽河航运能力的不断增强，主要表现在辽河沿岸新兴了一些航运码头，延长了辽河通航的距离。当时的辽河水运由营口经田庄台、辽中、新民、法库、铁岭、开原直通三江口，形成了长达 625km 的黄金水道。

田庄台是辽河上最大的码头，是东北地区重要的物资集散地，被清政府称为“商贾辐辏之地”。田庄台至三江口“八百里河道，帆樯林立、往来如梭”。当时的田庄台，南起保灵宫，北至曹家湾子，4km长的沿河两岸就有码头十余处。“天兴跳”“二官跳”是粮油花纱杂货码头；东河沿为木材、煤炭码头；一面街是蔬菜码头；“万金永”则是堆放芦苇、柴草的码头；官码头和蔡家屯是摆渡行人的客运码头。真可谓“八里河岸，泊船上千；市井繁华，铺户栉比”。

当时进出田庄台码头的船型很多，除帆船、驳船外，还有往来于营口与田庄台的“小火轮”，从开河至封冻，往来船只多达两万艘。这些船上行时装载着粤、闽、浙、苏、鲁、川等省出产的绸缎、布匹、药材、茶叶、瓷器、漆器、竹器及日用杂品等，通过田庄台码头销往东北各地；下行时装载着东北平原出产的高粱、木材、大豆、皮毛，通过渤海、东海或者大运河远销江南。

辽河的两大支流——太子河和浑河，总计有400多km的航线，虽然不太适合大型船只航行，但小型船只如拉网艚子、舢舨、牛船等航行自如，渡人、捕鱼、运粮、运货样样皆可。在丰水期，有的路段大型船只也可通航，如历史上清太祖努尔哈赤的龙船。

日俄战争后，由于政治、经济以及自然情况的变化，辽河航运渐渐失去了原有的重要地位。京奉、南满、四郑等铁路相继建成后，特别是日本侵略者提出经营满洲商务以大连为中心的“大连中心主义”后，辽河运输量越来越少。此外，清光绪三十二年，日商承建辽河新民段巨流河桥时，有意降低桥梁高度，小船勉强通过，帆船必须放倒桅杆才能通过，大船根本无法通过。到中华人民共和国成立前夕，只剩下几百艘木帆船在辽河下游进行运输。

中华人民共和国成立后，交通部门对辽河运输进行了整顿。到1952年，辽河从事水上运输的船舶又增加到1000余艘。第一个五年计划期间，又相继在营口、田庄台等处设立航运机构，在巨流河成立航道工程队，对辽河中段航道进行整治，打通了卡力马至巨流河99km的航线，辽河通航里程从新中国成立初期的103km发展到531km，船舶可从营口上达新民。

但1961年以后，由于航运很难与火车、汽车竞争，导致航运日益衰退。20世纪70年代，拖驳船主要航行于营口至田庄台、三岔河、小姐庙及盖县团山子、鲅鱼圈之间，往返运输煤炭、木材、草制品和砂石材料等。1977年，田庄台辽河大桥通车后，沿河物资运输多放弃水路，改走陆路。到1985年，辽河下游只剩下季节性区段运输，大辽河田庄台以上区段基本停航，田庄台以下45km仅有3艘100t级的船舶从事运输，年货运量已微乎其微，辽河航运逐渐成为了历史。

2.4.2 辽河流域航运现状

东北地区具备先天通道优势，与俄罗斯、蒙古国接壤，陆上口岸衔接紧密。同时拥有天然海港优势，大连港、营口港、丹东港，海港型国家物流枢纽与陆港型国家物流枢纽形成“母港＋内陆”港联动发展机制，依据区域产业结构和各港口优势航线共同设计并推动海铁联运物流产品，充分服务于内陆腹地诸多企业。东北地区基本形成了以大连、营口为中心，丹东、锦州为两翼的南部沿海港口群分布格局，建立了同国内各港口、世界140多个国家36个地区联系的海上运输网。内河运输通道集中在松花江、黑龙江、乌苏里江、辽河和鸭绿江。2020年，东北地区内河航道里程7929km，占全国内河航道总里程的6.21%，三省的内河航道网密度均低于全国的平均水平，见表2.1。

表 2.1　　2020 年东北三省内河航道里程

项　　目	内河航道里程 /km	面积 /万 km^2	内河航道网密度 /(km/万 km^2)
黑龙江	5495	47.3	116.17
吉林	1621	18.74	86.50
辽宁	813	14.8	54.93
东北三省	7929	80.84	98.08
全国	127700	960	133.02
东北三省占全国比重	6.21%	8.42%	

从近 10 年的运输线路来看，辽宁省铁路营业里程增加了约 2100km，公路通车里程增加了 2.5 万 km，而内河航道通航里程仍保持在 813km，见表 2.2。

表 2.2　　近 10 年辽宁省运输线路长度　　单位：km

年份	铁路运营里程	公路通车里程	内河航道通航里程
2011	4035	104026	813
2012	4757	104679	813
2013	4875	110072	813
2014	4899	114504	813
2015	5328	119362	813
2016	5340	119688	813
2017	5543	121722	813
2018	6153	122044	813
2019	6141	123830	813
2020	6195	129928	813

从近 10 年的货物运输情况来看，辽宁省铁路运输出现起伏状态，2013—2015 年逐渐减少，2015—2020 年，铁路货运量逐年增加。公路货运量一致处于反复变化的态势，2019 以后公路货运量出现大幅度下滑。2011—2019 年，水运货运量基本保持稳定的态势，但 2020 年，水运货运量出现断崖式下跌。从货运周转量来看，公路货运量为铁路货运量的 5.8 倍，但公路的货物周转量仅是铁路的 2 倍，可以看出辽宁省的大宗货物长距离运输以铁路为主，见表 2.3。

表 2.3　　近 10 年辽宁省货运运输情况

年份	货运量/万 t			货运周转量/亿 tkm		
	铁路	公路	水运	铁路	公路	水运
2011	18716	151773	11632	1540.7	2328.5	6529.4
2012	17388	174355	12631	1399.6	2675.4	7483.3
2013	20484	172923	13379	1344.0	2792.0	7837.2

续表

年份	货运量/万 t			货运周转量/亿 tkm		
	铁路	公路	水运	铁路	公路	水运
2014	19103	189174	13810	1180.4	3074.9	7979.5
2015	14541	172140	13439	893.6	2850.7	7963.2
2016	16222	177371	13464	899.5	2936.8	8275.8
2017	17734	184273	14122	1088.1	3058.6	8608.9
2018	19686	189737	13918	1183.1	3152.3	6317.6
2019	21184	144556	12498	1230.3	2662.5	5027.3
2020	23957	138569	4797	1296.0	2548.3	1575.8

整体来讲，东北地区的内河水运是南北割裂的状态，北部地区的干流主要为松花江和嫩江，向北通往黑龙江，出海口主要为图们江出海口，但该出海口设施老旧，可容纳的船只吨位较低，而且出海的通关管辖并不隶属于中国，而是由俄罗斯掌控，使得我国北部区域大宗贸易商品出海效率极低，有时甚至需要货船经过一段陆路运输后再进入水运出海，大大降低了东北北部地区依托海运贸易的效能，使得北部地区的大宗商品仍主要依托于铁路运输。但现实情况是，在运输大宗商品时铁路运输成本要远高于航运，有关资料显示，如果黑龙江省哈尔滨市运送货物到大连，其陆路运费竟然比从上海到纽约的海运成本高4倍；从运时上看，吉林、黑龙江两省以往通过火车将货物运到丹东或大连港，再海运到日本，至少需要三四天时间，而从图们江口到日本的新潟港只有500多海里，货轮十几个小时就可以到达。因此，对于东北北部的内河运输，一方面，需要探索朝鲜等图们江新的出海港口，与俄罗斯的扎鲁比诺港形成竞争态势，从而倒逼其进行设备和通关审批等改革，以提升效率；另一方面，则是打通东北南北部内河运输的通道，从而向南开拓新的出海口，这虽然对于向日本运输的货物仅存在成本优势而缺乏时间优势，但对于南向东南亚和东南向欧美等区域的货物运输则兼具时间和成本效益。

第5节 航运发展形势分析

东北平原主要分为南北两部分，北部为松花江和嫩江流域内的松嫩平原，而南部则为辽河流域下的辽河平原，其主要河流有黑龙江、松花江、嫩江、辽河等。黑龙江为中国和俄罗斯的界河，也是东北地区径流量最大、流域面积最广的河流，全长5498km，流域面积为184.3万km^2，其中中国境内部分为3474km，流域面积为88.7万km^2，年径流量为3465亿m^3，是黄河的7倍之多；松花江是黑龙江在中国境内最大的支流，主要流经黑龙江和吉林两省，流域面积为55.72km^2，全长1927km，年径流量达到762亿m^3；嫩江为松花江北源，发源于内蒙古自治区大兴安岭伊勒呼里山的中段南侧，其干流流经内蒙古自治区、吉林省和黑龙江省，全长1375km，流域面积达到4.1万km^2。综合来讲，东北地区水资源储量较为丰富，但三个省份之间的水资源配置差异较大，呈越往北水资源越丰富的情况。从人均水资源量来看，辽宁省仅为1206.3m^3/人，吉林省为2418.8m^3/人，黑龙江省则达到 4419.2m^3/人，根据 2020 年的全国平均水平 2239.8m^3/人，辽宁省约为全国平均水平的一半，吉林省与全国平均水平相差不大，而黑龙江省则几乎为全国平均水平的两倍。从水资源角度来说，东北地区具备发展内河航运的条件。

从国际经验来看，运河建设与经济发展需求几乎是同步的，比较典型的有德国和美国。德国自工业革命开始至二次世界大战之前就修建了基尔运河、沿海运河、多特蒙德-埃姆斯运河、莱茵-黑尔纳运河、韦瑟尔-达特尔恩运河、中德运河（中部运河）等，沟通了莱茵河、威悉河、易北河等主要河流，形成了有效的水上交通网络并共同构成了德国强大的内河运输体系。美国在工业革命时期，修建了伊利运河、伊利诺伊-密歇根运河、俄亥俄-伊利运河和瓦巴什-伊利运河。这些运河和其他连接五大湖的运河一起，构成了由五大湖和密西西比河为主的航道网，这个航道网对美国中西部早期经济开发起到了至关重要的作用。而且从国外发达国家看，尽管航道建设已具规模，水运业已十分发达，但政府仍高度重视水路运输的优越性，其具有许多不可替代的优势，特别是水路运输的环保和水资源循环使用的功能，更是其他运输方式所无法比拟的。

习近平总书记在新时代推动东北全面振兴座谈会上指出，东北是我国向北开放的重要门户，在我国加强东北亚区域合作、连通国内国际双循环中的战略地位和作用日益凸显。要系统布局建设东北现代基础设施体系，提高口岸通关能力和便利化程度。黑龙江省与俄罗斯远东地区隔江相望，边境线长 2981km，拥有 19 个中俄边境一类口岸。常态化开通的边境口岸共有 11 个，其中水路口岸 6 个、公路口岸 5 个，是三省一区对俄开放的最前沿，拥有对俄区位和口岸通道优势。东北三省一区地缘相接、人文相近、经济相融，具有很好的合作基础和战略机遇。近年来，东北三省一区交通运输交流合作愈加频繁，现代化综合立体交通网建设逐步完善，东北海陆大通道建设加快推进，海陆双向辐射能级不断强化，交通运输服务东北地区经济社会发展的支撑作用日益凸显。从对外交通和经济发展方面来说，东北地区需要发展内河航运。

第 6 节　辽河流域六网融合发展战略

水网，包括河流、湖泊、运河等自然与人工水系，不仅是水资源调配的重要载体，也是生态保护和文化传承的重要纽带。交通网，涵盖公路、铁路、航空和航运等多种形式，是连接城市与乡村、促进物资流通与人员往来的动脉。二者的融合发展，能够充分发挥各自的优势，形成互补效应，为经济社会发展注入新的活力。水网与交通网的融合发展，是现代社会基础设施建设的重要方向，也是推动区域经济协同发展、提升资源利用效率的关键举措。

水网与交通网的融合能够显著提升物流效率。水路运输具有运量大、成本低、能耗少的优势，尤其适合大宗货物的长距离运输。通过将内河航运与铁路、公路运输相结合，可以构建多式联运体系，降低物流成本，提高运输效率。例如，长江经济带的发展正是依托长江黄金水道，结合沿江铁路和高速公路网络，形成了高效的综合运输体系。

水网与交通网的融合有助于促进区域经济协调发展。通过水系与交通网络的互联互通，可以打破地理屏障，缩小区域发展差距。例如，京杭大运河的复兴工程不仅恢复了其航运功能，还带动了沿线城市的旅游业和经济发展，成为区域协同发展的典范。

水网与交通网的融合还具有重要的生态意义。通过科学规划，可以在交通建设中融入生态保护理念，减少对水系的破坏，同时利用水系改善交通沿线的生态环境。例如，在城市建设中，可以通过水系与绿道的结合，打造生态廊道，提升城市宜居性。

本书从两个角度，以水资源调配促水利发展，以人工运河促航运发展，两者之间又有“蓄水通航”“借水行舟”相融合，在技术可行、经济合理的基础上，根据《国家水网建设规划纲要》和《交通强国建设纲要》，跨水利、交通两大领域提出辽河流域水网运网融合的水战略：水网（防洪减灾网、供水保障网、河湖生态网、水文化景观网和智慧水利网）＋运网（松辽航运网）6网融合发展。

水网：按照水资源、水环境、水生态、水灾害、水文化“五水统筹”的基本思路，系统解决辽河流域面临的涉水问题，构建辽河流域现代水网，具体打造“五张网”，即防洪减灾网、供水保障网、河湖生态网、水文化景观网和智慧水利网。防洪减灾网守江河安澜护万家无虞，供水保障网促民生发展保供水安全，河湖生态网护绿水青山保生态安全，水文化景观网促历史传承显文化底蕴，智慧水利网以数字孪生促信息智能。

运网：按“蓄水通航”理念，建设松辽运河，联通松花江至黑龙江同江，再通过抚远水道直至鞑靼海峡，贯通东北3100km的黄金水道，另联通嫩江、黑龙江、乌苏里江，形成东北7000多km高等级航道网。形成“南京杭、北松辽”两大运河相呼应的格局。

水网＋运网融合发展：水网和运网的建设将促进辽中南、哈长两大国家级城市群的繁荣发展，形成线状延伸的生产、流通一体化的松辽运河经济走廊，形成黑龙江、吉林及蒙东出海新通道，形成水运、海运、陆运、空运连通，环中国东北、俄罗斯远东和朝鲜半岛的“东北亚国际大通道”。

水网与运网的融合发展，不仅是基础设施建设的创新模式，更是实现可持续发展的重要路径。通过统筹规划、科学设计，可以充分发挥二者的协同效应，为经济社会高质量发展提供坚实支撑。

第3章　辽河流域高标准防洪减灾网

持续变化的自然和人文条件给防洪减灾带来了一系列重大挑战。在全球气候变化背景下，我国局部性、区域性乃至流域性极端暴雨事件时有发生，且屡次突破历史观测记录。1980—2021年我国沿海海平面平均每年上升3.4mm。海平面的持续上升降低了已建防潮工程标准。与此同时，快速城镇化等人类活动也加剧了洪涝灾害复杂性。因此必须审视变化环境下洪涝灾害风险特征，更新防洪理念，增强全社会应对极端暴雨洪涝韧性，以保障人民群众生命财产安全、保障社会经济的可持续发展。辽河流域历史上洪涝灾害频繁，虽然经过多年的治理，省内防灾减灾能力得到不断提升，但防洪排涝防潮任务依然十分艰巨。辽河流域防洪减灾网应以建成社会主义现代化强国为目标，统筹安排江河治理、山洪灾害防治、城镇防洪、涝区治理等防洪基础设施建设，针对防洪薄弱环节，遵循“蓄泄兼筹，防用结合，综合治理”的防洪方针，以新建调蓄水库、建设生态堤防、生态清淤、加大排涝能力建设、加大防潮能力建设等综合治理为手段，统筹防洪水库、堤防加固、河道治理等防洪工程措施，系统推进病险水库除险加固、山洪灾害防治、涝区治理、海堤建设，提升防洪排涝防潮标准，逐步形成“防得住洪水、排得出涝水、御得了潮水”的辽河流域高标准防洪减灾网，以水利高质量发展支撑经济社会高质量发展，为推进中国式现代化做出水利贡献。

第1节　基本思路与格局

3.1.1　防洪目标

到2035年，全面建成辽河流域防洪减灾网。辽河干流及重要支流防洪减灾体系全面建成，辽河干流重点保护区、县级以上城市，中小河流重要河段完成达标建设。对新出现的病险水库及时进行除险加固工作，持续消除病险水库安全隐患。江河堤防达标率进一步提高，5级及以上重点江河堤防达标率达到95%以上。全面建成水旱灾害预报、预警、预演、预案调度体系。建成满足社会主义现代化要求的防御洪涝灾害调度指挥系统与应急协调处置体系，重大水安全风险防范化解能力全面提升。

2035年以后，重点开展河流综合治理工作，促进防洪减灾网与供水保障网、健康生态网、文化惠民网、智慧水网的深度融合，完成堤防、海堤等现有工程的生态化改造，完成一批集防洪、生态、景观、智慧功能为一体的生态湿地建设。

3.1.2　防洪排涝区划

辽河流域防洪区面积为1.60万km^2，防洪保护区分为河流保护区和城市段保护区。河流防洪保护区104个，辽河7个保护区、东辽河1个保护区、西辽河1个保护区、浑河

16 个保护区、太子河 14 个保护区、大辽河 3 个保护区、大凌河 20 个保护区、小凌河 12 个保护区、绕阳河 7 个保护区、清河 9 个保护区、柳河 5 个保护区、招苏台河 2 个保护区、细河 9 个保护区、秀水河 2 个保护区、老哈河 2 个保护区，保护区总面积 10 万 m^2。城市段保护区 72 个，沈阳市 6 个保护区、鞍山市 5 个保护区、抚顺市 4 个保护区、本溪市 16 个保护区、锦州市 10 个保护区、营口市 1 个保护区、阜新市 4 个保护区、辽阳市 7 个保护区、盘锦市 3 个保护区、铁岭市 8 个保护区、朝阳市 6 个保护区、沈抚创新示范区 2 个保护区。

辽河流域涝区面积为 21580km^2，分为一级区 1 个、二级区 2 个、三级区 11 个，见表 3.1。

表 3.1　主要河流重要防洪保护区及涝区治理区划

01 重要防洪保护区

重点城市。沈阳市、大连市、鞍山市、抚顺市、本溪市、丹东市、锦州市、营口市、阜新市、辽阳市、盘锦市、铁岭市、朝阳市、葫芦岛市、沈抚示范区。

一般县级城市。浑南区、于洪区、苏家屯区、沈北新区、辽中区、法库县、新民市、海城市、清原县、新宾县、高新区、南芬区、本溪县、黑山县、义县、凌海市、北镇市、鲅鱼圈区、大石桥市、盖州市、新邱区、清河门区、阜蒙县、彰武县、弓长岭区、辽阳县、灯塔市、双台子区、大洼区、盘山县、清河区、开原市、昌图县、西丰县、调兵山市、朝阳县、北票市、建平县、凌源市、喀左县。

农村重点保护区：辽河干流石佛寺水库至盘山闸、西辽河、东辽河、浑河谟家堡闸以下、太子河辽阳铁路桥以下、大辽河、绕阳河沈山铁路桥以下、大凌河白石水库以下。

02 涝区治理区划

一级区。东北平原区。

二级区。辽河区、浑太区。

三级区。辽干北部右岸涝区、辽干北部左岸涝区、辽干中部右岸涝区、辽干中部左岸涝区、绕阳河右岸涝区、辽干南部涝区、浑河右岸涝区、浑河左岸涝区、太子河涝区、凌河左岸涝区、凌河右岸涝区。

3.1.3　防洪排涝防潮标准

根据辽宁省防洪减灾总体目标、任务要求和防洪保护对象的重要性，按照新时期防洪排涝防潮新要求和新标准，协调防洪排涝防潮建设与经济社会发展关系，按照适当提前、统筹协调的原则，完善与防洪保护区高质量发展相匹配的河流、城市防洪标准、涝区排涝标准和海堤防潮标准。

根据《辽河流域综合规划》，按照河段保护区的重要性及保护区内人口耕地数量，确定重点河段、一般河段和城市河段等不同河段的防洪标准。①重点河段。辽河干流石佛寺水库至盘山闸防洪标准为 100 年一遇；辽河干流石佛寺以上和盘山闸以下、西辽河、东辽河、浑河谟家堡闸以下、太子河辽阳铁路桥以下、大辽河、绕阳河沈山铁路桥以下、大凌河白石水库以下防洪标准均为 50 年一遇。②一般河段。平原河段保护区面积较大的河段或有乡镇等重要保护目标的河段防洪标准为 20 年一遇，其余河段为 10 年一遇。③城市河段。沈阳市防洪标准为 300 年一遇；抚顺市、本溪市、辽阳市和盘锦市防洪标准为 200 年一遇；鞍山市、营口市、铁岭市、锦州市、朝阳市防洪标准为 100 年一遇，沈抚示范区防洪标准 100 年一遇。一般县区城市段及重要防洪保护圈防洪标准为 20～50 年一遇。

根据辽宁省治涝相关成果，确定11个三级涝区的排涝标准，涝区规划排涝标准均为10年一遇。旱田区排涝时间按24h降雨2d排除田面积水设计；水田区按三日降雨3～5d排至不同生育阶段滞蓄水层设计。

辽宁省境内海岸线主要集中在大连、丹东、营口、盘锦、锦州、葫芦岛等6个地市，辽河流域共涉及营口、盘锦、锦州3个地市。按照《海堤工程设计规范》，结合海堤保护目标，确定海堤工程的防潮（洪）标准。盘锦、营口有部分海堤保护目标为其主城区，该段海堤防潮标准与城市防洪标准一致，即盘锦主城区段海堤防潮标准为200年一遇，营口主城区段防潮标准为100年一遇。保护目标为开发区或县城段海堤防潮标准为50年一遇。农村段海堤防潮标准为10～20年一遇。

3.1.4 洪水出路安排

辽河干流。以1953年洪水为典型，石佛寺水库以上发生50年一遇洪水，福德店站设计洪峰流量2470m^3/s，通过南城子、清河和柴河三个水库对支流洪水进行调节，水库蓄量5.13亿m^3，支流南城子、清河和柴河三个水库控制泄流与干流及区间洪水组合，控制铁岭站洪峰流量不超过5720m^3/s。铁岭站7天设计洪量19.40亿m^3，水库蓄量5.13亿m^3，河道泄量14.27亿m^3。石佛寺水库以下发生100年一遇洪水，通过南城子、清河、柴河和榛子岭四个水库对支流洪水进行调节，水库蓄量5.63亿m^3，石佛寺水库入库洪峰流量6990m^3/s，水库蓄量1.60亿m^3，控制石佛寺水库坝下断面洪峰流量不超过5500m^3/s，洪水演进至盘山站洪峰流量衰减到5000m^3/s。石佛寺水库坝下断面7天设计洪量25.00亿m^3，水库蓄量7.23亿m^3，河道泄量17.77亿m^3。

石佛寺水库以上发生100年一遇超标准洪水，经南城子、清河、柴河和榛子岭四个水库调节后，铁岭站洪峰流量超出安全泄量1060m^3/s、超额洪量2.68亿m^3。石佛寺水库以下发生200年一遇超标准洪水，经南城子、清河、柴河、榛子岭和石佛寺五个水库调节后，石佛寺水库坝下断面洪峰流量超出安全泄量2050m^3/s、超额洪量2.17亿m^3，盘山站洪峰流量超出安全泄量1800m^3/s、超额洪量1.97亿m^3。应在保证水库安全的前提下，充分挖掘南城子、清河、柴河、榛子岭和石佛寺五个水库防洪潜力，加强堤防防守，利用堤防超高挡水并抢筑子堤强迫行洪，或视情况利用外辽河向大辽河分洪。

辽河干流1951年洪水再现，铁岭站实测洪峰流量120年一遇，经水库调蓄后，可控制盘锦市主城区不超过堤防设计流量，按超标准洪水应对、安排，基本能够防御。通过合理调度、抢险基本可保障铁岭城市段防洪安全，石佛寺以上农村段将遭遇较重的洪水灾害损失；石佛寺以下河段能够防御洪水，防洪安全总体可控。

浑河。以1995年洪水为典型，发生50年一遇洪水，大伙房水库入库洪峰流量7760m^3/s，水库蓄量6.10亿m^3，控制最大下泄流量3000m^3/s，支流东洲河关山Ⅰ库入库洪峰流量877m^3/s，水库蓄量0.049亿m^3，控制最大下泄流量547m^3/s，大伙房水库、关山Ⅰ库控制泄流与区间洪水组合演进，控制沈阳站洪峰流量不超过4170m^3/s。沈阳站7天设计洪量16.10亿m^3，水库蓄量6.149亿m^3，河道泄量9.951亿m^3。

发生100年一遇超标准洪水，经大伙房水库、关山Ⅰ库调节后，沈阳站洪峰流量超出安全泄量770m^3/s、超额洪量0.86亿m^3。浑河下游超标准洪水防御须与太子河相协调，黄泥坎以上利用堤防超高进行抢险，黄泥坎以下利用浑河堤防右高左低及太子河堤防左高右低的措施，左右岸堤防高差 0.3m，舍浑河、太子河之间狭长地带（称做“浑太胡同”），保浑河右岸和太子河左岸。

浑河 1995 年洪水是实际发生的且为历史上最大的，1995 年洪水再现，经水库调蓄后，可控制沈阳市主城区不超过堤防设计流量，抚顺断面超 200 年一遇堤防设计洪水位 0.09m，抚顺、沈阳断面分别超 100 年一遇设计洪水位 0.87m、0.64m，沈阳断面超 50 年一遇设计洪水位 1.17m，按超标准洪水应对、安排，基本能够防御。

太子河。以 1960 年洪水为典型，发生 50 年一遇洪水，观音阁水库入库洪峰流量 $7840m^3/s$，水库蓄量 4.61 亿 m^3，观音阁水库最大下泄流量 $1060m^3/s$，与区间洪水组合，控制本溪站洪峰流量不超过 $5740m^3/s$；葠窝水库入库洪峰流量 $9580m^3/s$，水库蓄量 4.78 亿 m^3，控制最大下泄流量 $3490m^3/s$；支流汤河上的汤河水库入库洪峰流量 $3850m^3/s$，水库蓄量 0.826 亿 m^3，控制最大下泄流量 $1520m^3/s$，葠窝、汤河水库控制泄流与区间洪水组合，控制辽阳站洪峰流量不超过 $5050m^3/s$。辽阳站 7 天设计洪量 21.80 亿 m^3，水库蓄量 10.216 亿 m^3，河道泄量 11.584 亿 m^3。

发生 100 年一遇超标准洪水，经观音阁、葠窝、汤河三个水库调节后，本溪站洪峰流量超出安全泄量 $1020m^3/s$、超额洪量 1.24 亿 m^3，辽阳站洪峰流量超出安全泄量 $2240m^3/s$、超额洪量 2.02 亿 m^3。太子河超标准洪水防御与浑河相同，小北河以上利用堤防超高进行抢险，小北河以下利用左堤较右堤高 0.3m 的工程措施，舍右保左。

太子河 1960 年洪水再现，辽阳站实测洪峰流量超 100 年一遇，经水库联合调节后，本溪断面不到 50 年一遇，辽阳断面组合流量 100 年一遇，本溪市、辽阳市城区不超过堤防设计流量，辽阳市下崴子村以上新城区、辽阳市以下农村段超 50 年一遇设计洪水位 1.36m，需按超标准洪水应对、安排，基本能够防御。

大辽河。大辽河洪水由浑河和太子河洪水组合而成，以三岔河水文站作为控制站，按同频率迭加组合，演进至三岔河站 50 年一遇洪峰流量为 $8800m^3/s$。三岔河站 7 天设计洪量 36.70 亿 m^3，水库蓄水 16.40 亿 m^3，河道泄量 20.30 亿 m^3。

发生 100 年一遇超标准洪水，经大伙房、关山Ⅰ库、观音阁、葠窝、汤河五个水库调节后，三岔河站洪峰流量超出安全泄量 $2000m^3/s$、超额洪量 3.33 亿 m^3。应在保证水库安全的前提下，充分挖掘水库防洪潜力，加强堤防防守，利用堤防超高挡水并抢筑子堤强迫行洪，或视情况利用外辽河向辽河干流反向分洪。

大辽河 1960 年洪水再现，经上游水库联合调节后，三岔河口（营口）断面为 $9270m^3/s$，营口市城区、盘锦市城区不超过堤防设计流量，农村段超 50 年一遇设计洪水位 0.21m，需按超标准洪水应对、安排，基本能够防御。

3.1.5 总体格局

针对江河流域防洪体系，上游加强水源涵养，并通过新建扩建水库拦蓄洪水；中下游通过新建加固堤防、河道整治、河道险工治理等措施，保障泄洪通畅。针对涝区排涝体系，通过开展排涝河道治理、排涝涵闸、排涝泵站及疏浚排涝沟道等措施，保障排涝顺畅。针对沿海防潮体系，通过新建加固海堤，保障防潮安全。同时，正确处理和协调洪水与涝水的关系，重点加强城市洪涝潮体系建设，在完善城市防洪工程体系的同时，增强城市承泄涝水的骨干河道的泄洪能力，提高城市涝水的外排能力，并结合海绵城市建设，在城市内重要节点推进滞涝区建设，增加涝水调蓄能力。充分协调城市洪水、涝水、潮水之间的遭遇关系，完善城市应对洪涝潮等灾害的防御体系，应充分考虑暴雨、台风等极端天气，确保发生极端天气时重要洪涝潮通道畅通。结合生态廊道建设开展生态化改造，加强滩区搬迁及清障工作。重点完善辽河、浑河、太子河、绕阳河下游平原区的排涝体系建设。

第2节　河流防洪体系建设

3.2.1　提高洪水泄洪能力

3.2.1.1　骨干泄洪通道建设

辽河流域现有流域面积 3000km^2 以上有重要防洪任务的主要河流有 12 条河，分别是辽河、浑河、太子河、绕阳河、柳河、清河、东辽河、老哈河、大凌河、小凌河、牤牛河、细河。按照防洪保护目标和布局，针对防洪薄弱环节，以河流为主线，遵循“蓄泄兼筹，防用结合，综合治理”的防洪方针，统筹流域水库、堤防、护岸、水闸等防洪工程措施，进一步开展绿色、高标准防洪体系建设，提高区域防洪能力。

（1）辽河。根据《辽河流域防洪规划》，石佛寺以上农村段应达到 50 年一遇，石佛寺以下 100 年一遇，铁岭城市段 100 年一遇，盘锦城市段 200 年一遇。正在实施的辽河干流防洪提升工程，将石佛寺以上农村段由现状的 20～30 年一遇标准提高至 50 年一遇标准；加高培厚石佛寺以下农村段堤防，使其达到 100 年一遇标准；完善铁岭市、盘锦市城市段防洪体系，提高铁岭城市段标准至 100 年一遇，提高盘锦城市段标准至 200 年一遇。

（2）浑河。浑河是辽河的主要支流之一，是辽宁中部地区防洪重点河流，现状已基本形成以大伙房水库为骨干，沿河堤防为基础的防洪体系。浑河干流现有大伙房水库。支流东洲河是 1995 年洪水的主要产流区域，在其上新建关山Ⅱ水库共同调蓄洪水。根据《辽河流域防洪规划》，浑河沈阳以下农村段堤防防洪标准为 50 年一遇，沈阳市城区段规划防洪标准为 300 年一遇，抚顺市城区段规划防洪标准为 200 年一遇。目前，沈阳市、抚顺市及新成立的沈抚示范区城区段大部分河道达到规划标准，但依然存在薄弱环节，规划补齐沈阳、抚顺、沈抚示范区城市段的防洪短板。沈阳以下农村段堤两岸堤防按照原设计建设，现状基本能够承泄 50 年一遇洪水，但超高不足。规划对沈阳以下农村段 353km 堤防进行达标建设。沈阳以下农村段部分险工尚未进行治理，部分险工存在老化破损现象，规划对沿河险工险段、砂堤砂基进行治理。

（3）太子河。太子河与浑河一致，均为辽河的主要支流之一，也是辽宁中部地区防洪重点河流。太子河现状已基本形成以观音阁水库、葠窝水库为骨干，沿河堤防为基础的防洪体系。根据《辽河流域防洪规划》，太子河辽阳以下农村段堤防防洪标准为 50 年一遇，本溪市、辽阳市城区段规划防洪标准均为 200 年一遇。本溪市及辽阳市城区段大部分河段达到规划标准，但依然存在薄弱环节。规划补齐本溪市、辽阳市城市段的防洪短板，提高观音阁水库坝下至三家子大桥产业园区段河道防洪标准至 50 年一遇。辽阳以下农村段堤防由于修建年代久远，堤防按照原设计建设，现状基本能够承泄 50 年一遇洪水，但超高不满足50年一遇标准要求。规划对辽阳以下农村段232km堤防达标建设，并对沿河险工险段、砂堤砂基进行治理。

（4）绕阳河。绕阳河沈山铁路桥以下河段两岸基本形成了较为完整的防洪工程体系，但是干流现状无防洪水库调节，流域防洪体系尚不完整。规划通过新建永平水库调蓄洪水，完善绕阳河防洪体系。沈山铁路桥以上河段堤防不连续，现状堤防堤身瘦小，达不到规划防洪标准。沈山铁路桥以下河段虽然有连续堤防，但由于修建年代久远，现状大部分堤防达不到规划标准，且由于城市发展，部分河段被纳入城区，现状防洪标准无法满足城市发展的需求。规划对沈山铁路桥以上段31km堤防达标建设，对沈山铁路桥以下段堤防进行全面整修加固。

（5）清河、柳河、招苏台河。经过多年的治理，清河、柳河、招苏台河干流现状已基本达到规划标准。清河干流现有清河水库调蓄，柳河干流有闹德海水库调蓄，两条河均已形成较为完善的防洪工程体系。但清河、柳河、招苏台河现有工程型式均以防洪保安全为主要目标，现有工程防护多生态化不足，规划对清河、柳河现有防洪工程进行生态化改造。

（6）东辽河、老哈河。老哈河、东辽河干流现有红山水库、二龙山水库调蓄，两条河已形成较为完善的防洪工程体系。老哈河、东辽河大部分河段位于省外，仅部分河段位于辽宁省境内。老哈河、东辽河省内河段现状均有堤防保护，但均不满足规划标准，规划对辽宁省内不达标堤防进行整修加固。

（7）大凌河。大凌河已基本形成以宫山咀水库、阎王鼻子水库、白石水库为骨干，沿河堤防为基础的防洪体系。大凌河流经建昌县、喀左县、朝阳县、朝阳市、燕都新城、义县、义县工业园区、凌海等多个城市段，各城区段现状大部分达到规划标准，但依然存在薄弱环节，规划补齐各城市段的防洪短板。凌海市以上农村段虽未经过系统整修，但目前堤顶高程可以满足50年设计洪水要求。义县段、凌海市以下农村段及盘锦农村段堤防未经过系统整修，现有堤防堤顶平整程度较差且堤身普遍瘦小，规划对义县、凌海市、盘锦农村段进行达标建设。大凌河位于辽西地区，河道生态脆弱，规划沿河生态湿地提高洪水调蓄能力。支流牤牛河、老虎山河上现状无防洪水库，规划在牤牛河、老虎山河上分别修建生金水库及杨杖子水库。

（8）小凌河。小凌河已基本形成以元宝山水库、锦凌水库为骨干，沿河堤防为基础的防洪体系。小凌河主要流经锦州市城市段，经过多年治理，锦州城市段已基本达到规划标准，仅余女儿河口下游右岸及百股河口至G102桥左岸达不到规划标准，规划对以上2段堤防进行达标整修。小凌河锦州城市下边界至蒋机房段为农村段，该段堤防未经过系统整修，现状堤防达不到规划标准。蒋机房至河口段现状无堤防保护。规划对锦州以下农村段进行达标建设。考虑小凌河生态环境较差，规划沿河修建生态湿地，并对现状防洪工程进行生态化改造，完善河湖空间分区。

（9）牤牛河。牤牛河干流现状无防洪控制性工程，规划修建生金水库。牤牛河干流现状无堤防工程保护，沿河工程以险工护岸为主。考虑牤牛河沿岸无重要保护目标，规划修建险工护岸50.8km。

（10）细河。细河干流主要流经阜新市级阜蒙县城市段，经过多年来的治理，阜新市、阜蒙县城市段已形成较为完善的防洪工程体系，防洪能力满足规划要求。除阜新市及阜蒙县城市段以外，细河其他河段均为农村段，沿岸无重要保护目标。规划堤防加固5.11km，对阜新城市段堤防进行生态化改造，见表3.2。

表3.2 主要河流防洪治理工程

01 辽河干流防洪提升工程 堤防加培601.8km；砂堤砂基治理148.2km；穿堤建筑物治理166座；新建堤防41.2km；防汛路贯通（含支流口桥梁），防汛路589.0km，支流口桥梁7座；堤坡硬性防护41.8km；防浪林补植265.1km；险工险段治理共57处，治理长度45.4km；双台子河闸鱼道1处；防洪提升信息化建设。
02 其他主要河流防洪提升工程 浑河、太子河、大凌河、小凌河、绕阳河、东辽河、老哈河、清河、柳河、牤牛河、细河等11条主要河流防洪提升工程。

3.2.1.2 其他泄洪通道建设

辽宁省流域面积在200km^{2}以上、3000km^{2}以下的中小河流共137条，中小河流防洪治理基础工作薄弱，防御洪水能力普遍较低，大多数中小河流的防洪标准都低于10年一遇，部分河段防洪能力甚至低于5年一遇，山区段小河基本不设防。按照蓄泄结合、以泄为主、综合治理的原则，因地制宜开展堤防护岸加固和建设、河道清淤清障、生态护岸等工程建设，全面提高中小河流防洪减灾能力。山区和丘陵区河道，宜采取挡墙或护岸等工程形式进行防护，局部加固或新建封闭堤防，并根据需要开展河道清淤疏浚。浅丘区和平原区河道，对城镇河段和农田集中区进行堤防加固，对河道局部卡口段进行拓宽和疏浚。有条件的河流结合综合利用适时建设防洪水库，如在东洲河上新建关山Ⅱ水库，在海城河上新建石门岭水库等。

以保护人口超过万人的县城、乡镇、村庄，万亩以上集中连片的基本农田以及重要基础设施的河段为治理重点。山丘区河流治理重点是县城、乡镇的河段，尽量保持河流的自然状态；丘陵及平原区河流治理重点是沿河人口和农田较集中的河段、行洪排涝河道淤积卡口等河段。

3.2.1.3 山洪灾害防治

辽宁省山洪灾害主要发生于辽东、辽西的山地丘陵区，共有小流域670个，面积为10.9万km^2，辽河流域共有小流域439个，面积为7.36万km^2。根据降雨强度、地形地质特点和保护区经济情况，区分一级、二级重点防治区和一般防治区，有序开展山洪沟小流域治理。一级重点防治区共80个小流域，面积14894km^2，占20.2%。二级重点防治区共113个小流域，面积18292km^2，占24.9%。一般防治区共246个小流域，面积40378km^2，占54.9%。

对尚未开展治理的一级重点防治区通过采用堤防工程、险工护岸工程、清淤疏浚工程、生态综合治理工程等措施进行治理，提升一级重点防治区的防御洪水能力。同时构建山洪灾害监测、预警、调度一体化管理平台，同时加强进一步山洪灾害监测、预警、调度一体化管理平台建设，加强非工程措施治理。到2035年，完成全部439个山洪沟小流域的治理工作。

3.2.2 增强洪水调蓄能力

（1）加强控制性枢纽工程建设。加强骨干通道洪水调蓄能力。结合北水润辽工程，推进永平水库、生金水库，提高绕阳河、大凌河支流牤牛河的调蓄洪水能力。提高其他行洪通道的洪水调蓄能力。在有条件的河流，结合供水、灌溉，新建14个具有防洪功能的水库，其中大型水库4座，中型水库10座，新增防洪库容2.38亿m^3。

（2）实施病险水库（水闸）除险加固。坚持以防为主，开展水库、水闸等工程设施隐患排查和安全鉴定，将病险水库（水闸）安全鉴定和除险加固常态化。以大坝安全鉴定意见或安全评价为依据，针对水库存在的主要病险问题，通过采取综合加固措施，消除病险，确保工程安全和正常使用，恢复和完善水库应有的防洪减灾和兴利效益。加快推进列入国家规划的大中型病险水闸除险加固任务，恢复水闸功能，充分发挥工程防洪、排涝、灌溉等各方面效益。对于水库（水闸）规模减小或者功能萎缩，除险加固技术上不可行，经济上不合理的水库（水闸），按有关规定降低等级或报废。推进实施葠窝水库、松树水库、铁甲水库、石门水库、土门子水库、南城子水库等6座大型水库和8座中型、35座小型水库、78座大中型水闸除险加固，恢复防洪库容8.27亿m^3。将病险水库（水闸）安全鉴定和除险加固常态化，见表3.3。

表3.3　　洪水调蓄工程建设

01 新建防洪水库 在有条件的河流，结合供水、灌溉，新建25个具有防洪功能的水库，其中大型水库10座，中型水库15座。 大型水库。石门岭水库、上窝铺水库、永平水库、生金水库。 中型水库。关山Ⅱ水库、盘龙寺水库、大石河水库、胡家湾水库、杨杖子水库、连山关水库、三家子水库、八道河水库、双山子水库、张及营水库。
02 病险水库（水闸）除险加固 实施葠窝、松树、铁甲、土门子、石门、南城子等6座大型水库，红河、三道河等8座中型水库及大东、龙口等35座小型水库除险加固；推进实施78座大中型病险水闸除险加固。

3.2.3 健全城市防洪体系

完善沈阳、盘锦等12座重点城市的防洪工程体系，提升城市河道防御洪水能力。加强鞍山市、锦州市、盘锦市、铁岭市、朝阳市、沈抚示范区等6座重点城市防洪基础设施建设，补齐城市防洪工程体系存在的短板。对法库县市等30个城区防洪标准不足的河道进行达标建设。到2035年，将海城市的规划防洪标准提升至100年一遇，将黑山、北镇、盖州、大石桥、辽阳县、灯塔、建平等7个城区的规划防洪标准提升至50年一遇。

统筹城市防洪与排涝、防潮之间的关系，通过河道疏浚、堤防加固等措施，加强骨干承泄河道的下泄能力。结合城市景观建设，通过修建小型湿地、蓄水池、透水铺装、下沉式绿地等措施，推进骨干河道微型海绵系统建设，推进雨水的分散滞蓄、收集、净化、储存和利用。通过新建、加固泵站，在充分考虑特大暴雨、台风等极端天气的前提下，科学合理确定城市涝水外排需求，合理增加城市涝水的外排能力。结合城市景观湖泊建设，在城市内重要节点推进滞涝区建设，增加涝水调蓄能力。

3.2.4　骨干通道超标准洪水防御策略

流域防洪治理应在降低暴雨洪涝冲击性的同时强化经济社会系统适应性和耐受能力，提升应对洪涝灾害的“韧性”。为提升防洪韧性，要综合考虑洪涝灾害发生可能性和灾害后果，综合提高经济社会系统对极端暴雨洪涝冲击的拒止、减轻和恢复能力。防洪韧性不仅体现在对设防标准内洪涝的有效防御，更体现在能够承受超标准洪涝冲击而不发生毁灭性破坏。

超标准洪水防御策略应坚持以人为本，以保障人民群众生命安全为首要目标，力争超标准洪水不死人、少损失。针对山区型河流、平原型河流（包括上游为山区，下游为平原的河流）制定不同的超标准洪水措施。山区型河流超标准洪水防御方案主要以预警和避险为主，仅对重要保护目标段进行抢险；平原型河流超标准洪水防御方案优先考虑加筑子堤等措施进行抢险；当水位继续上涨时，可选取保护区重要性相对较小的区域分洪；当不具备分洪条件且无法抢险时，组织人员进行避险。当洪水威胁水库大坝安全时，应优先确保水库大坝的安全。应加强大坝的工程监测，一旦发生险情时，及时预警，设法加大水库下泄流量并对工程出现的险情进行抢护。

辽河干流以保护石佛寺以下地区，特别是沈阳市、盘锦市、辽河油田及左岸乡镇农田的防洪安全为重点。主要措施是建设石佛寺水库右岸阿吉镇境内的超标准洪水分洪区。当发生超标准洪水，石佛寺水库水位超过设计洪水位时，水库阿吉侧围堤溃决，分洪区与水库连成一片。规划开辟辽大分洪道（利用外辽河河道）及辽绕分洪道（柳河口下游约8km位置）2条超标准洪水分洪道，增加辽河干流防御超标准洪水能力。

绕阳河以保护沈山铁路桥以下的左岸地区，特别是盘锦市、台安县和辽河油田的防洪安全为重点。当发生超标准洪水时，采取“舍上保下，舍右保左”的对策，确保左岸重点防洪保护区的安全。

浑太河以保护浑河右岸、太子河左岸地区，特别是沈阳市、抚顺市、本溪市、辽阳市的防洪安全为重点。考虑近年来浑河沈阳城市段左岸发展迅速，特别是市政府及大量企事业单位的入驻，该区域经济发展迅速，规划在新开河基础上，开辟浑蒲分洪道。并在充分论证的基础上，适当提高浑河沈阳城市段左岸防洪工程防御洪水的能力。浑河黄泥坎以下河段堤防右高左低，太子河小北河以下河段堤防左高右低，根据以上特点，当发生超标准洪水时，采取分洪入浑河、太子河之间狭长地带（也称浑太胡同）的措施，防御超标准洪水。浑河黄泥坎以上河段、太子河小北河以上河段利用堤防超高并修筑子堤防御超标准洪水。规划开辟浑太分洪道（蒲河口上游约6km左岸），增加浑河及太子河防御超标准洪水能力。

第3节　涝区排涝体系建设

3.3.1　城市排涝

辽宁省共有14座地级城市，100个县区，其中近一半的县区城区部分滨邻主要江河或江河穿城而过，其他县城主要受中小河流或山洪沟的洪水威胁，城市排涝体系的重点是既要加强河流和山洪沟的治理，同时提高城市排涝能力。为了满足城市内涝排水的需求，需要统筹好外洪风险和排涝能力不足造成的风险。有效应对城市内涝防治标准内的降雨，老城区雨停后能够及时排干积水，低洼地区防洪排涝能力大幅提升，历史上严重影响生产生活秩序的易涝积水点全面消除，不再出现“城市看海”现象；在超出城市内涝防治标准的降雨条件下，城市生命线工程等重要市政基础设施功能不丧失，基本保障城市安全运行；系统化全域推进海绵城市建设。辽宁省现状大部分城区外排能力不足，部分外排泵站老化破损严重，规划对其更新改造。部分城区承泄涝水的骨干渠道排涝能力不足，重点提高省内县城以上城区的涝水外排能力，规划对老化、破损泵站进行改造，对外排能力不足地区，新建外排泵站。对承泄涝水的骨干渠道排涝能力不足的河段，规划对渠道进行清淤疏浚，提高承泄渠道涝水的下泄能力。

3.3.2 农田排涝

辽宁省涝区主要分布在辽宁中部下辽河平原区，有 1 个一级涝区，为东北平原区，进一步划分为辽河区、浑太区 2 个二级涝区，辽干北部右岸涝区、辽干北部左岸涝区等 11 个三级涝区，涝区总面积 47541km^2。按照因地制宜、分区治理、统筹兼顾、蓄排结合、防洪安全、除涝适度的原则，针对平原洼地区、滨海圩区和山丘坡水区制定治涝工程体系。

（1）平原洼地区。包括 10 个三级涝区，为中部平原地区，控制面积 19164km^2，易涝面积 1269 万亩。涉及沈阳、鞍山、锦州、营口、阜新、辽阳、铁岭、盘锦等地级市及所辖部分县区，主要有辽河、浑河、太子河、绕阳河及大凌河等水系。其特点是受洪水、河水顶托，且持续时间较长，地面高程低于外河水位，在一定时期内，失去自排条件而致涝。土壤水分来源除大气降水外，还包括汛期受外河高水位的侧向补给。在确保防洪安全的基础上，按照内外水分开，灌排渠沟分设，水旱作物分植等原则，以及有效控制内河水位和地下水位的要求，制定洪、涝兼治的排水体系。

（2）滨海圩区。包括 3 个三级涝区，为滨海低洼地区，控制面积 1536km^2，易涝面积 88 万亩。涉及盘锦市及所辖部分县区，主要有辽河水系。其特点是地势较低且排水常受潮水位顶托而导致排水时间受限，常常需靠抽排完成排涝任务。根据自然特点，暴雨、台风和潮汐运动规律等情况，充分利用潮间自排的条件，采用“外挡、中截、下排”的综合治涝体系。

规划治理撇洪沟 63.6km，疏浚排涝河道 2841.0km，恢复清淤排涝沟系 62944.7km，新建及改扩建排涝涵闸 30316 座，新建及更新改造排涝泵站 627 座，配套新建及维修桥梁 8661 座，见表 3.4。

表 3.4　　辽宁省农田排涝工程

01 辽干北部右岸涝区综合整治工程 辽干北部右岸涝区主要包括沈阳的康平、法库地区以及位于辽干右岸的铁岭地区，属于辽宁省中部平原偏北部的河谷地区，主要河流水系有公河、秀水河、拉马河、王河、小河子河、长沟河等。工程控制面积 5365km^2。规划排涝河道 39.40km，排涝渠系 5099.2km，配套桥梁 710 座。
02 辽干北部左岸涝区综合整治工程 辽干北部左岸涝区主要包括位于辽干左岸的铁岭地区，属于辽宁省中部平原偏北部的河谷地区，主要河流水系有柴河、清河、亮子河、泛河、西小河、寇河、小寇河、碾盘河、招苏台河等。工程控制面积 4688km^2。规划排涝河道 512.16km，排涝渠系 4213.68km，配套桥梁 293 座。

续表

03 辽干中部右岸涝区综合整治工程 辽干中部右岸涝区主要包括沈阳的新民市、辽中县，鞍山的台安县，阜新的彰武县，锦州的黑山县，位于辽干右岸水系的地区，属于辽宁省中部平原的辽河地区，主要河流水系有柳河、养息牧河、秀水河、绕阳河左岸等。工程控制面积 5913km^2。规划撇洪沟 10.30km，排涝河道 787.69km，排涝渠系 13735.74km，配套桥梁 1550 座。
04 辽干中部左岸涝区综合整治工程 辽干中部左岸涝区主要包括沈阳的新民市、沈北新区，位于辽干左岸水系的地区，属于辽宁省中部平原的辽河地区，主要河流水系有万泉河、左小河等。工程控制面积 1201km^2。规划排涝河道 141.96km，排涝渠系 1882.32km，配套桥梁 43 座。
05 绕阳河右岸涝区综合整治工程 绕阳河右岸涝区主要包括沈阳的新民市，锦州的黑山县、北镇市，阜新的阜蒙县，位于绕阳河右岸的地区，属于辽宁省中部平原的辽河地区，主要河流水系有绕阳河右岸、东沙河、庞家河、羊肠河、西沙河、黑鱼沟河等。工程控制面积 4234km^2。规划排涝河道 270.70km，排涝渠系 4930.79km，配套桥梁 879 座。
06 辽干南部涝区综合整治工程 辽干南部涝区主要包括盘锦市，位于辽干南部的地区，属于辽宁省中部平原下游河口地区，主要河流水系有月牙河、丰屯河、小柳河、太平河等。工程控制面积 2478km^2。规划撇洪沟 5.00km，排涝河道 84.30km，排涝渠系 15940.68km，配套桥梁 19 座。
07 浑河右岸涝区综合整治工程 浑河右岸涝区主要包括沈阳的于洪区、浑南区、经济技术开发区、沈北新区、新民市、辽中县，鞍山的台安县，盘锦的盘山和大洼两县，位于浑河右岸的地区，属于辽宁省中部平原浑河地区，排涝河流水系有蒲河、外辽河、细河、满堂河等。工程控制面积 3729km^2。规划排涝河道 370.94km，排涝渠系 8549.27km，配套桥梁 3826 座。
08 浑河左岸涝区综合整治工程 浑河左岸涝区主要包括沈阳的浑南区、苏家屯区，鞍山的海城市，营口的老边区和大石桥市，辽阳的灯塔和辽阳两县，位于浑河左岸的地区，属于辽宁省中部平原浑河地区，排涝河流水系有劳动河、民兴河、杨官河、白塔堡河、小沙河、拉古峪河、新开河、韭菜河、浑沙河等。工程控制面积 2245km^2。规划排涝河道 222.84km，排涝渠系 3426.23km，配套桥梁 790 座。
09 太子河涝区综合整治工程 太子河涝区主要包括沈阳的浑南区、苏家屯区，鞍山的千山区、海城市，辽阳的文圣区、太子河区、灯塔市及辽阳县，位于太子河地区，属于辽宁省中部平原浑河地区，排涝河流水系有五道河、北沙河、太子河、杨柳河、运粮河、南沙河、柳壕河等。工程控制面积 4903km^2。规划排涝河道 13.30km，排涝渠系 4598.00km，配套桥梁 388 座。
10 凌河左岸涝区综合整治工程 凌河左岸涝区主要包括锦州的凌海市，位于大凌河左岸的地区，属于辽宁省中部平原下游河口地区，排涝河流水系有绕阳河右岸包括柳河口以下的潮沟河、丰屯河、锦盘河、荒地河、大羊河及小羊河等。工程控制面积 580km^2。规划排涝河道 41.80km，排涝渠系 247.87km，配套桥梁 68 座。
11 凌河右岸涝区综合整治工程 凌河右岸涝区主要包括锦州的凌海市，位于大凌河右岸地区，属于辽宁省西部沿海大凌河河口地区，排涝河流水系有大、小凌河等。工程控制面积 1016km^2。规划排涝河道 41.70km，排涝渠系 320.95km，配套桥梁 95 座。

第4节 沿海防潮体系建设

辽宁省海堤建设是保护沿海地区防台防潮安全、保障辽宁省沿海经济带建设的必然要求。辽宁省海岸线东自鸭绿江口起，西至山海关老龙头，海岸线全长2920km，其中大陆海岸线全长2110km。辽河流域沿海城市包括营口市、盘锦市、锦州市3个地级市。

通过新建和加固海堤164.09km，全面提升城市、工业区和第二、第三产业聚集区海堤的防潮（洪）能力。同时充分考虑海岸资源综合开发和海岸环境保护的要求，坚持保护与开发相结合，全方位推进生态海堤建设，见表3.5。

表3.5 辽宁省防潮工程建设

01 营口市防潮工程 营口市建设单元总长45.92km（海堤44.92km，河口海堤1km），其中新建32.32km（海堤31.32km，河口海堤1km），维修加固13.6km，全部为海堤，堤顶防汛路45.92km，预留防护林44.92km。
02 盘锦市防潮工程 盘锦市建设单元总长62.27km，全部为加固工程，堤顶防汛路62.27km，预留防护林62.27km。
03 锦州市防潮工程 锦州市建设单元总长55.90km（海堤13.90km，河口海堤42.00km），全部为新建工程，堤顶防汛路55.90km，预留防护林32.90km。

第5节 洪涝潮风险防控

基于国家防汛抗旱指挥系统，加强监测预警能力建设，以流域为单元，完善和整合水情、雨情、工情、墒情、灾情等信息，围绕防洪矛盾突出的骨干河流，构建辽河、鸭绿江等14个流域洪涝风险指挥防控系统，实现流域预报、预警、预演、预案“四预”功能，形成水网洪涝风险指挥防控体系。针对水旱灾防治存在的薄弱环节，加快风险隐患排查，建立水旱灾害防治区划体系，完善水旱灾害监管法制、体制、机制建设，加强水利工程安全鉴定及安全运行监管，落实安全责任主体，加强水旱灾害防治社会风险管控，提升社会整体水旱灾害风险意识和防灾减灾水平。

（1）加强监测预警能力建设。围绕完善监测站网布局、提升测报技术手段，扩大预报预警信息覆盖面，进一步开展洪涝潮监测预警预报建设，全面提升洪涝潮测报自动化和智能化水平。实施37座水库大坝、156座重点水闸、主要江河堤防险工险段等安全监测预警设施建设。围绕防洪工程安全日常监测、状态诊断与评价、堤坝安全巡查、漫溢和管涌抢险等，开展现代化技术装备应用试点，包括堤坝渗流分布式光纤温度传感监测、堤坝渗漏应急监测无人机和远程温度传感技术、堤坝变形监测遥感卫星雷达干涉测量技术、崩岸抢护大型土工包成套技术等。

（2）开展风险隐患排查和风险区划。针对水旱灾防治存在的薄弱环节，开展河流防洪能力复核及隐患排查、重点中小型水库现状防洪能力评价及风险排查等。继续开展防洪保护区、防潮保护区、防洪城市、中小河流和水库洪水影响区的洪水风险图编制，建设洪水风险实时分析平台。开展洪水风险区划和旱灾风险区划，逐步建立水旱灾害防治区划体系。适时启动流域防洪规划修编。

（3）构建流域洪涝风险指挥防控系统。利用遥感、遥测等技术，构建流域防洪排涝防潮数字场景，在数字化场景中实现防洪重点区域的洪水过程模拟、防洪形势分析、调度预演评估、方案优选推荐等防洪智能应用，实现基于数字孪生流域的浏览查询、洪水演进、洪水淹没分析等功能，通过预报调度结果与数字孪生流域的实时交互，实现物理流域水利工程运行实时同步监控和精准调度。构建智慧防洪排涝知识库，包含建设预报调度专家经验库、历史典型洪水场景模式库、水利工程调度规则预案库。

（4）加强水利工程安全监管。以水旱灾害防御工程安全运行为核心，强化工程安全监管，保证水旱灾害防御工程自身安全和功能正常发挥。大力推进水旱灾害防御工程运行标准化建设，提升管护队伍能力，增强基层管护资金保障。全面开展水工程安全鉴定、运行风险评估和隐患排查工作，建立水工程风险隐患台账。严格落实水库尤其是小型水库“三个责任人”和“三个重点环节”等管理制度，推广大坝智能巡检系统使用，加强病险水库、病险水闸、骨干淤地坝等工程带病带险调度运行方案研究，科学制定、严格执行安全度汛预案。开展农村饮水安全巩固提升等“小、散、多”工程的安全监管体制机制创新，明确管理主体、落实管护人员、解决管护资金，建立完善长效运行机制。

（5）加强社会风险管控。提高水旱灾害社会风险管控的科学水平，构建多方参与的防灾救灾减灾格局，提升全社会抵御水旱灾害的综合防范能力。开展洪水风险区划、干旱风险区划，推动其他相关规划与区划成果衔接，促进社会经济发展布局与水旱灾害风险分布相适应。综合运用法律、行政和经济手段，引导和规范人类涉水行为，纠正不正确涉水行为。做好新建水利工程移民拆迁工作，避免形成新的洪涝灾害风险隐患。推动洪水保险、旱灾保险制度建立。建立山洪灾害防御群测群防体系，建立应急联动机制，开展防灾减灾知识宣传和科普教育，加强防洪抗旱预案演练，提高社会水旱灾害风险防范意识，增强居民避难应急和自救互救能力。

第4章　辽河流域空间均衡供水保障网

以江河为纽带的流域是一个复杂的地域综合体，是经济、社会、生态相互作用、三元耦合的巨系统，在我国经济社会发展全局以及推进现代化建设新征程中发挥重要作用。2021年习近平总书记明确指出："进入新发展阶段、贯彻新发展理念、构建新发展格局，形成全国统一大市场和畅通的国内大循环，促进南北方协调发展，需要水资源的有力支撑。"2023年4月，习近平总书记在广东考察时指出："推进中国式现代化，要把水资源问题考虑进去，以水定城、以水定地、以水定人、以水定产，发展节水产业。"当前，以国内大循环为主体、国内国际双循环相互促进的新发展格局正在加快构建。水利是国民经济的基础行业，水安全是经济社会的重要保障。在推进中国式现代化进程中，要实现全体人民共同富裕、物质文明和精神文明相协调、人与自然和谐共生，必须保障人民群众的生活用水需求，保障基本生态用水需求，保障合理生产用水需求，满足人民日益增长的美好生活需要和优美生态环境需要，使有限的水资源可持续地支撑中国式现代化。

第1节　基本思路与格局

根据辽宁省水资源分布特点和新阶段辽宁高质量发展空间布局，立足流域整体和水资源空间均衡配置，构建"东水济辽，北水润辽，四干十脉，互联互通"的供水网络格局，建成"动脉、静脉、毛细血管"循环通畅的空间均衡供水保障网。以水资源节约集约利用为前提，以供水水源互联互通和供水工程挖潜提升为重点，以城乡一体化供水和水资源统一调度为抓手，全面提升水资源优化配置能力、供水保障能力和战略储备能力，见表4.1和如图4.1所示。

表4.1　辽宁省"四干十脉"供水网络格局

01"四干" 辽中南供水工程：连通中源河、浑河、太子河、大清河和沿渤海诸河，覆盖辽宁省42%的县区。 北线供水工程：连通中源河、辽河、大凌河和小凌河，覆盖辽宁省29%的县区。 南线供水工程：连通大洋河及其周边流域、沿渤海诸河和沿黄海诸河，覆盖辽宁省25%的县区。 北水润辽工程：连通辽河左、右岸7条河流和大凌河，覆盖辽宁省12%的县区。
02"十脉" 辽河、浑太河、中源河、连河、大洋河、碧流河、大凌河、小凌河、六股河、东江。

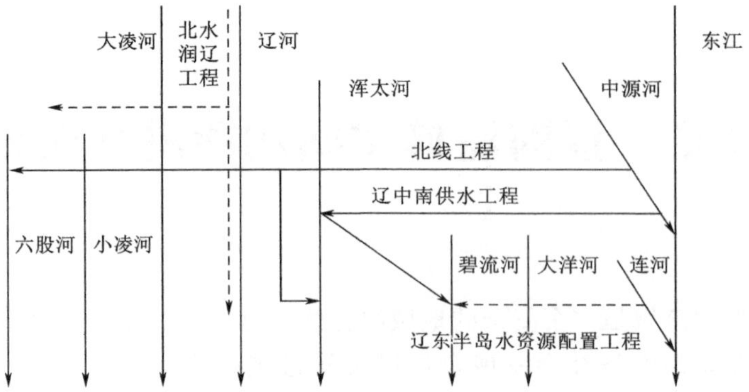

图 4.1 辽宁省“四干十脉”供水网络格局

第 2 节 水资源节约集约利用

节水是解决辽宁省水资源短缺和提高水资源承载能力的重要举措，必须坚持节水优先方针，从观念、意识、措施等方面把节水放在优先位置，量水而行、节水为重，严格用水全过程管理，推进重点领域节水和非常规水源利用，全面提升水资源节约集约安全利用水平。

4.2.1 强化水资源刚性约束

在“节水优先”前提下，按照“空间均衡”的原则和要求，坚决落实“以水定需”，充分发挥好水资源刚性约束和支撑保障作用，科学确定开发利用阈值上限，抑制不合理用水需求。论证重大工程要兼顾各种关系，把握好“确有需要、生态安全、可以持续”的原则。针对跨区域跨流域水资源配置工程，要切实做到“先节水后调水、先治污后通水、先环保后用水”，科学有序开展工程规划建设。

在水资源紧缺地区坚持“四水四定”，同时也要服从服务于国家和辽宁省重大发展战略和经济社会发展需求，为国家重大战略实施和经济社会高质量发展提供水安全保障。一是农业生产布局要充分考虑水资源承载状况，宜农则农、宜牧则牧、宜林则林、宜草则草。对水资源超载地区采取节约用水、产业结构调整、科学调水、水源置换、严格监管等措施，削减超用水量，降低水资源开发利用强度。辽西农牧交错带地区要加大生态封育力度。年降水量 400mm 以下干旱半干旱地区造林要选择耐旱绿化树种草种，合理确定造林规模和密度。在充分节水并考虑有北水润辽等外来水源的前提下，针对辽中北片区、辽西片区等耕地资源较好的地区，结合高标准农田建设，适度发展一定规模的灌溉面积。二是工业产业布局、结构与规模要与区域水资源条件相协调。充分考虑水资源保护和开发利用条件，提出限制类、淘汰类、鼓励类产业名录，制定产业准入负面清单。沈阳都市圈、沿海经济带等水资源短缺地区要严格控制高耗水工业项目。新建火电项目禁止使用地下水作为生产用水。在地下水超采区已建火电项目要采取措施，逐步削减地下水取用水量。三是根据水资源承载能力优化城市空间布局、产业结构和人口规模，防止城市“摊大饼”式无序扩张。从严控制高耗水服务行业用水，遏制过度打造人工绿化景观。严禁脱离实际搞人造水景观。

健全辽宁省、市、县三级行政区域用水总量、用水强度控制指标体系，强化节水约束性指标管理，加快落实主要领域用水指标。定期更新覆盖主要农作物、工业产品和生活服务业的先进用水定额体系。严格用水全过程管理，加强规划和建设项目节水评价机制，强化取水许可和水资源论证管理，从严落实节水“三同时”制度。划定中心城区、郊区、县城的水资源承载能力分类，建立监测预警机制，实施差别化管控措施。到2035年，水资源节约集约利用水平处于同类地区领先水平，用水总量不超过国家确定的管控指标，缺水城市再生水利用率大于30%，农田灌溉水有效利用系数不低于0.6。

4.2.2 加强重点领域节水

4.2.2.1 农业节水增效

（1）发展旱作农业高效节水。充分考虑水资源禀赋条件，在辽西、辽中北片区充分利用天然降水，减少灌溉用水。发展集雨补灌农业，因地制宜建设集雨补灌设施，推广全膜双垄沟播集雨种植技术，提高天然降水利用率。推进农艺节水，推广水肥一体及喷灌、滴灌等农业节水技术，提高水资源利用效率。推广品种节水，以辽西、辽中北缺水片区为重点，选育推广一批节水抗旱的玉米、杂粮品种，增强抗旱保产能力。

（2）发展水田节水灌溉。以粮食生产功能区、重要农产品生产保护区、严重缺水区和生态脆弱地区为重点，加强灌溉渠道防渗、低压管道输水灌溉等节水设施建设。推进大中型灌区水田节水改造，发展水田控制灌溉。到2035年，改善水田节水灌溉面积974万亩。

（3）推广畜牧渔业节水方式。实施规模养殖场节水改造和建设，推行先进适用的节水型畜禽养殖方式，推广节水型饲养设备、机械干清粪等技术和工艺。发展节水渔业、牧业，大力推进稻渔、稻蟹等综合种类生态种养技术，推广应用海水淡化工厂循环水等养殖技术，见表4.2。

表4.2　　农业节水工程

01 节水灌溉工程

到2035年，新增700万亩节水灌溉面积，其中高效节水灌溉面积力争100万亩以上，改善节水灌溉面积1859万亩。大力推广应用喷灌、滴灌等高效节水灌溉设备，全面提升农业节水水平。以制种玉米、蔬菜、林果、花卉等高效经济作物为主，重点推广微灌技术；以大田粮食作物为主，推广高标准管灌工程。

02 大中型灌区续建配套改造工程

重点加强70个大中型灌区渠道防渗、防漏，提高灌溉水利用率。完善农田排灌干渠，提高农田灌排骨干网络的配套率和完好率。到2035年，改善水田节水灌溉面积974万亩。

4.2.2.2 工业节水减排

（1）大力推进工业节水改造。完善供用水计量体系和在线监测系统，强化生产用水管理。大力推广高效冷却、洗涤、循环用水、废污水再生利用、高耗水生产工艺替代等节水工艺和技术。支持企业开展节水技术改造及再生水回用改造，重点企业要定期开展水平衡测试、用水审计及水效对标。对超过取水定额标准的企业分类分步限期实施节水改造。大力推进石油、化工、钢铁等领域节水，创建大中型节水标杆企业；实施大连、盘锦、辽阳等重要能源化工基地产业链技术改造。到2035年，规模以上工业用水重复利用率不低于95%。

（2）推动高耗水行业节水增效。实施节水管理和改造升级，采用差别水价、树立节水标杆等措施，促进高耗水企业加强废水深处理和达标再利用。严格落实主体功能区划，严格控制在生态脆弱、严重缺水和地下水超采地区新建、改建、扩建高耗水项目，推进高耗水企业向水资源条件允许的工业园区集中。对采用列入淘汰目录工艺、技术和装备的项目，不予批准取水许可；未按期淘汰的，有关部门和地方政府要依法严格查处。各市在火力发电、钢铁、造纸、纺织、石化和化工、食品和发酵等高耗水行业建成一批节水型企业。以工业园区建设为契机，建设节水型园区，到 2035 年，工业废水处理率达到 100%。

（3）积极推行水循环梯级利用。推进现有企业和园区开展以节水为重点内容的绿色高质量转型和循环化改造，加快节水及循环利用设施建设，促进企业间串联用水、分质用水，一水多用和循环利用。新建企业和园区要在规划布局时统筹考虑排水、水处理及水循环利用设施建设，推动企业间的用水系统集成优化，力争实现污水零排放。创建节水标杆企业和园区，见表 4.3。

表 4.3　　工业节水减排

01 节水企业建设 年用水超过 15 万 m^3 的重点行业规模企业要全部建成节水型企业，在火力发电、钢铁、煤炭、石化和化工、食品和发酵等高耗水行业建成一批省级节水型企业，节水标杆企业、水效领跑者。
02 节水型工业园区建设 创建一批省级节水标杆企业、省级节水标杆园区，积极申报国家级节水标杆企业和园区。
03 工业节水技术改造 在钢铁、煤炭、石油化工、食品等高耗水行业研发攻关，大力推广高效冷却、洗涤、循环用水、废污水再生利用、高耗水高用水生产工艺替代等节水工艺和技术。

4.2.2.3 城镇节水降损

（1）大幅降低供水管网漏损。加快制定和实施供水管网改造建设实施方案，完善供水管网检漏制度。加强公共供水系统运行监督管理，推进城镇供水管网分区计量管理，建立精细化管理平台和漏损管控体系，协同推进二次供水设施改造和专业化管理。重点推动辽阳市、朝阳市等管网高漏损地区的节水改造。到 2035 年，管网漏损率降低到 9%以下，城镇生活用水计量率 100%。

（2）全面推进节水型社会建设。提高城市节水工作系统性，将节水落实到城市规划、建设、管理各环节，实现优水优用、循环循序利用。落实城市节水各项基础管理制度，推进城镇节水改造；结合海绵城市建设，提高雨水资源利用水平；重点抓好污水再生利用设施建设与改造，城市生态景观、工业生产、城市绿化、道路清扫、车辆冲洗和建筑施工等应当优先使用再生水，提升再生水利用水平，鼓励构建城镇良性水循环系统。到 2035 年，辽宁省实现节水型社会建设。

（3）深入开展公共领域节水。缺水城市园林绿化宜选用适合本地区的节水耐旱型植被，采用喷灌、微灌等节水灌溉方式。公共机构要开展供水管网、绿化浇灌系统等节水诊断，推广应用节水新技术、新工艺和新产品，提高节水器具普及率。大力推广绿色建筑，新建公共建筑必须安装节水器具。推动城镇居民家庭节水，普及推广节水型用水器具。省属事业单位、高等院校率先建成节水型单位。

（4）严控高耗水服务业用水。从严控制洗浴、洗车、高尔夫球场、人工滑雪场、洗涤、餐饮、宾馆等行业用水定额。洗车、高尔夫球场、人工滑雪场等特种行业积极推广循环用水技术、设备与工艺，优先利用再生水、雨水等非常规水源。

4.2.3 加大非常规水源利用

（1）加大缺水地区非常规水多元、梯级和安全利用。将污水资源化利用作为节水开源的重要内容，加快推动城镇污水、工业废水、农业农村污水资源化利用。推动非常规水纳入水资源统一配置，逐年提高非常规水利用比例，并严格考核。统筹利用再生水、雨水、微咸水等。新建小区、城市道路、公共绿地等，因地制宜配套建设雨水集蓄利用设施。在超采地区削减地下水开采量，严禁盲目扩大景观、娱乐水域面积，生态用水优先使用非常规水。到2035年，辽宁省缺水城市再生水利用率达到30%以上。

（2）沿海地区充分利用海水。在大连、营口等沿海缺水地区的工业园区，推广利用海水淡化水作为锅炉补给水和工艺用水、“点对点”供水等先进经验，推动建设海水淡化利用示范工业园区。在长海县等离岸有居民海岛实施海水淡化工程。加大海水淡化工程自主技术和装备的推广应用，逐步提高装备国产化率。

第3节 未来水资源需求分析

4.3.1 经济社会发展形势

当前辽宁经济运行总体平稳，经济发展已由高速增长阶段转向高质量发展阶段。按照《辽宁省国民经济和社会发展第十四个五年规划和二〇三五年远景目标纲要》（以下简称《辽宁省“十四五”规划纲要》）和“一圈一带两区”区域发展格局的要求，未来辽宁省经济社会发展将进入全面振兴全方位振兴关键期。辽宁省常住人口保持稳定，城镇化率进一步提高，乡村振兴战略深入实施，居民生活水平稳步提升，城乡差距缩小；工业规模进一步扩大，万元工业增加值用水量逐步下降；耕地面积总体稳定，耕地灌溉率不断提高。

（1）人口与城镇化率预测。

根据辽宁省第七次人口普查成果，辽宁省现状年常住人口4259.1万人，参考《辽宁省人口发展规划（2016—2030年）》及《辽宁省“十四五”规划纲要》，结合近几年辽宁省人口实际变化情况和《辽宁省国土空间规划（2021—2035年）》成果，预计到2035年辽宁省常住人口为4152.0万人，常住人口年递减率为2%，除沈阳市、大连市常住人口增加外，其他地市常住人口总量下降。辽宁省城镇化率由2020年的72.1%提高到2035年的79.1%，城镇化水平不断提升。

（2）国民经济发展指标预测。依据辽宁省近年来第二、第三产业增加值发展趋势，结合辽宁省工业发展相关规划，预计到2035年辽宁省GDP达到57689.6亿元，其中第一产业增加值3392.5亿元，第二产业增加值21735.8亿元，第三产业增加值达到32561.3亿元。GDP年增长率5.8%（其中工业增加值增长率5.7%），三次产业比例由现状年的8.7∶38.3∶53.0调整到5.9∶37.7∶56.4。

（3）灌溉面积发展预测。辽宁省有37个国家级产粮大县，是国家13个粮食主产省之一，也是国家重要农产品生产基地。作为农业大省、粮食储备和调出大省，辽西、辽中北片区耕地资源丰富，为国家玉米最优产区之一，水资源相对短缺，现状耕地灌溉率仅为27.5%、31.5%。通过适当开发东北区域水资源，增加本区域水资源供给，发展高效节水灌溉农业，提高粮食生产能力，打造农业发展高地，为国家粮食安全产业带构建创造条件、保障国家粮食安全。

辽宁省农业灌溉水源包括水库、塘坝、河湖引水闸（坝、堰）、泵站、机电井等类型，其中地表水源以水库、塘坝为主，结合引水闸、提水泵站共同保证农业灌溉需求。辽宁省共有大中小型水库777座，其中大型水库37座、中型水库76座、小型水库664座，以灌溉为主的水库有119座，仅占辽宁省水库总数量的15.3%。

从水资源量及供水能力角度分析，辽宁省丹东市水资源总量最大，为150.40亿m^3，占辽宁省的24.9%，本溪市、抚顺市、大连市、鞍山市、铁岭市、沈阳市、葫芦岛市所占比例分别为10.0%、9.7%、9.2%、8.4%、7.5%、7.1%和5.4%；朝阳市、锦州市、辽阳市、营口市、阜新市所占比例在4.0%～2.4%。盘锦市的水资源总量最小，仅占辽宁省水资源总量的1.0%。而辽中北部地区包括沈阳、鞍山、营口、阜新、辽阳、铁岭和盘锦地区，是辽宁大中型灌区较为集中地区，现状灌溉率可达到30.9%，是灌溉最为集中地区，而本溪、抚顺、大连和丹东以及葫芦岛的部分地区这类偏东部和西部及沿海地区均因为地形、降雨、水资源量、工程供水能力等不同原因，灌溉率均低于24%。

根据《辽宁省第三次全国国土调查主要数据公报》（2021年12月2日），辽宁省现有土地面积14.82万km^2，包括耕地面积7773.22万亩（其中水田975.15万亩、水浇地292.44万亩、旱地6505.63万亩），园地791.78万亩，林地面积9023.56万亩，草地面积730.82万亩，湿地面积429.67万亩，城镇村及工矿用地1974.24万亩，交通运输用地463.34万亩，水域及水利设施用地1037.38万亩。其中耕地中水田和水浇地为有配套灌溉渠系的耕地，旱地为无配套灌溉渠系的耕地，但可能包括一部分纯井灌的耕地。

通过整合、扩边等方式，规划新建大中型灌区52座（其中：大型灌区11座、中型灌区41座）。规划后，辽宁省共有大中型灌区105座，耕地灌溉面积达到1588.16万亩，其中：大型灌区22座，耕地灌溉面积1110.84万亩（大于50万亩的大型灌区11座，耕地灌溉面积733.59万亩）；中型灌区83座，耕地灌溉面积477.32万亩（大于5万亩的重点中型灌区38座，耕地灌溉面积385.88万亩）。

推进大中型灌区续建配套与现代化改造建设。以东港、营口、凌海、灯塔4座大型灌区和辽阳、泛河灌区等部分基础条件较好的中型灌区为试点，先行开展灌区现代化改造建设，进一步提高标准，率先建成工程设施完备、灌水技术先进、管理水平高效的现代化灌区，其余各灌区逐步滚动推进现代化改造工作。

依托高标准农田建设，大力推进高效农业。考虑西北部偏旱地区灌溉水源保证率较低，可利用北水润辽供水工程，改善灌溉水源条件，新建灌区配套工程，发展节水灌溉农业；其余有条件的灌区通过建设示范片区（点），培育特色农业产业，适当发展设施农业，并逐步构建现代节水灌溉水网。

山丘区搭建高效“小水网”体系。在种植条件较好的山丘区，结合“小水网”灌溉工程建设，适当发展节水灌溉，改善农业生产条件，逐步解决部分集中连片种植区现状耕地灌溉率较低的问题。

4.3.2 水资源需求形势

现状基准年需水 140.31 亿 m^3，2035 年辽宁省需水量 187.84 亿 m^3，总需水量年递增 2.3%。不同水平年辽宁省需水量预测结果见表 4.4。

表 4.4 辽宁省需水量预测表

地级市	水平年	需水/亿 m^3				
		生活	工业	农业	生态	小计
沈阳市	现状	7.13	4.85	14.80	2.53	29.31
	2035 年	9.58	6.30	18.60	3.71	38.20
大连市	现状	4.74	3.73	5.59	1.83	15.89
	2035 年	6.44	4.63	7.62	2.23	20.92
鞍山市	现状	2.27	2.26	5.84	0.19	10.56
	2035 年	2.89	3.31	7.50	0.58	14.29
抚顺市	现状	1.28	1.82	2.59	0.64	6.32
	2035 年	1.56	3.14	2.12	0.83	7.66
本溪市	现状	0.88	0.97	0.78	0.07	2.70
	2035 年	1.12	1.26	1.58	0.25	4.21
丹东市	现状	1.11	0.42	6.76	0.12	8.41
	2035 年	1.37	0.51	5.24	0.42	7.53
锦州市	现状	1.77	0.97	5.68	0.30	8.72
	2035 年	2.27	1.25	10.34	0.62	14.48
营口市	现状	1.50	1.86	5.84	0.03	9.23
	2035 年	1.93	2.41	6.48	0.22	11.05
阜新市	现状	1.02	0.45	1.26	0.18	2.91
	2035 年	1.27	0.55	4.52	0.26	6.60
辽阳市	现状	1.17	1.94	7.45	0.22	10.78
	2035 年	1.51	2.51	6.79	0.35	11.15
盘锦市	现状	0.92	0.92	10.45	4.63	16.92
	2035 年	1.18	2.53	14.77	4.84	23.33
铁岭市	现状	1.40	0.79	6.66	0.00	8.86
	2035 年	1.76	0.95	11.29	0.19	14.20
朝阳市	现状	1.48	0.80	2.82	0.14	5.25
	2035 年	1.80	0.97	4.72	0.43	7.92
葫芦岛市	现状	1.09	1.08	2.10	0.11	4.39
	2035 年	1.54	1.33	3.00	0.42	6.29
合计	现状	27.77	22.86	78.62	11.01	140.26
	2035 年	36.24	31.66	104.59	15.36	187.84

第 4 节　北水润辽东北一体化战略工程研究

4.4.1　工程概况

北水润辽工程是辽宁空间均衡水网骨干输水通道“四干”之一，连通辽河左、右岸7条河流和大凌河，覆盖辽宁省12%的县区。工程省外水源从嫩江取水，通过松辽输水通道调水入辽河，沿线向吉林中西部地区补水，通过支线向西辽河调水；输水入辽河后，统称为北水润辽工程，分辽中南、辽西两线向辽河中下游及辽西、辽南供水。北水润辽工程主要为农业和生态供水，主要供水范围为辽宁中西部地区。北水润辽工程工程与北线工程、辽中南输水、辽东半岛水资源配置工程等当地水源有效衔接、联合调配，统筹保障沈阳都市圈及辽宁沿海经济带高质量发展的城乡生活、农业灌溉和生态环境用水，并为辽河口国家公园补水。

4.4.2　工程总体布局

北水润辽工程新建辽河干流福德店枢纽工程，向招苏台河灌区分水 1.2 亿 m^3，向辽西输水线路分水 5.4 亿 m^3，剩余约 5.4 亿 m^3 水量沿辽河干流汇入石佛寺水库，以石佛寺水库为调蓄节点，重点保障辽河干流沿线北三家子、通江口、双井子、阿吉、牛气堡、黄家、花古、辽中北部、绕阳河、台安等灌区用水。

石佛寺水库是辽河干流唯一的大型控制性水利工程，具有防洪和供水的重要作用，坝址位于沈阳市沈北新区黄家街道和法库县依牛堡镇，距沈阳市区约 40km。枢纽主要建筑物防洪标准按 100 年一遇洪水设计，300 年一遇洪水校核。规划石佛寺水库二期工程，采用防渗、坝体加高等工程措施增加石佛寺水库兴利库容，扩建后水库兴利库容可达到 1.09 亿 m^3，总库容为 2.94 亿 m^3。

辽西输水线路从新建的辽河福德店枢纽工程取水，多年平均取水量 5.4 亿 m^3，沿线穿越东马秀莲河、西马秀莲河，秀水河、养息牧河、柳河、绕阳河、牤牛河、老虎山河，中途分水至卧龙湖水库、花古水库、永平水库、胡家湾水库、生金水库，终点至朝阳市阎王鼻子水库，主要解决卧龙湖、花古、阜新沙地、碱锅、张及营子、八宝海、友邻、绕阳河、颜家、生金、大凌河、桃花吐、朝阳、建平、凌海小凌河、八一等灌区用水。

工程线路总长 433km，干线设置加压泵站 3 座，设计总扬程 318m，新建胡家湾、永平、生金等三座水库，扩建花古水库，连通已建的佛寺、白石、阎王鼻子等水库。线路上游段、彰武县平安地镇以东地区地势平坦，采用 186km 的管道输水；线路下游段地势较高，高程普遍在 300～600m，采用 209km 输水隧洞穿越丘陵山区，输水至阎王鼻子水库上游河道内，中途通过 38km 输水管线向建平灌区分水 0.37 亿 m^3，建平支线设计扬程 490m，设置加压泵站 2 座。

4.4.3　工程效益

通过实施北水润辽工程，可以解决辽宁中西部河流上游缺水问题，发展农业灌溉，提高供水安全保障，还可有效改善区域生态环境。同时通过将松花江和辽河流域有效连通，形成连接东北地区的水路大通道，促进东北区域一体化发展。

第5节 水资源空间均衡配置

4.5.1 可供水量分析

4.5.1.1 地表水

建成年限较久远的水库，按照新时期绿色发展理念，逐步退还生态水量，退减河道内生态水后已无新增供水潜力；近几年新建水库猴山、青山、锦凌水库，考虑现状仍未达产，按照设计供水规模与现状供水量之差作为未来供水潜力。2035年前，辽宁省规划建设石湖水库、张家堡水库、龙湾水库、永平水库、关山Ⅱ水库、头道河、边哈子水库、刘家湾水库等大中型水库，水资源尚有潜力地区地表水资源开发利用进一步提高，总体地表水开发利用程度更加合理、均衡。

4.5.1.2 地下水

地下水是辽宁省重要的水源，近10年地下水实际开采量介于52.7亿～67.6亿m^3，一般年份供水量约占当年供水量的40%。近些年辽宁省大范围实施地下水压采，加强地下水保护，但现状部分城市地下水仍存在超采，根据第三次全国水资源调查评价成果，辽宁省平原区地下水可开采量49.0亿m^3。按照国家地下水管控要求，2035年辽宁省地下水量控制指标50.87亿m^3。2035年、2050年地下水供水量不超50.87亿m^3。

4.5.1.3 非常规水

按照国家节水优先的治水思路，加大污水回用和海水淡化利用，逐年提高非常规水利用比例。现状辽宁省再生水利用率约10%，到2035年，辽宁省再生水利用率整体大于30%，沈阳市、大连市高于平均水平，再生水利用量达12.8亿m^3。

根据国家《海水淡化利用发展行动计划（2021—2025年）》，规划在辽宁省沿海缺水省份建设大型海水淡化工程，扩大工业园区海水淡化利用规模。现状年海水淡化处理能力11.5万t/d，实际利用量700万m^3，主要集中在大连市。规划到2035年，沿海6市海水淡化利用量1.52亿m^3，工业用水利用海水淡化比例提高到11%，见表4.5。

表4.5　辽宁省不同水平年可供水量预测表

地级市	水平年	分水源供水/亿m^3				
		地表		地下	其他	小计
		小计	其中外调			
沈阳市	现状	13.13	8.06	13.53	1.87	28.52
	2035年	14.78	11.25	16.08	4.37	35.23
大连市	现状	10.98	2.79	1.46	2.52	14.96
	2035年	13.83	0.60	2.93	4.16	20.92
鞍山市	现状	5.12	0.97	5.30	0.00	10.43
	2035年	6.56	2.03	5.44	1.16	13.17
抚顺市	现状	5.97	0.13	0.29	0.06	6.32
	2035年	7.21	1.24	0.26	0.19	7.66

续表

地级市	水平年	分水源供水/亿 m^3				
		地　表		地下	其他	小计
		小计	其中外调			
本溪市	现状	2.47		0.12	0.11	2.70
	2035 年	3.63		0.16	0.43	4.21
丹东市	现状	7.53		0.83	0.06	8.41
	2035 年	6.55		0.74	0.24	7.53
锦州市	现状	2.69	1.11	5.36	0.10	8.15
	2035 年	3.37	1.79	6.00	0.55	9.93
营口市	现状	7.40	1.21	1.67	0.09	9.16
	2035 年	9.06	1.94	1.03	0.69	10.78
阜新市	现状	1.34	0.54	1.45	0.07	2.86
	2035 年	2.14	1.17	2.46	0.22	4.81
辽阳市	现状	6.54	1.39	4.15	0.09	10.78
	2035 年	6.09	1.84	4.38	0.51	10.99
盘锦市	现状	13.32	1.49	0.59	0.27	14.18
	2035 年	17.07	4.37	0.51	0.63	18.21
铁岭市	现状	4.41	0.81	4.26	0.17	8.84
	2035 年	7.01	2.27	4.66	0.31	11.98
朝阳市	现状	1.60	0.90	3.32	0.26	5.18
	2035 年	2.52	1.63	3.80	0.37	6.68
葫芦岛市	现状	2.41		1.74	0.06	4.21
	2035 年	3.13	0.72	2.43	0.48	6.04
合计	现状	84.90	19.41	44.07	5.73	134.70
	2035 年	102.96	30.84	50.87	14.32	168.15

4.5.2　水资源供需平衡分析与配置

现状工程条件下，基准年辽宁省需水量为 140.26 亿 m^3，在充分发挥辽中南供水工程、北线工程配置能力后，辽宁省可供水量为 134.70 亿 m^3，缺水量 5.56 亿 m^3，多年平均缺水率约 3.9%。在退减现状超采的地下水和挤占的河道内生态环境用水、挖掘现有工程供水潜力后，考虑已批、在建的辽中南供水二期二步工程、北线工程等引调水工程发挥效益，至 2035 年辽宁省可供水量可增加至 168.15 亿 m^3，缺水量 19.69 亿 m^3，多年平均缺水率 11.7%。

按照“高水高用，低水低用，近水近用，远水多用”的原则，合理利用地表水、控制使用地下水、加大使用非常规水和外调水，确保生活用水安全，保证城镇用水需求，基本满足农业和生态用水需求，合理优化水资源配置格局。2035 年，增加配置北水润辽外调水 19.69 亿 m^3，主要配置给沈阳、铁岭、阜新、锦州等辽西北地区和辽河下游盘锦、鞍山的农业，见表 4.6。

表 4.6　　辽宁省不同水平年水资源配置表

地级市	水平年	需水					分水源供水					
		生活	工业	农业	生态	小计	地表			地下	其他	小计
							小计	其中外调	其中北水润辽			
沈阳市	现状	7.13	4.85	14.8	2.53	29.31	13.91	8.06	0.79	13.53	1.87	29.31
	2035年	9.58	6.3	18.6	3.71	38.2	17.75	11.25	2.96	16.08	4.37	38.20
大连市	现状	4.74	3.73	5.59	1.83	15.89	11.91	2.79	0.93	1.46	2.52	15.89
	2035年	6.44	4.63	7.62	2.23	20.92	13.83	0.6		2.93	4.16	20.92
鞍山市	现状	2.27	2.26	5.84	0.19	10.56	5.26	0.97	0.13	5.3	0	10.56
	2035年	2.89	3.31	7.5	0.58	14.29	7.69	2.03	1.12	5.44	1.16	14.29
抚顺市	现状	1.28	1.82	2.59	0.64	6.32	5.97	0.13		0.29	0.06	6.32
	2035年	1.56	3.14	2.12	0.83	7.66	7.21	1.24		0.26	0.19	7.66
本溪市	现状	0.88	0.97	0.78	0.07	2.7	2.47			0.12	0.11	2.70
	2035年	1.12	1.26	1.58	0.25	4.21	3.62			0.16	0.43	4.21
丹东市	现状	1.11	0.42	6.76	0.12	8.41	7.52			0.83	0.06	8.41
	2035年	1.37	0.51	5.24	0.42	7.53	6.55			0.74	0.24	7.53
锦州市	现状	1.77	0.97	5.68	0.3	8.72	3.26	1.11	0.57	5.36	0.1	8.72
	2035年	2.27	1.25	10.34	0.62	14.48	7.93	1.79	4.55	6	0.55	14.48
营口市	现状	1.5	1.86	5.84	0.03	9.23	7.47	1.21	0.07	1.67	0.09	9.23
	2035年	1.93	2.41	6.48	0.22	11.05	9.33	1.94	0.27	1.03	0.69	11.05

续表

地级市	水平年	需水					分水源供水					
		生活	工业	农业	生态	小计	地表			地下	其他	小计
							小计	其中外调	其中北水润辽			
阜新市	现状	1.02	0.45	1.26	0.18	2.91	1.39	0.54	0.05	1.45	0.07	2.91
	2035年	1.27	0.55	4.52	0.26	6.6	3.92	1.17	1.79	2.46	0.22	6.6
辽阳市	现状	1.17	1.94	7.45	0.22	10.78	6.54	1.39		4.15	0.09	10.78
	2035年	1.51	2.51	6.79	0.35	11.15	6.26	1.84	0.17	4.38	0.51	11.15
盘锦市	现状	0.92	0.92	10.45	4.63	16.92	16.06	1.49	2.74	0.59	0.27	16.92
	2035年	1.18	2.53	14.77	4.84	23.33	22.19	4.37	5.12	0.51	0.63	23.33
铁岭市	现状	1.4	0.79	6.66	0	8.86	4.43	0.81	0.01	4.26	0.17	8.86
	2035年	1.76	0.95	11.29	0.19	14.2	9.23	2.27	2.22	4.66	0.31	14.2
朝阳市	现状	1.48	0.8	2.82	0.14	5.25	1.67	0.9	0.07	3.32	0.26	5.25
	2035年	1.8	0.97	4.72	0.43	7.92	3.75	1.63	1.24	3.8	0.37	7.92
葫芦岛市	现状	1.09	1.08	2.10	0.11	4.39	2.59		0.18	1.74	0.06	4.39
	2035年	1.54	1.33	3	0.42	6.29	3.38	0.72	0.25	2.43	0.48	6.29
合计	现状	27.77	22.86	78.62	11.01	140.26	90.46	19.41	5.56	44.07	5.73	140.26
	2035年	36.24	31.66	104.59	15.36	187.84	122.65	30.84	19.69	50.87	14.32	187.84

第5章　辽河流域高质量河湖生态网

第1节　基本思路与格局

5.1.1　基本思路

坚持“山水林田湖草是一个生命共同体”的理念，顺应自然、尊重规律，深入实施山水林田湖草沙海系统治理，全面提升森林、河湖、河口等生态系统质量与稳定性，促进河湖生态系统良性循环，守住自然生态安全边界。在山地丘陵区，把治水与治山治林治草结合起来，提升水源涵养功能；在平原陆域区，把治水与治污治田治草治沙结合起来，强化节水减污，改善水体环境质量；在河湖水域岸线区，把治水与治岸结合起来，提升水动力条件和水生态功能，建设绿色生态廊道；在河口湿地区，把治水与治湿治海结合起来，维护河口生物多样性。立足于生态系统整体性和流域系统性，统筹上下游、左右岸、干支流协同治理，强化生态水量保障、水质保护、水动力条件提升和水生态空间管护等各项措施，增强辽东辽西生态屏障质量效能、打造万里幸福河湖生态廊道、加快创建辽河口国家公园，全面提升河湖生态保护治理能力，绘就“东西两屏青山秀，万里江河入海流。鸟飞鱼跃芦花飏，水清岸绿映画廊”的美丽辽宁山水画卷，促进山水人城和谐相融，为辽宁省高质量发展奠定坚实生态基础如图 5.1 所示。

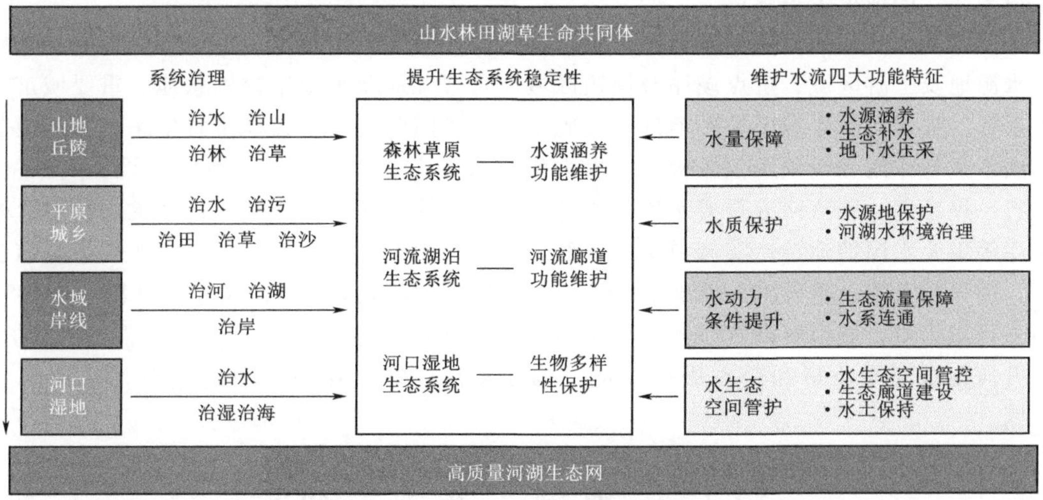

图 5.1　辽宁省高质量河湖生态网构建思路

5.1.2　总体格局

基于辽宁省山形水系格局和生态本底条件，以提升生态系统质量与稳定性为目标，坚持“重在保护、要在治理”，构建“两屏一带、一轴九廊、多点多片”的河湖生态保护治理格局，建设高质量河湖生态网。

（1）两屏一带。重点针对辽东山地水源涵养与水土保持生态屏障、辽西丘陵水土保持与防风固沙生态屏障和沿海河口湿地生态保育带，维护森林草原、河口湿地生态系统的原真性和完整性。对辽东辽西生态屏障区，重点是强化生态保护红线管控，持续实施水源涵养和封禁封育保护，加强小水电清理整治；实施草原沙化治理、荒山绿化和生态封育，推进水土保持综合治理、清洁小流域建设和矿山生态修复，加强重要水库水源地保护和生态调度，筑牢生态安全屏障，提升水源涵养与清水产流功能。对沿海河口湿地生态保育带，重点是严格保护辽河、大小凌河、鸭绿江等河口盐沼滩涂湿地、保护重要鱼类和水鸟栖息地，严格管控围填海、养殖、采砂等各类开发活动；强化陆海联动治理，保障主要河流入海水量，改善独流入海河流水环境；推进蓝色海湾整治，实施退化湿地生态修复，提升湿地生态功能和生物多样性。

（2）一轴九廊。围绕辽宁省水网“十脉”，重点针对 1 条辽河干流生态保护轴和浑太河、大凌河、小凌河、东江、中源河、连河、碧流河、大洋河、六股河等 9 条省级骨干河流生态廊道，注重水岸结合，提升河湖生态系统的质量和稳定性。协同推进辽河口国家公园建设，加强干支流、现有沿河涉水自然保护地生态建设，推进开展河道封育和湿地修复，加强候鸟迁徙带和重要鱼类栖息地保护，维护辽河干流生态的原真性和完整性。严格河湖水域岸线空间管控和生态功能维护，推进生态封育、退养还滩，加强生态蓄水湿地建设和岸线生态化改造，开展滨河防护林等生态隔离保护带建设，逐步恢复受损的河湖生态空间；结合重大水资源配置工程实施，加强生态流量调度和河湖生态补水，逐步退还被挤占的河道内生态用水和地下水超采量；加强城乡水环境综合治理，因地制宜实施河湖水系连通、清淤疏浚、水生态修复和景观提升工程，建设“空间优化、水清流畅、岸绿景美、生境多样”的绿色生态廊道。

（3）多点多片。坚持问题导向，重点针对生态环境问题突出、保护地位重要的重要水库水源地及上游区域、重点湖库及周边区域、重要湿地及水生生物栖息地、重要城市河湖水系等，强化河湖生态保护和治理，实施水污染联防联治，增强辽宁省生态水网关键节点的固本强基作用和引领示范效应。开展大伙房水库生态文明先行示范区建设，实施桓仁、白石、观音阁、碧流河等重要水库山水林田湖草一体化保护和修复，持续推进铁甲、松树水库等重要水源地建设；实施葠窝水库底泥清淤与生态修复、抚顺西露天矿坑生态综合治理，加强卧龙湖、重要河口湿地的保护和修复；加快推进沈阳、大连、辽阳、盘锦、锦州、丹东等重要城镇河湖水系连通和生态修复，开展重点县区水美乡村和黑土地保护等，提升河湖水环境质量和生态服务功能，构建水清岸绿、互联互通的重点片区河湖生态水网。

第 2 节　河湖生态廊道建设

辽宁省流域面积 1000km^2 以上的主要河流及跨地市重要支流是辽宁河湖生态水网的重要组成，以水为纽带，连接上下游、左右岸、干支流，串联沿河分布的城镇、生态和农业空间，统筹生态、安全、文化、景观和休闲功能，既为辽宁省经济社会发展提供了重要的水安全支撑和保障，也为绿色生态廊道建设提供了丰富多样的空间载体和自然本底。坚持问题导向、水岸联动、综合施策，重点实施“40＋1”重点河湖生态廊道建设，以防洪安全保障为前提，畅通河湖连通通道，改善河湖水动力条件，增加海绵调蓄与湿地空间，提升水景观水文化服务功能，打造北方河湖生态保护治理样板。

5.2.1 河湖生态廊道分类建设

以流域面积 $1000km^2$ 以上的主要河流、跨地市的重要支流、保护治理需求迫切的河湖为重点，辽宁省选取 41 个河湖，开展绿色生态廊道建设，其中重点河流 40 个，河流长度 6963km；重要湖泊 1 个，湖泊面积 $87km^2$，见表 5.1。

表 5.1　　41 个重点河湖生态廊道名录

类　型	名　　录	数量/个	河长、面积
骨干河流	辽河、浑太河、大凌河、小凌河、中源河、东江、碧流河、大洋河、连河、六股河	10	3285km
其他重点河流	女儿河、大凌河西支、第二牤牛河、细河（阜新）、东辽河、清河、寇河、柴河、泛河、秀水河、养息牧河、柳河、绕阳河、东沙河、苏子河、蒲河、细河（本溪）、汤河、北沙河、海城河、清河、复州河、哨子河、蒲石河、草河、英那河、庄河、大沙河、熊岳河、兴城河	30	3678km
重要湖泊	卧龙湖	1	$87km^2$

结合重点河湖水系特点、城乡发展格局和生态功能定位，突出区域特色，将河湖生态廊道划分为城镇型、乡村型和自然型 3 种类型。结合不同河段的生态廊道类型、生态保护对象及存在问题，进一步分为城镇人水和谐共生型、乡村生态宜居特色型、山地自然生态涵养型、平原河湖生态休养型、重要水库水源保护型及河口湿地生态保育型 6 种保护治理模式，划分 173 个河段，实施分段分类保护和治理。

城镇人水和谐共生型生态廊道涉及 31 个河段，长度 650km，占重点河湖生态廊道总长的 9.3%。重点结合防洪提升工程，强化水环境协同治理，加强滨河湿地建设和岸线生态化改造，打造滨河生态景观综合廊道，协同推进滨水产业发展，促进人水和谐共生。

乡村生态宜居特色型生态廊道涉及 41 个河段，长度 2425km，占重点河湖生态廊道总长的 34.8%。重点是尽量保持河流原生自然风貌，因地制宜实施滨岸带生境修复和植被缓冲带建设，助力宜居水美乡村建设。

自然型生态廊道涉及 101 个河段，长度 3888km，占重点河湖生态廊道总长的 55.9%。重点是坚持保护优先，自然恢复为主，辅以必要的人工干预措施，提升山地自然生态水源涵养能力，促进平原河湖休养生息，加强重要水库水源地保护，推进河口湿地生态保育，维护自然河湖生态原真性和完整性，见表 5.2。

表 5.2　　41 个重点河湖生态廊道分类治理模式

类型	治理模式	河段/个	总长/km	主要河段	保护与治理方向
城镇型	城镇人水和谐共生型	31	650	辽宁中部浑太河、蒲河、北沙河、海城河等	穿越或临近城镇地区的河段，实施“五水统筹”综合治理，加强河流水环境协同治理、滨岸带生态修复和生态化改造，因地制宜建设河道净水湿地、湿地公园和亲水平台，打造生境多样、风景怡人的城市生态景观综合廊道，实现城镇水文化景观与水生态系统和谐共生
乡村型	乡村生态宜居特色型	41	2425	辽宁西北部秀水河、养息牧河、柳河等	穿越农业生产地区的河段，实施河道封育与湿地修复，开展滨水植被缓冲带建设、地下水库等补蓄水建设及面源污染治理等，打造特色田园生态河道和水美乡村
自然型	山地自然生态涵养型	56	2538	辽宁东部和西部中源河、大凌河、清河、柴河、女儿河等	受人类活动影响小、河流上游山区保持较好原生态的河段，加强水源涵养保护和水土保持，推进生态封育，提升水生态产品供给能力，推动绿水青山向金山银山转变
	平原自然生态休养型	8	681	辽宁中部辽河干流、东辽河、卧龙湖等	受人类活动影响小、保持较好原生态的平原河段，实施严格水生态空间管控，河道封育和湿地修复，推进河道生态保护和综合治理，加强生态流量调度管理，恢复河流生态系统完整性和原真性
	重要水库水源保护型	28	429	大伙房、碧流河、白石等水库水源地	重要水库型饮用水水源地，实施山水林田湖草一体化保护和治理，加强库周植被恢复和湿地建设，维护水源地生态系统的完整性，保障城乡供水安全
	河口湿地生态保育型	9	240	主要河流入海河口段	各河流入渤海和黄海的河口段，加强重要湿地、水生生物栖息地、候鸟迁徙通道的保护和修复，提升河口生境连通性，严格管控油田开发、土地开垦、滩涂养殖、观光旅游等开发活动，清除不合理人工构筑物，推进退养还滩、退井还湿，维护河口生态系统原真性和完整性

根据不同类型河湖生态廊道保护治理定位，以修复河流自然形态、完善河流结构、恢复河流生态功能为目标，因地制宜实施岸线生态化改造 420km，河湖地貌形态修复 3820km，滨岸生态隔离带与河道封育管护改造 230 万亩，城镇污水入河排污口净化湿地 12 万亩，河口生境保护与恢复 33 万亩。

5.2.2 骨干生态廊道建设

以辽河干流生态保护轴为引领，以河湖生态保护治理为重点，依托辽河、浑太河、大凌河、小凌河、中源河、东江、碧流河、大洋河、连河、六股河等 10 条骨干生态廊道，带动辽宁省万里幸福河湖廊道建设。

10 条骨干生态廊道共保护治理河长 2100km，实施岸线生态化改造 200km，河湖地貌形态修复 1800km，滨岸生态隔离带与河道封育管护 130 万亩，城镇污水入河排污口净化湿地 5 万亩，河口生境保护与恢复 28 万亩，见表 5.3。

表 5.3　　10条骨干生态廊道建设内容

河流生态廊道	建设任务与目标	主要建设内容
01 辽河干流陆海统筹生态廊道	保护治理河长554km，生态岸线比例达95%以上；有效保护重要栖息地，维护辽河干流生态原真性和完整性，将辽河口国家公园建成我国河流—河口—海湾生态系统整体保护典范	以平原自然生态休养和河口湿地生态保育为主，铁岭、盘锦城区段岸线生态化改造37km；河湖地貌形态修复304km（其中滨海滩涂潮沟疏通108km，河道生境及深浅滩恢复196km）；滨岸生态隔离带与河道封育管护78万亩（其中围栏封育和生态封育48.3万亩，退化湿地及滨岸带生态恢复11.4万亩，支流河口生态蓄水湿地17.3万亩）；鸟类栖息地修复10.5万亩，辽河口湿地恢复7.5万亩，退养还滩及退井还湿2万亩；实施拦河闸坝生态化改造，推进双台子河闸鱼道建设；完善国家公园管护及监测设施等
02 浑太河活力都市及水源保护生态长廊	保护治理河长551km，生态岸线比例达75%以上；构建上游水源保护，中游城市群休闲景观漫道及亲水业态协同，下游生态修复与保育的复合生态廊道	上游以重要水库水源保护和山地生态涵养为主，重点推进辽东山地大伙房、观音阁水库山水林田湖草一体化保护和修复，维护和提升水源涵养能力和生物多样性保护功能。中游围绕沈阳现代化都市圈生态水网建设，以城镇型、乡村型生态廊道保护治理为主，沈阳、抚顺、本溪、辽阳等城市河段重点加强水环境协同治理，实施生态化改造，推进城镇污水入河净化湿地建设，因地制宜建设滨河湿地公园、亲水平台，打造文化休闲漫道和精品水文化工程，提升水文化水景观和城乡生活品质，引导沿线产业发展转型升级。下游以平原河湖生态休养和河口湿地生态保育为主，重点加强河道封育保护、河口湿地修复和滨岸生态隔离带建设，实施营口、盘锦城区段实施岸线生态化治理，维护生境连通性和生物多样性
03 大凌河生物起源文化及湿地生态保护长廊	保护治理河长276km，生态岸线比例达80%以上；上游提升水源涵养能力，中游加强水源保护和水文化建设，下游改善湿地生态功能，打造辽西生态文化之河	宫山咀水库以上河段，重点开展水源涵养、水土保持以及地下水库等补蓄水设施建设；朝阳、喀左等城镇河段实施污水入河排污口净化湿地和堤岸生态化改造，结合生物起源特色文化，建设文化景观长廊；针对阎王鼻子水库和白石水库河段，开展水库周边封育管护和候鸟栖息地保护，推进山水林田湖草沙一体化修复；白石水库以下河段，重点开展河道封育保护、地貌形态修复和蓄水湿地建设，实施河口芦苇湿地补水，维护湿地生态系统的原真性和稳定性
04 小凌河水源保护及特色城镇长廊	保护治理河长127km，生态岸线比例达80%以上；中上游加强水源保护；下游统筹生态保护、亲水业态和历史文化，打造特色城镇综合廊道	锦凌水库以上河段，重点加强水土保持和水源涵养，推进锦凌水库水源地规范化建设；锦州城区河段，重点实施水环境协同治理、城镇污水入河排污口净化湿地建设和堤岸生态化改造，因地制宜建设沿河休闲漫道和水文化水景观设施；锦州城区以下河段，重点加强河道封育保护、河漫滩及河口湿地生境保护与修复
05 浑江水源保护及人文生态长廊	保护治理河长140km，生态岸线比例达90%以上；强化全线水源保护，充分挖掘高句丽历史文化遗产，巩固提升水源保障水平	桓仁县城以上河段，以桓仁水库、凤鸣水库等重要水源地保护为主，推进水库周边水源涵养和水库岸边带生态化治理；桓仁县城河段，结合桓仁县城风貌，实施城镇风貌生态治理和城镇污水入河排污口净化湿地建设；桓仁县城以下河段，重点是沿线岸边带封育保护
06 鸭绿江边境风情游憩长廊	保护治理河长共约136km，生态岸线比例达到75%以上；结合爱国主义教育及边境特色风情，合理开发东江沿岸文化旅游资源，发展特色生态产品，带动经济发展	陆丰水库以上河段，以水源地保护为重点实施水源涵养、水土保持和水库岸边带生态化治理；陆丰水库到丹东城区河段，以岸边带生态治理和河湖形态治理为重点；丹东城区河段，适度结合景观文化建设，以城镇生态岸线改造和城镇污水入河排污口净化湿地建设为重点；河口段，结合东江口滨海湿地国家级自然保护区，推进河口湿地生境保护与修复

续表

河流生态廊道	建设任务与目标	主要建设内容
07 碧流河水源保护与田园生态长廊	保护治理河长 101km，生态岸线比例达到 80%以上；加强上游水源地跨地市协同保护，下游打造北方田园乡村宜居特色生态长廊	碧流河水库以上河段，以碧流河水库、玉石水库等上游水源地保护与修复为重点，推进山区自然河道生态修复、水源涵养和水土保持、水库周边岸边带生态化治理等；碧流河水库中下游河段，结合乡村旅游和休闲游憩建设，实施农业面源污染生态隔离带及河口退养还滩湿地建设
08 大洋河自然山水画廊	保护治理河长共约 111km，生态岸线比例达到 95%以上；加强干支流自然山水保护和河口湿地修复，维持河流生态系统原真性与稳定性	岫岩县城河段，结合山区城镇景观特点，开展人居生态岸线提升和城镇污水入河排污口净化湿地建设；大洋河其他河段，以生态保护与自然封育为主；大洋河河口段，进一步提升东江口滨海湿地国家级自然保护区功能，保护迁徙鸟类和河口湿地生境
09 连河绿水青山及民族风情长廊	保护治理河长 116km，生态岸线比例达到 90%以上；加强水源涵养和水源地保护，促进绿水青山与少数民族特色文化协同发展	三湾水库河段，实施水源地保护和三湾水库下游河口湿地生境保护与修复建设；城镇地区河段，结合少数民族特色开展河流城镇岸线景观文化生态建设和城镇污水入河排污口净化湿地建设；其他地区河段，以自然生态保护与修复为主，尽量保持河流的自然风貌
10 六股河水源保护及滨海特色长廊	保护治理河长共约 99km，生态岸线比例达到 75%以上；加强水源地保护和独流入海河流水环境治理，促进滨海特色生态产业发展	青山水库以上河段，以水源地保护为重点实施水源涵养、水土保持和山地自然生态河道修复与保护建设；绥中县河段，结合城镇风貌，实施岸线生态化提升建设和城镇污水入河排污口净化湿地建设；在其他河段，结合新农村和乡村旅游，实施河道生态化改造；入海河口段，实施河口生境保护与恢复

第 3 节　辽河口国家公园建设

5.3.1　国家公园建立重大意义

国家公园是国家为了保护一个或多个典型生态系统的完整性，为生态旅游、科学研究和环境教育提供场所，而划定的需要特殊保护、管理和利用的自然区域。国家公园是世界上最重要的自然保护地类型，其建立的目标主要是保护大面积的自然生态系统。

国家公园的概念最早由美国艺术家乔治·卡特林（George Catlin）提出（杨锐，2001），建议“政府采取一些保护政策，建立国家公园，保持大自然所具有的野性和原始性”（Mackintosh，2005）。1994 年世界自然保护联盟（International Union for Conservation of Nature，简称 IUCN）将“国家公园”解释为大面积的自然或接近自然的系统，该系统的重要目标是保护大尺度的生态过程，以及相关物种和生态系统特征（杨锐，2003）。自 1872 年美国建立世界上第一个国家公园后，国家公园理念很快便得到了其他国家和地区的认可，在全球迅速传播和发展。目前，全球约有 75%以上的国家公园及类似的保护地（叶昌东等，2020）。

我国牢固树立尊重自然、顺应自然、保护自然的生态文明理念，党的十八大把生态文明建设上升到“关系人民福祉、关乎民族未来的长远大计”的战略高度，党的十九大再次强调“建设生态文明是中华民族永续发展的千年大计”。国家公园建设是践行绿色和可持续发展理念，保障生态文明制度落地的重要载体，是我国生态文明制度建设的重要内容。党的十八届三中全会首次明确提出“划定生态保护红线，建立国家公园体制”，开启了国家公园建设的新时期。2015年5月，国务院批转国家发展改革委《关于2015年深化经济体制改革重点工作意见》，提出在9个省份开展“国家公园体制试点”。随后，国家发展改革委等13个部门联合印发了《建立国家公园体制试点方案》，正式揭开中国国家公园体制试点建设的序幕。2017年9月，中共中央办公厅、国务院办公厅印发了《建立国家公园体制总体方案》，标志着我国国家公园体制的顶层设计初步完成，国家公园建设进入实质性阶段。方案指出国家公园建设“以加强自然生态系统原真性、完整性保护为基础，以实现国家所有、全民共享、世代传承为目标”，国家公园的全民公益性，主要体现在共有共建共享。2018年3月，第十三届全国人民代表大会第一次会议批准《国务院机构改革方案》，组建国家林业和草原局，加挂国家公园管理局牌子，统一行使各类自然保护地管理职责，为建设以国家公园为主体的自然保护地体系提供了机构保障，标志着我国自然保护事业进入了一个崭新的时代。目前我国已设立三江源国家公园、东北虎豹国家公园、福建武夷山国家公园、大熊猫国家公园、海南热带雨林国家公园5个国家公园。

国家公园具有生态系统保护、科研、教育、游憩等多重服务功能，也是近年来国内外研究热点。在国家公园资源评估、国家公园环境影响、国家公园发展模式、国家公园规划、国家公园运营管理等、生态旅游和社会效益等方面均有大量研究成果。

辽河口国家公园是我国国家公园体系中设置的2个陆海统筹型国家公园中的一个，保存有全球温带最典型完整的滨海湿地生态系统和罕见的河口湿地景观，是国际鸟类迁徙路线关键区域和西太平洋斑海豹重要繁殖地，在全球河口湿地保护体系中具有重要价值。建立辽河口国家公园，加强湿地、海洋生态系统原真性和完整性保护，对全面提升辽河流域生态保护和治理能力，保护生物多样性，维护辽东湾生态安全和推进生态文明建设具有重要意义。

辽河口国家公园是由辽河、大凌河、绕阳河等多条河流冲积而成的河口湿地，既受到上游流域作用和制约，也是辽河流域陆海统筹保护发展格局中最为重要的区域。因此，开展以辽河口国家公园为主体的辽河流域自然保护地体系研究，可实现从流域尺度保障国家公园健康稳定运行。

5.3.2 辽河口国家公园设立方案

辽河口国家公园设立总体原则是以习近平新时代中国特色社会主义思想为指导，全面贯彻党的二十大精神，深入贯彻习近平生态文明思想，牢固树立绿水青山就是金山银山理念，坚持山水林田湖草沙一体化保护和系统治理，坚持生态保护第一、国家代表性、全民公益性的国家公园理念，以保护滨海湿地生态系统和黑嘴鸥、丹顶鹤、西太平洋斑海豹等珍稀濒危物种栖息地和繁殖地为核心，加强自然生态系统原真性、完整性保护，推动流域生态保护治理能力提升，构建陆海统筹保护发展格局，筑牢辽东湾生态安全屏障，保护典型自然生态系统及其生物多样性，促进人与自然和谐共生。

辽河口保存有温带典型完整的滨海湿地生态系统和独特的河口湿地景观，是国际鸟类迁徙路线关键区域。为贯彻落实党中央、国务院决策部署，加强该区域陆地、海洋生态系统整体保护，提升辽河流域治理能力，设立辽河口国家公园。

依据《全国生态功能区划》《中国生物多样性优先保护区域范围》《国家公园空间布局

方案》，按照陆海统筹保护的目标，突出滨海湿地生态系统与生物多样性保护，目前已初步确定国家公园范围。在优先保护区域的基础上，按照划定原则，扣除永久基本农田、城镇开发边界以及部分连片的矿业权、养殖用海使用权后，划定辽河口国家公园面积为 17.21 万 hm^2，其中海域面积 12.52 万 hm^2，陆域面积 4.69 万 hm^2。国家公园范围东至大洼区赵圈河围场圈河总干渠，西至距凌海市大陆岸线 15.1km 处，南至距盘锦港大陆岸线 36.9km 处，北至盘山县京哈高速南侧干渠。涉及盘锦、锦州 2 市 4 个县（区、市）的 9 个镇（街道）18 个行政村（社区、苇场）的区域，其中盘锦市范围 14.04 万 hm^2、锦州市范围 0.38 万 hm^2、国管海域范围 2.79 万 hm^2。

5.3.3　以国家公园为主体的辽河流域自然保护地体系

辽河是我国七大江河之一，滋养着东北平原万物生长。辽河口是辽河流域陆海统筹保护发展格局中最为重要的区域，保存有全球温带最典型完整的滨海湿地生态系统和罕见的河口湿地景观，是国际鸟类迁徙路线关键区域和西太平洋斑海豹重要繁殖地，在全球河口湿地保护体系中具有重要价值。建立辽河口国家公园，加强湿地、海洋生态系统原真性和完整性保护，对全面提升辽河流域生态保护和治理能力，保护生物多样性，维护辽东湾生态安全和推进生态文明建设具有重要意义。

5.3.4　辽河流域陆海协同保护发展新格局

5.3.4.1　研究区范围界定

以辽河干流流域为研究区域。地理位置为东经 121°21′～125°11′，北纬 40°52′～43°21′。流域东西长约 319km，南北跨度约 274km，总面积约 376 万 hm^2，流域范围涉及辽宁省铁岭市、抚顺市、沈阳市、阜新市、锦州市、鞍山市和盘锦市 7 个地级市。本研究基于辽宁省 DEM 数据，通过 ArcGIS 的水文分析工具提取辽河干流流域范围，如图 5.2 所示。

5.3.4.2　数据来源与处理

1. 地表覆被数据

本书地表覆被数据包括辽河干流流域 1990 年、1997 年、2004 年、2011 年和 2019 年的地表覆被数据，来源于国家青藏高原科学数据中心，空间分辨率为 30m，精度为 79.31%。本研究结合 Google Earth 影像，对辽河干流流域地表覆被数据进行调整与修正。

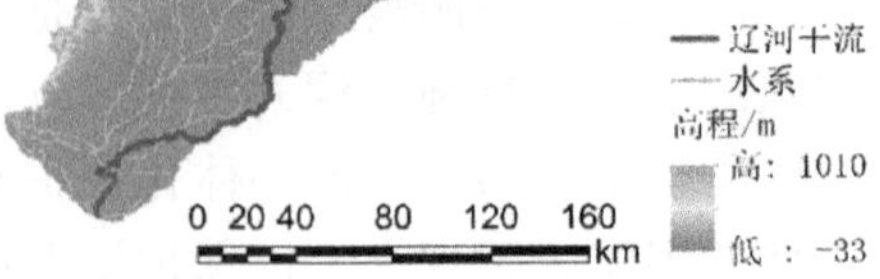

图 5.2　辽河干流流域位置示意图

2. 数字地面高程模型数据（DEM）

2019 年辽河干流流域 DEM 数据来源于地理空间数据云，空间分辨率为 30m，本书中的坡度和坡向数据均基于该数据生成。

3. 生境威胁因子数据

研究区地形、景观类型和人为活动作为重要生境影响因素，对于生物栖息和迁徙有较大影响，其中人为活动对于生物迁徙的影响主要体现为交通道路、河流水系、建设用地和人口分布密度。为构建辽河干流流域生态累积综合阻力面，基于辽河干流流域 2019 年土地利用现状，引入作为生境威胁因子的研究区景观类型数据、地形数据和密度数据。各数据经阻力赋值和加权叠加，构成辽河干流流域生态累积综合阻力面。

5.3.4.3 研究方法

1. 景观类型重心转移

景观类型的重心可以反映不同景观类型的时空演变特征，明确其转移方向、距离和速度。

2. 景观类型转移矩阵

景观类型转移矩阵由俄国学者马尔科夫提出，可以直观反映不同景观类型的动态演变过程，明确其相互转化程度。

3. 景观格局信息熵

景观格局信息熵可以反映景观格局的有序程度。

4. 景观格局指数

通过景观格局指数可以定量分析区域景观格局的时空演变特征，明确不同景观类型在自然因素和人为干扰作用下的破碎情况和景观格局的空间结构特征。本研究以辽河干流流域1990—2019年的五期景观类型数据为基础，通过Fragstats4.2软件操作平台完成景观格局指数的计算。

5. 基于形态学空间格局分析（MSPA）的生态用地景观格局分析

形态学空间格局分析是通过腐蚀、膨胀等运算方式，识别并分割研究区内的栅格数据，以确定景观结构的图像处理方法。通过形态学空间格局分析，可以确定目标数据集之间的空间拓扑关系，将其分为核心区、桥接区、边缘区、孔隙、支线、环道和孤岛七种类型。本研究以2019年辽河干流流域景观类型数据为基础，选取对辽河干流流域具有重要生态意义的林地、草地、水体和湿地四种景观类型斑块作为生态斑块，将其设定为前景数据，将荒地、耕地与建设用地设定为背景数据，通过八邻域法分析辽河干流流域基于MSPA的生态用地景观类型分布。

6. 生态源地提取

（1）生态斑块综合评估。生态源地是生物栖息的重要场所，对于维持景观连通性和生态系统稳定性具有重要作用。核心区作为MSPA法识别的7种景观类型中最重要的组成，可以为物种提供较大的栖息地，对生物多样性保护有重要意义，是生态源地提取的基础。斑块面积、斑块形状指数和斑块重要性指数对于生态系统中物质和能量的交流与物种的交换有重要贡献。本研究以辽河干流流域基于MSPA的生态用地景观类型数据为基础，选取斑块面积（area）、斑块形状指数（shape）和表征斑块重要性（dI）的$dIIC$与dPC指数对核心区生态斑块进行综合评价，通过因子分析法确定其权重依次为0.264、0.241、0.263和0.263，对结果进行归一化处理，经加权计算，得到研究区生态用地斑块的综合得分，提取得分较高的20个斑块作为辽河干流流域的生态源地。

（2）基于景观连接度的最适距离阈值确定。距离阈值对于斑块重要性指数的影响较大，通过分析景观连接度指数随距离阈值增加而呈现的变化特征，可较准确的确定研究适宜的距离阈值。考虑鸟类、中小型哺乳动物和两栖爬行动物等迁移和扩散的距离，结合研究区生境特征，设置50m、500m、1000m、1500m、2000m和2500m六个距离梯度进行分析。对比不同距离阈值下表征景观连接度的斑块间连接数（NL）、组分数（NC）、整体连接度（IIC）和可能连接度（PC）指数的变化特征，确定研究最适距离阈值。

7. 生态阻力面构建

生态阻力面反映生物迁移和能量与信息流交流的难易程度，一般通过景观类型确定生态阻力，阻力面较单一，忽略了人为干扰等因素的影响。本研究根据研究区生态环境特征，综合考虑地形因素（高程和坡度）、景观类型因素与密度因素（水网密度、道路密度、建筑密度和人口密度）中的 7 个指标计算研究区生态阻力。参考相关研究并结合研究区生境特征以及熵值法，确定地形因素、景观类型因素与密度因素的权重分别为 0.2、0.5 和 0.3。其中，景观类型因素的阻力基于 2019 年辽河干流流域景观类型数据进行赋值，其余阻力因素数值均通过自然间断点分类法进行重分类，将阻力值范围控制为。各指标按其对生物迁移的影响力进行阻力赋值与栅格叠加运算，最终得到研究区生态累积阻力面，阻力值越低，物种迁移与信息能量交流能力越强。

8. 生态廊道和生态节点识别

基于 MCR 模型，根据已构建的生态累积阻力面，模拟连接各生态源地之间阻力最小的生态廊道。

9. 生态网络的评价

生态源地、生态廊道和生态节点共同构成研究区生态网络。通过网络分析法，分别从分布特征、景观组分、网络结构和成本比（cost ratio 指数）4 个方面对辽河干流流域生态网络进行综合评价。选取网络闭合度（α 指数）、线点率（β 指数）、网络连接度（γ 指数）对网络结构进行评价。

10. 重力模型

重力模型来源于牛顿的万有引力定律，通过研究引力、质量和距离之间的关系，确定不同位置之间的相互作用强度。通过重力模型构建生态源地之间的相互作用矩阵，可以确定不同生态源地之间的相互作用强度，明确生态廊道的有效性和重要性程度。

11. 粒度反推法

粒度反推法是以景观格局优化为目的，根据数学反证法思想，通过生成不同粒度的景观组分结构，结合相关景观格局指数的变化趋势，分析景观组分随粒度变化的特征，确定最佳景观组成的方法。本研究基于辽河干流流域 2019 年景观类型数据，提取林地、草地、水体和湿地作为生态用地，其余景观类型作为非生态用地，分析 50～2000m 粒度尺度下生态用地景观组分的结构特征。

5.3.4.4 生态格局及生态网络识别

生态网络由生态源地、生态廊道和生态节点构成，对于提高生态系统稳定性，增强生态系统服务价值和实现高效率的物质和能量交换有重要贡献。本研究基于 MCR 模型，根据生态累积阻力面，提取辽河干流流域生态网络，并对其进行综合评价。

1. 生态网络的识别

生态源地、生态廊道和生态节点共同构成生态网络，其中，生态廊道对连接各生态源地有重要贡献，生态节点是生态网络中对于景观生态流的运行具有重要作用的景观组分。MCR 模型可以分别模拟每个生态源地到其他生态源地之间的最小消耗路径，提取生态廊道。本研究基于生态累积综合阻力面，以一个生态源地为例，通过 MCR 模型计算其与其他生态源地之间的成本距离［图 5.3（a)］和成本回溯链接［图 5.3（b)］，并提取生态廊道。依次提取每个生态源地与其他生态源地之间的生态廊道，将其合并得到辽河干流流域生态廊道，提取生态廊道间的交点作为生态节点。去掉重复的生态廊道和位于生态源地斑块内的生态节点后，得到由 20 个生态源地、108 条生态廊道与 62 个生态节点共同构成的辽河干流流域生态网络［图 5.3（c）］。

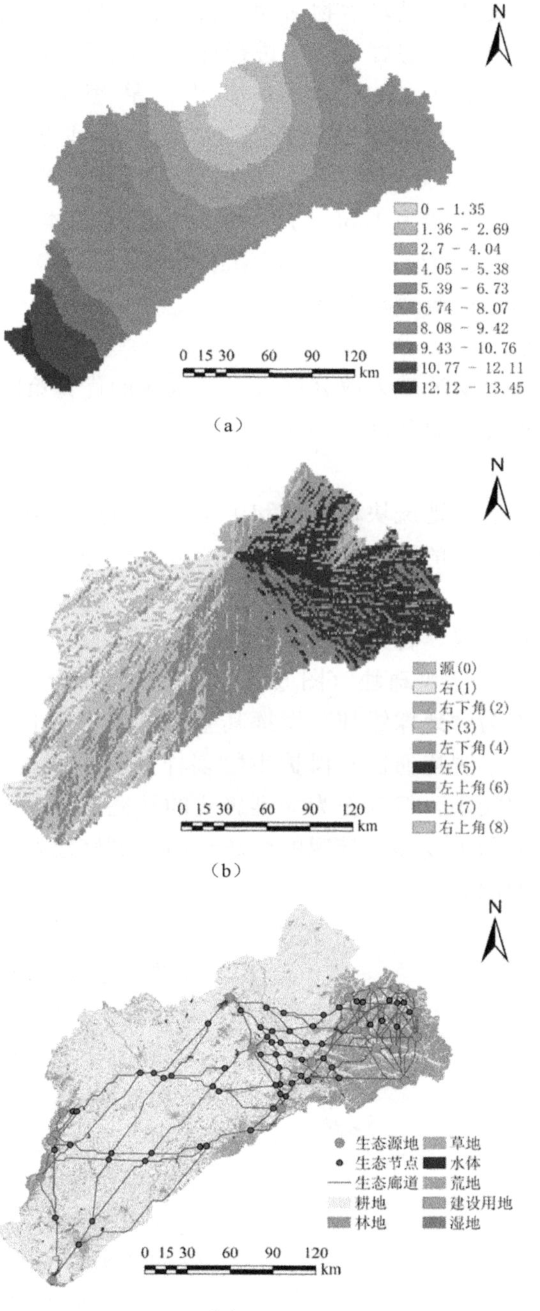

图 5.3 研究区生态网络分布

（a）成本距离；（b）成本回溯链接；（c）生态网络

2. 生态网络的评价

辽河干流流域生态源地的景观类型多为大型林地和湿地，生态网络整体呈现“一轴两中心”的分布特征，其中，研究区东部生态源地和生态节点较多，分布较为集中，生态廊道的分布密集，研究区西部生态网络的分布较为分散。生态源地之间均有生态廊道连接，基本可以实现生态网络的覆盖，满足生物活动与物质和能量交流的需求。

通过 ArcGIS 10.4 软件对生态廊道长度进行计算，结果显示，研究区生态廊道总长度为 15232.69km，平均长度为 141.04km，其中，最短廊道 17.84km，最长廊道 353.58km。通过网络分析法，选取网络闭合度（α 指数）、线点率（β 指数）、网络连接度（γ 指数）和成本比分析辽河干流流域生态网络的结构特征。结果显示，辽河干流流域生态网络的 α 指数为 0.17，β 指数为 1.32，γ 指数为 0.45，成本比为 0.23。生态网络中约 1/2 的节点可以与对应节点之间形成回路，网络连接情况复杂，结构较稳定，可以实现能量、物质和信息流在网络中的流通与循环。

5.3.4.5　生态格局优化

基于生态网络对辽河干流流域采取分等级、分区域的优化策略，为提高区域生态系统服务价值和维持景观连通度奠定基础。

5.3.4.5.1　斑块优化

斑块的优化以提高生态源地斑块稳定性和生态源地斑块结构与功能连接度为目标，通过适当提高小型生态源地斑块的面积、对生态源地进行分等级优化和增设生态节点的方式实现。

提取研究区生态源地斑块，将其按照斑块面积大小分为大型斑块和小型斑块两类，其中，面积超过 2 万 hm^2 的为大型斑块（图 5.4）。大型斑块以面积较大的林地为主，主要分布在研究区东南部，作为“地球绿肺”发挥其生态效益，对于涵养水源、固碳制氧、防风固沙、景观美化、维持景观连通性和保护生物多样性有重要贡献。小型斑块数量较多，分布较为分散，虽然面积较小，但其作为大型斑块的补充，可以充当生物迁徙的“跳板”，适当的提高小型斑块的面积可以提高景观的生态功能，更好地发挥生态效益，对于提高景观异质性有重要作用，如图 5.4 所示。

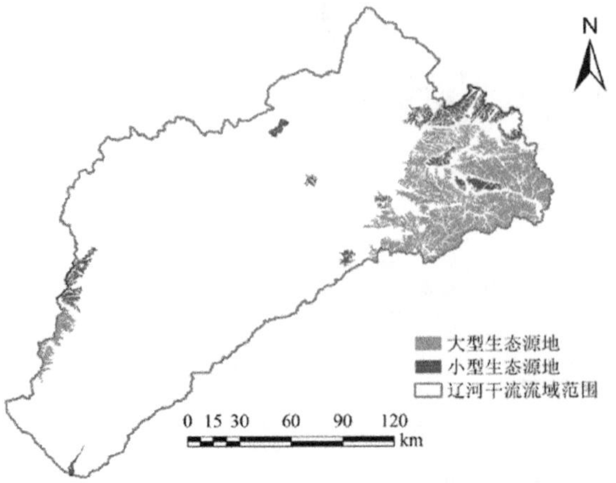

图 5.4　生态源地分类分布

运用几何间隔法对生态斑块综合得分进行分级，确定生态源地的重要性程度。其中，编号为 5 的生态源地和编号为 20 的生态源地分别为卧龙湖自然保护区和辽河口自然保护区，几何间隔法将其划定为二级和三级生态源地，但特殊的地理位置和丰富的生物资源使其成为良好的生物栖息地，因此将其重要性等级调整为一级生态源地（图 5.5）。生态节点作为生态网络连通中最薄弱的区域，对于维持生态网络结构的稳定性有重要贡献。本研究借鉴水文学中“山脊线”

的提取思路，基于生态累积综合阻力面，通过 ArcGIS 10.4 软件中的水文分析工具提取生态廊道和“山脊线”的交点作为新增生态节点，共提取10个新增生态节点作为原生态网络结构组分的补充，以增强生态网络的连通性和稳定性（图5.5）。

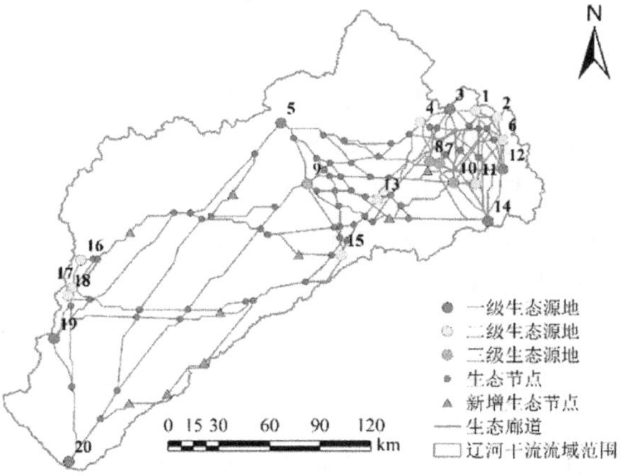

图5.5 斑块优化示意图

5.3.4.5.2 廊道优化

廊道的优化结合重力模型展开，通过确定生态源地之间的相互作用强度，对生态廊道进行重要性等级划分，以明确其保护级别，提出优化建议。通过重力模型计算不同生态源地之间的相互作用强度，运用几何间隔法对研究区生态廊道进行重要性等级划分（图5.6）。研究区东部景观连通性较好，重要性等级较高的生态源地和生态廊道大多分布于此处。由于研究区东部和研究区西部的生态源地距离较远，贯通研究区东西方向的廊道长度较长，阻力较为复杂，因此研究区东部和西部的生态源地之间的相互作用力较弱，生态廊道重要性等级较低，不利于生态流的交换和生物的觅食与活动。在后续优化中，对于重要性等级较高的生态源地和生态廊道，应以保护为主，科学治理，对于重要性等级较低的生态源地和生态廊道，应在环境承载力范围内，加大生态建设力度，合理地运用工程技术进行生境修复。

5.3.4.5.3 基质优化

基质的优化以提升生态网络结构和功能的连通性、促进生态系统物质和能量的交流为目标，通过调整景观组分和识别生态修复优先区域的方式实现景观基底的优化。本研究运用粒度反推法识别对于景观连通有重要贡献的非生态用地和最优景观组分边界，通过增加生态用地面积的形式实现景观组分的调整。结合生态节点的密度，划分生态修复优先区域，明确保护级别并提出优化建议。

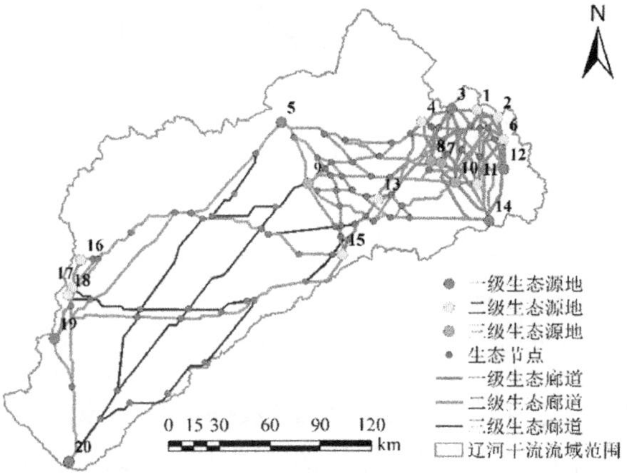

图5.6 生态网络等级划分

1. 基于粒度反推法的景观组分优化

粒度反推法基于数学反证法思维，通过分析不同粒度下景观组分与景观格局指数的变化趋势与特征，可以确定最佳景观粒度，将其反推至地表覆被数据，即可得到对于研究区整体景观连通具有重要意义的非生态用地斑块，以达到景观组分优化的目的。

本研究基于辽河干流流域2019年景观类型数据，提取林地、草地、水体和湿地作为生态用地，50～2000m粒度作为分析尺度，分析不同粒度下的生态用地景观组分结构。结合 50m、100m、200m、400m、600m、800m、1000m、1200m、1400m、1600m、1800m 和 2000m 粒度下的斑块数量（NP）、斑块密度（PD）、蔓延度（CONTAG）、相似邻近百分比（PLADJ）、景观分割度（DIVISION）和分离度（SPLIT）指数的变化趋势，探究最佳景观粒度，实现景观组分的优化。

随着粒度的增加，景观结构发生变化，斑块数量逐渐减少，边长小于该粒度且较为孤立的生态斑块被逐渐剔除，同时，斑块间隙小于该粒度的生态斑块逐渐合并，生态用地的连通优势与规模优势逐渐体现（图 5.7）。随着粒度的增加，景观格局指数呈现出不同程度的粒度效应（图 5.8）。NP、PD、CONTAG 和 PLADJ 指数随粒度增加呈下降趋势，在 50～600m 粒度条件下，下降速率较快，粒度大于 600m 时，下降速率趋于平缓，且均在 1000～1200m 粒度时下降速率最小。DIVISION 和 SPLIT 指数代表景观的分离程度，该值随粒度增加呈波动变化，且变化趋势一致，存在多个峰值。在粒度为 50～400m 时，DIVISION 和 SPLIT 指数呈增加趋势；粒度为 400～1000m 时，呈下降趋势；粒度为 1000～1800m 时，指数再次增加，并于 1800m 粒度后迅速下降。综上所述，粒度为 1000m 时，各景观格局指数变化平缓，此时生态斑块连通性达到最佳，景观组分趋于稳定，大部分细碎生态斑块被剔除，且粒度大于 1000m 时，斑块间很难再发生合并，生态用地的优势在该粒度下达到最大。

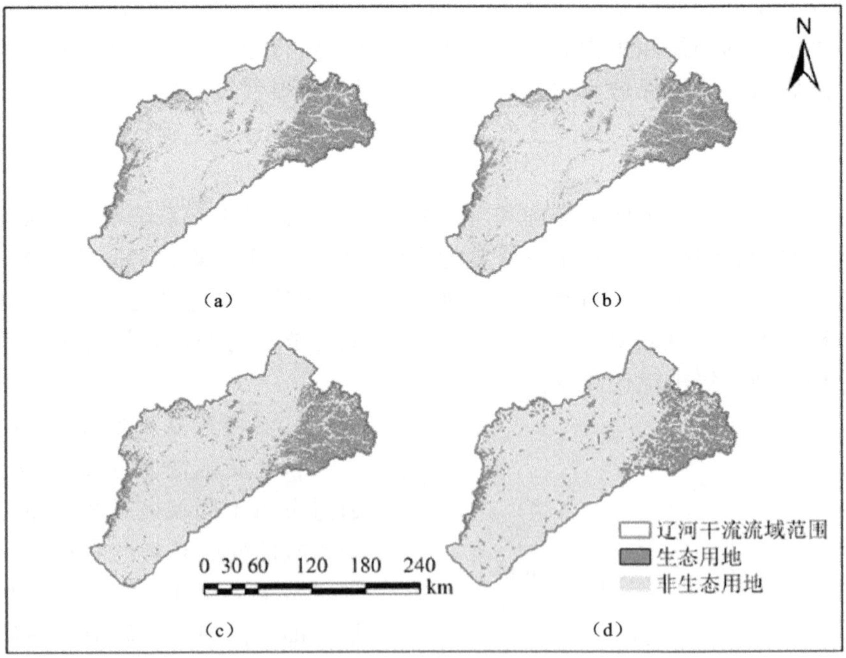

图 5.7 不同粒度下的研究区景观组分分布

(a) 50m 粒度；(b) 500m 粒度；(c) 1000m 粒度；(d) 2000m 粒度

将粒度为 1000m 的景观组分边界与 2019 年辽河干流流域景观类型数据叠加，识别对于研究区整体连通性有重要贡献的非生态用地（图 5.9）。需要优化的非生态用地斑块面积共 16.28 万 hm^2，其中，耕地约 15.03 万 hm^2，建设用地约 1.24 万 hm^2，荒地为 148.68hm^2。

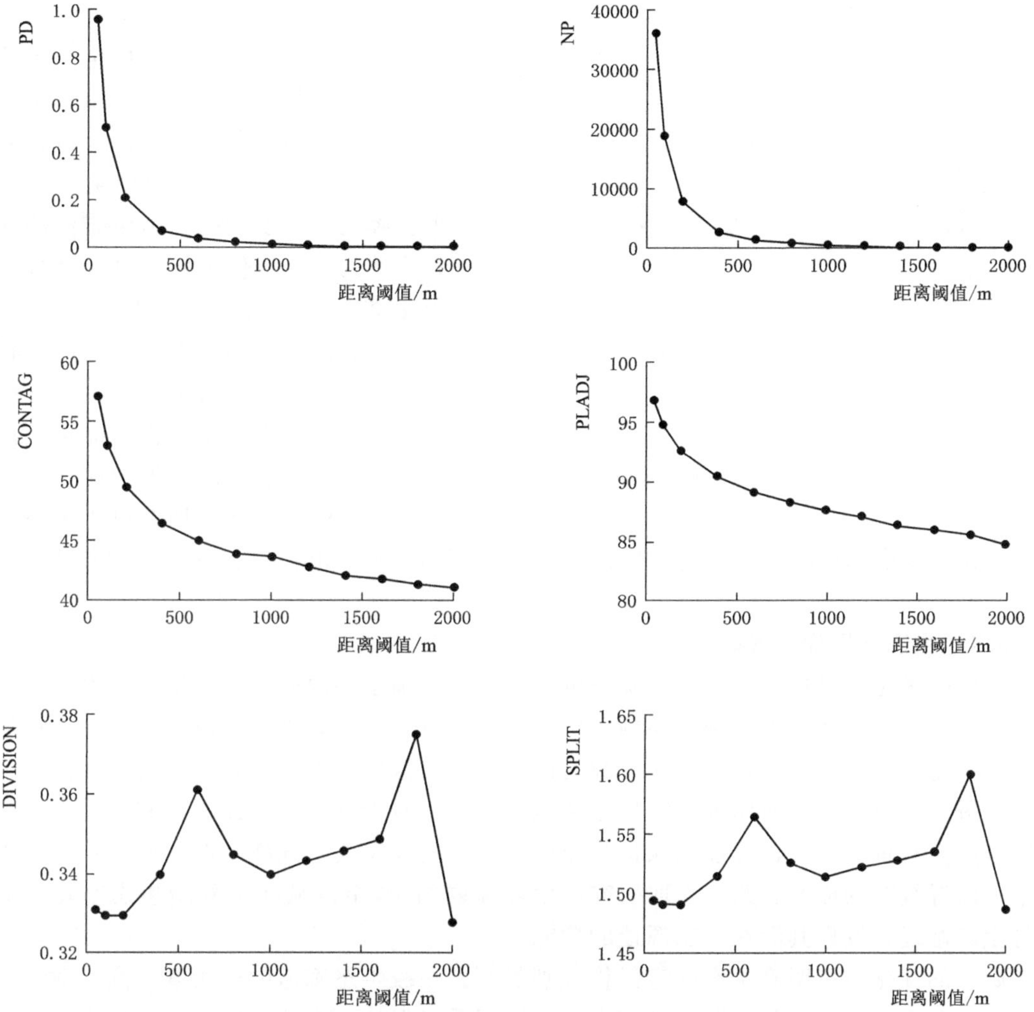

图 5.8　景观格局指数随粒度变化特征

2. 生态修复优先区域识别

对辽河干流流域生态节点进行核密度分析，将研究区根据生态节点的密度进行区域划分，分为生态盲区、生态修复区和生态保育区（图 5.10）。

生态盲区主要分布于研究区的边缘区域和西部的部分区域，占研究区总面积的 23.51%，区域内生态节点和生态廊道的密度较低，难以支撑物质与能量的高效率交流，不利于生物的栖息和扩散。生态修复区主要分布于研究区中部，占研究区总面积的

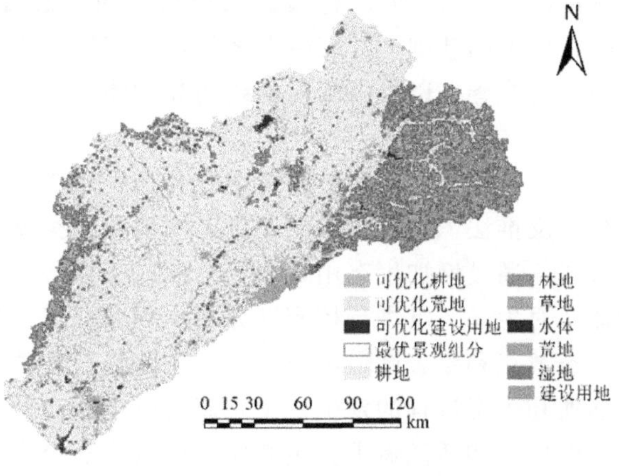

图 5.9　待优化的景观组分分布

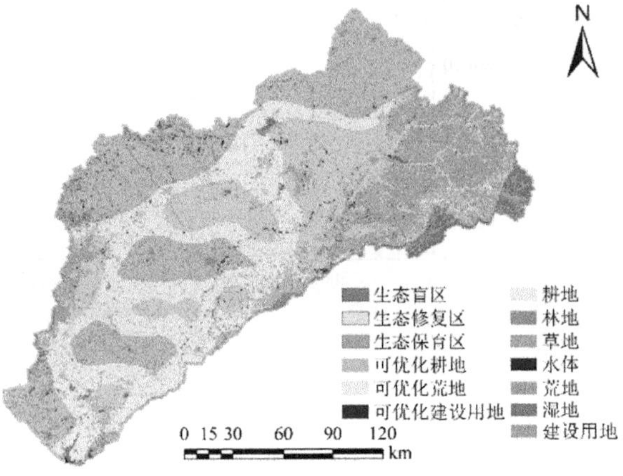

图 5.10　生态修复优先区域

38.59%，区域内生态节点和生态廊道的密度相对较高，对于维持生态系统结构和功能的稳定性有重要贡献。生态保育区主要分布于研究区东部，占研究区总面积的 37.90%，区域内生态节点和生态廊道的密度较高，为生态流的交换和物种的活动提供了较便利的条件，对于生态系统服务功能的提升有重要贡献。生态修复区和生态保育区的面积较大，分布较广泛，对于维持生态过程的一致性和实现高效率的物质能量交流有重要贡献，在后续的规划中应加强对于该区域的保护，同时加大对于生态盲区的生态建设和资源保护力度，对基质进行综合治理和修复，增强生态系统结构和功能的稳定性。

5.3.4.6　生态格局优化策略

斑块的优化通过扩大小型生态源地斑块面积、明确生态源地保护级别和增设生态节点实现。一级生态源地作为生物重要栖息地，不仅有较高的生态价值，对于生物多样性保护和生物栖息也有重要贡献，对于该区域的优化，应以保护为主，严禁非生态用途的人为开发。二级、三级生态源地作为一级生态源地的补充，对于维持景观连通性和生态系统的物质能量交流有重要意义，应加强保护与建设力度，提高斑块内部稳定性。此外，通过水文学中“山脊线”的提取思路，提取研究区生境脆弱的 10 个区域作为新增生态节点，对其进行生境修复，发挥其潜在生态源地的功能。

廊道的优化通过明确生态廊道保护级别展开。一级生态廊道的连接度较高，对于生态流的运行和生物的迁徙与扩散贡献较大，应进行重点保护，在该区域范围内推广并普及生态农业技术，禁止在一级生态廊道所涉及的耕地范围内施用化肥，禁止在此范围内进行非生态用途的人为开发与建设。二级与三级生态廊道的连接度相对较低，应以生态建设为主，在保护的基础上进行生态修复，提高区域生态用地的面积，适当的结合工程技术对其生境进行改善，以提高廊道的结构和功能稳定性，促进区域生态系统高效率的物质和能量交流。

基质的优化通过调整景观组分和识别生态修复优先区域展开。景观组分的优化中，通过粒度反推法识别待优化的非生态用地景观类型分布和最优景观组分边界，运用生态补偿等方式，通过增加生态用地面积的形式实现区域景观组分的优化，提高区域生态系统服务功能。对生态节点进行核密度分析，划分辽河干流流域生态修复优先区域，其中生态盲区内生态节点和生态廊道数量较少，生物迁徙和物质能量的交流相对较差，不利于整体景观的连通和生态过程的发生。生态修复区内生态节点和生态廊道的数量相对较多，基本满足生物的栖息和活动需求。生态保育区内生态节点和生态廊道的数量较多，可以实现高效率的生态流交换和物种交换，对于生物多样性保护有重要意义。在后续的优化中，应优先进行生态盲区和可优化景观组分的修复，通过相应的工程技术，以减污降碳为目标，对生态基质进行综合治理和修复，提高生态网络的结构连通性与生态系统的功能稳定性。生态修复区内生态节点和生态廊道的密度较高，基本满足生物的活动需求，对该区域的优化应在生态保护的基础上，进一步加强生态建设，适当建立绿地、公园等生态效益较高的场所，在提高生态系统服务功能的同时，为物种栖息和交换提供便利条件。生态保育区内生态节点和生态廊道分布广泛，该区域对于信息流的交换和生物扩散有重要贡献，应以自然恢复为主，加强科普宣传力度和生态监管力度，提升生境保护的全民参与度，减少人为干扰对于生态基质的负面影响。

通过景观格局的优化，辽河干流流域的优势景观类型之间可以形成较好的连接，生态用地增加约16.28万 hm^2，各景观类型趋于均匀化分布，生态系统结构的稳定性有所提高，对于区域内物质能量的交流和物种的交换有促进作用，可以更好地发挥生态系统服务功能。

5.3.5 辽河口国家公园生态价值

5.3.5.1 典型完整的滨海湿地生态系统

辽河口国家公园内有我国最北的河口湿地，辽河、大凌河、大辽河等河流在此区域入海，拥有温带典型完整的滨海湿地生态系统，分布着浅海水域、淤泥质海滩、潮间盐水沼泽、河口水域、永久（季节）性河流、草本沼泽等湿地类型，河口湿地植被类型丰富，在全球河口湿地保护体系和研究中具有重要价值，发挥着重要的调节径流、净化水质、涵养水源、防浪固土等生态功能，维持着辽东湾咸、淡水交换平衡，是辽东湾的生态安全屏障。

5.3.5.2 国际鸟类迁徙路线关键区域和西太平洋斑海豹重要繁殖地

辽河口国家公园是东亚—澳大利西亚候鸟迁徙路线的关键区域，是国内少有集群种类多、种群数量大的鹭鸟繁殖栖息地和鸻鹬类最关键的能量补给地之一，是全球黑嘴鸥集中分布区和最大繁殖地、丹顶鹤重要自然越冬地和繁殖分布区、黑脸琵鹭非海岛繁殖地。海洋资源丰富，是多种鱼类重要的产卵场和仔稚鱼、幼鱼重要的栖息地，是西太平洋斑海豹重要繁殖地和换毛地。

5.3.5.3 全球温带最具代表性的河口湿地景观

辽河口国家公园是我国河口三角洲沉积环境演化过程的重要展示地，湿地植被演替体现了辽河三角洲的水体湿地化过程和陆地湿地化过程。拥有地质年龄轻、结构特殊的冲积岛，记录了我国最北岛屿的演变过程。在河流径流与海洋潮汐变化的交互作用下，形成了罕见的红海滩和最大的滨海芦苇湿地，具有独特的“浅海水域—光滩—翅碱蓬群落—翅碱蓬芦苇群落—芦苇群落”自然景观格局。

5.3.6 辽河口国家公园保障措施体系

5.3.6.1 加强组织领导

自然资源部、国家林草局（国家公园管理局）等国务院有关部门做好对地方的指导，统筹协调和督促检查。建立局省联席会议协调推进机制，贯彻落实党中央、国务院关于国家公园建设的重大决策部署，统筹、指导和协调国家公园有关工作，审议或审定相关改革方案，形成工作合力，推进国家公园设立工作。建立由省政府主要领导同志任组长、分管领导任副组长、省直相关单位主要领导为成员的国家公园创建工作领导小组。成立创建国家公园工作专班，及时沟通创建工作中需要解决的问题，具体负责推动辽河口国家公园创建工作。将创建辽河口国家公园列入辽宁省人民政府年度重点工作任务，辽宁省各级政府要坚持生态保护第一、国家代表性、全民公益性，切实承担辽河口国家公园建设的主体责任，完善组织保障体系。

5.3.6.2　健全政策法规

推进建立辽河口国家公园管理法律法规体系，健全自然资源资产管理、保护巡护、特许经营、科研监测、自然教育、社区发展、工程建设、财务管理等领域规章制度，明确辽河口国家公园功能定位、管理原则。梳理现行标准和有关规范，制定辽河口国家公园标准规范体系，推动国家公园建设规范化、现代化。加强规划体系建设，指导辽河口国家公园内建设空间布局，引领国家公园的建设和管理。加强工程实施管理，严格实行项目法人制、招投标制、监理制和合同管理制，规范工程建设。

5.3.6.3　建立资金机制

立足国家公园的公益属性，按照自然资源领域中央与地方财政事权划分原则，建立完善财政投入为主的资金保障机制。中央、省级财政加大对基础设施、生态保护、生态补偿、民生保障等方面的投入。在确保国家公园生态保护和公益属性的前提下，建立多渠道多元化投融资模式。积极鼓励引导社会资本进入生态保护等公益领域，特别是与特许经营相结合吸引社会投资。探索建立生态效益补偿机制，科学评估辽河口国家公园湿地生态系统服务功能价值，对保护、建设生态环境的主体进行补偿，将苇场及辽河入海口滩涂海域的连片湿地纳入湿地生态补偿范围，激发社会参与生态保护的积极性。引导建立流域生态补偿等横向补偿关系，探索建立碳汇交易等市场化生态补偿机制。构建高效的资金使用管理制度，建立财务公开制度，确保国家公园各类资金使用公开透明。

5.3.6.4　加强考核评估

完善辽河口国家公园建设考核评价体系，重点关注保护管理、生态系统状况、生态系统服务功能、水环境与水生态、生态工程成效、科研监测、自然教育、社会参与和资金使用管理等方面的考核。考核结果作为辽河口国家公园管理局和地方党政领导班子和领导干部综合考核评价的重要依据。落实党政领导干部生态环境损害责任终身追究制。建立健全监督机制，完善管理办法，落实监督责任，加大监管力度。建立信息公开、政务公开、项目公示等制度，搭建公众参与平台，建立举报制度和权利保障机制，不断提升辽河口国家公园的社会化管理水平。

5.3.6.5　加强科技保障

加强国家公园管理局国家公园专家委员会作用，为辽河口国家公园的设立、建设、运行、管理、评估等各项工作提供指导和支撑。构建辽河口国家公园科技支撑体系，重点加大科技支撑、人才队伍以及完善配套设施等方面的建设力度。搭建科研平台，联合科研院所、大学及智库搭建合作发展平台，鼓励高等院校和科研机构参与辽河口国家公园的生态保护、规划设计、科研监测、环境教育、申报材料编制。加强科学研究，开展资源本底调查、水生生物调查、鸟类专项调查与监测、海洋生物多样性、河口海洋蓝碳固碳能力监测等基础生态学研究。多种渠道强化人才队伍，为辽河口国家公园的保护、建设和管理提供坚实保障。

5.3.6.6 加大宣传引导

加强宣传教育和引导，多渠道推广辽河口国家公园，利用国家公园网站、公众号、抖音等新媒体平台，向社会宣传推广国家公园。加大对全社会的宣传和社区群众的培训力度，普及生态文化，提高生态文明意识，形成群众主动保护、社会广泛参与、各方积极投入国家公园建设的良好氛围。

第4节 水土保持与水源涵养

以“预防为主、保护优先、全面规划、分区防治、防治结合、突出重点、强化监管、科技支撑”为原则，针对辽宁省水土流失现状问题，统筹农业农村、自然资源、林草等相关部门，以辽宁省水土保持区划三级区为单元，综合考虑水文气象、地形地貌、农业生产布局、作物种类、水资源条件等因素，围绕水源涵养、水质维护、土壤保持、保土拦沙、人居环境维护等主导功能，以小流域水土流失综合治理、东北黑土区保护、坡耕地治理、生态清洁小流域建设为抓手，因地制宜规划分区水土保持总体布局，持续推进水源涵养和水土流失综合治理，见表5.4。

表5.4 水土保持和水源涵养分区布局

分区	区域特点	分区布局
长白山山地水源涵养减灾区	该区水土流失面积3038.5km^2，占该区土地面积的16.2%。该区为辽宁中部城市群的重要水源涵养地和生态屏障区，区内山势陡峭，土层薄，要保护表土资源，同时要防治山洪、泥石流、滑坡等山地灾害发生，保护生命财产安全	在实施小流域水土流失综合治理的基础上，采取封禁封育保护、矿山修复、生态封育、植树种草等措施，因地制宜实施生态移民，提高水源涵养能力和防灾减灾功能，护好辽东“产水之塔”，为江河水库提供充足优质水源
长白山山地丘陵水质维护保土区	该区水土流失面积5364.4km^2，占该区土地面积的20.4%。该区山势陡峭，是辽河、浑太河部分支流、黄渤海东部发源地，是辽宁中部地区的生态屏障，也是辽宁重点粮食产区	加强封山育林和林草植被恢复，严控矿山资源无序开采，改善农业生产条件，提升土壤保持功能，减轻面源污染，保障下游供水安全和粮食生产安全
辽北漫川漫岗土壤保持区	该区水土流失面积2116.0km^2，占该区土地面积的23.4%。该区地貌波状起伏，属辽河水系，是防止科尔沁沙地向辽宁腹地侵袭的重要屏障，也是辽宁省重点粮食产区	建设北部生态屏障，保护西南部水土资源，防治风沙灾害，保护东北部黑土资源，改造和治理坡耕地，开展侵蚀沟治理，提升土壤保持功能，同时造林种草，提高植被覆盖率，改善生态环境
辽河平原人居环境维护农田防护区	该区水土流失面积3605.8km^2，占该区土地面积的14.9%。该区为辽河冲积平原，东部有部分丘陵。本区是辽宁和东北老工业基地的核心区，也是辽宁重要的商品粮基地和副食品基地，人口密集，城市化水平高	提高人居环境维护和农田防护功能，维护中部农田防护功能，减轻水旱风沙自然灾害；改良西部土壤，营造人居环境；建设向辽东过渡区域的清洁型小流域，保护表土资源，发展特色经济
辽宁西部丘陵保土拦沙区	该区水土流失面积9201.5km^2，占该区土地面积的33.4%。该区地处辽西丘陵山地，是辽宁重要的农业、林果和牧业生产基地，也是科尔沁沙地南侵的重要通道	提升土壤保持和防风固沙功能，加强植被恢复与重建，减少风沙，控制风蚀危害；集蓄利用降水，保持土壤资源，发展特色农业，打造辽西环渤海生态屏障

续表

分区	区域特点	分区布局
辽东半岛人居环境维护减灾区	该区水土流失面积 $5245.1km^2$，占该区土地面积的 27.3%。该区位于辽宁南端，呈低山丘陵半岛地貌，以低山丘陵为主，兼有海岸岗台地和海滨平原，人口密集，经济比较发达	提升人居环境维护和防灾减灾功能，改善区域生态环境，减少山地灾害发生，保护水土资源，提高人居环境质量
辽西山地丘陵保土蓄水区	该区水土流失面积 $7893.5km^2$，占该区土地面积的 34.5%。该区为大小凌河及辽河重要支流水源补给区，区内山地河谷相间分布，是辽宁省生态系统最为脆弱的区域，植被稀少，水土流失严重，经济欠发达	强化蓄水保水和土壤保持，通过坡耕地整治、防风固沙林建设、生态封育、水土流失治理等措施，控制土壤沙化，减少水土流失，加强水源涵养，保证粮食生产安全，发展有地方特色的林果业和畜牧业，保护辽西“汇水之源”

5.4.1 水土流失防治重点措施

（1）重点区域综合治理。开展以小流域为单元的综合治理，按照山水林田湖草沙系统治理，工程、林草和耕作措施有机结合、沟坡兼治，生态与经济并重，优化水土资源配置，提高土地生产力，发展特色产业，持续改善生态。在重要水源地、城镇和村庄周边，因地制宜推进生态清洁小流域建设。

（2）坡耕地综合治理。以坡耕地分布相对集中、水土流失严重的区域为实施重点。通过坡改梯工程、保土耕作、发展经果林、坡面蓄排水、田间道路、植物护埂等措施建设，提高农业生产水平，将水土保持与水源工程相结合，改善农田灌溉条件，大力发展水土保持特色产业。

（3）东北黑土区保护。针对辽宁省辽东、中北片包括本溪、抚顺、铁岭等 17 个县（市、区）2800 万亩典型黑土区，采取谷坊、沟头及沟坡防护、排水等综合治沟工程，加强黑土区侵蚀沟综合治理。实施东北黑土地保护性耕作行动计划，大力推广秸秆还田、免耕播种技术和高标准农田建设，增加土壤肥力和保墒抗旱能力，保护黑土地。

（4）生态红线区保护。对辽东山地水源涵养生态红线区，加强森林保护与培育，实施废弃矿山生态修复，提高森林涵养水源、保持水土的能力，护好辽东“产水之塔”。对辽西丘陵低山生态红线区，通过坡耕地整治、防风固沙林建设、生态封育等措施，控制土壤沙化，减少水土流失，遏制科尔沁沙地扩展，加强水源涵养，护好辽西“汇水之源”。

重点区域水源涵养与水土流失综合治理见表 5.5。

表 5.5　　重点区域水源涵养与水土流失综合治理

措施类型	治理区域	措施内容
小流域综合治理工程	覆盖辽宁省 14 个地市	以小流域为单元，工程、林草和耕作措施有机结合，沟坡兼治，生态与经济并重，优化水土资源配置，提高土地生产力，发展特色产业，促进农村产业结构调整，持续改善生态环境
东北黑土区侵蚀沟道综合治理工程	集中在东北黑土区和黑土地典型县	修建谷坊、沟头及沟坡防护、径流排导、削坡整地等

续表

措施类型	治理区域	措施内容
坡耕地治理工程	集中在辽西北耕地治理区	修建坡式梯田、水平梯田、地埂植物带、坡面蓄排水、保土耕作等
生态清洁小流域建设工程	大伙房、清河、柴河、白石、桓仁等重要水库水源区，以及其他重要水源地和城镇周边适宜小流域	以水源地保护为中心，通过小型污水处理设施建设、生态湿地建设、生态缓冲带建设、垃圾填埋设施建设、人居环境建设等，大力推进生态清洁小流域建设
水源涵养工程	辽东山地、辽西低山丘陵生态安全屏障区	加强废弃矿山生态治理修复、恢复林草植被，实施生态封育和水土流失综合治理，提升东西两屏水源涵养功能

5.4.2 水土保持综合监管能力建设

进一步深化“放、管、服”改革，优化营商环境，统筹考虑法制、体制、机制和队伍建设等，建立系统完整、职责明确、严格高效、规范有序的监管体系，加强监管制度建设；强化水土保持监督执法，依法全面履职尽责，严格责任追究，实施最严格的水土保持监管，围绕水土保持监管需求，构建科学有效的监管支撑体系；强化卫星遥感、无人机、大数据等信息技术在水土保持监管等工作的应用，加强水土保持重大问题的研究，完善水土保持技术标准，加强水土保持机构能力建设，开展水土保持示范创建，不断夯实水土保持基础；建立人为水土流失常态化监管机制，强化事中事后监管和责任追究，全面提升水土保持监管水平，努力实现水土保持治理体系和治理能力现代化。

第5节 重要河湖生态流量保障

根据河湖水资源禀赋条件、开发利用状况和生态保护需求，针对辽河干流、浑河、太子河、大凌河等14条主要河流，选取21个主要控制断面，合理确定生态流量或生态水量目标。坚持问题导向，分类指导，针对性提出“优调度、增设施，退挤占、补水源，严取水、强监管”等措施，切实保障河湖生态流量。

优调度，增设施。强化辽河、浑太河、大凌河等主要江河流域水资源统一调度管理，把保障生态流量作为硬约束，科学制定流域水量调度方案和调度计划。结合北线工程等重大调水工程实施，开展辽河、浑太河等干支流、上下游已建控制性水库联合调度，保障主要断面生态流量和入海水量。对不满足生态流量泄放要求的水库，实施生态流量泄放及监控设施补建或改造，新建、改扩建水利水电工程同步建设生态流量泄放及监控设施。

退挤占，补水源。对现状水资源开发利用程度较高的辽河、浑太河、绕阳河等河流，严格水资源消耗总量和强度双控，优化产业布局和农业种植结构，加强再生水资源利用，逐步退还被挤占的河湖生态用水和超采地下水。结合北线工程、北水润辽等重大调水工程实施，实施必要的河湖生态补水，保障辽河口国家公园、重要河口湿地及卧龙湖生态水量。对沈阳等重点区域，因地制宜实施河湖水系连通工程，增强水体流动性和自净能力，构建生态良好、循环通畅的区域生态水系网。

严取水，强监管。按照取水许可及年度取水计划，加强大型灌区及重要城市取用水管控，严禁超量取水、无序取水等不合理取用水行为，严禁在农业种植区无序建坝截流取水。建立健全生态流量监测预警机制，针对不同预警等级制定预案，采用信息化等手段强化监督管理。对灌溉期集中取水导致局部河段生态流量不足的，结合生态流量监测情况及时发布预警信息。按照预案实施动态管理，采取限制取用水、加大下泄水量等措施。建立健全生态流量保障责任体系，强化监督考核，确保生态流量保障落到实处。主要河流生态流量保障措施见表5.6。

表5.6　　主要河流生态流量保障措施

01 辽河干流 近期结合北线工程实施，逐步建立辽河流域生态补水体系，加强清河水库、柴河水库、闹得海水库等支流重点水库的生态流量调度管理，实现辽河干流及河口湿地生态补水；加强辽河干流沿河开原、盘山和大洼等大型灌区取用水监控和动态管理，退减不合理用水，流域内再生水、农田排水等经湿地净化后补水河道，逐步改善辽河干流生态流量；建立跨省区生态流量保障与协调机制，东辽河实现生态水量稳定下泄、西辽河实现量水而行河道贯通，逐步建立辽河干流上游活水补源体系。 远期结合北水润辽工程实施，构建完善的辽河流域生态流量调控体系，加大辽河干流、河口湿地及招苏台河、秀水河、柳河、绕阳河等支流生态补水量，发挥石佛寺水库的生态水量调节功能合理调控水文生态过程，维护辽河干流生态系统原真性和完整性。
02 浑太河 加强浑河大伙房水库，太子河观音阁的调度管理，建立健全流域上下游控制性水库联合调度机制，保障主要控制断面生态流量和入海水量；加强本流域水资源和外调水的统一调度和管理，严格水资源消耗总量和强度双控，推进浑沙、浑蒲、灯塔等大型灌区节水改造和取用水监控，逐步退还被挤占的河道内生态用水和超采地下水，保障大辽河三岔口断面生态水量；结合辽河与浑河洪峰不同步的特点，利用流域下游现有灌排体系建设浑河-辽河相机补水通道，加强洪水调度管理和水量相互调剂。
03 大凌河 结合北线工程实施，强化白石水库生态流量调度和下游河道取用水管控，保障大凌河生态流量和入海水量；统筹上游来水及再生水补水，实施大小凌河扇地补水工程，保障河口芦苇湿地生态用水。远期结合北水润辽工程实施，进一步提升大凌河干流及河口生态流量保障水平。

第6节　饮用水水源地保护

针对辽宁省县级及以上城镇及农村“千吨万人”集中式饮用水水源地，全面落实“划、立、治”等重点任务，构筑“生态保护、污染治理、生态修复、风险防范、法治监管”多重防线，建立健全水源地保护长效机制。

加强饮用水水源地保护区划定、地理界标、宣传警示、隔离防护等规范化设施建设，对重要水库水源地实施封闭管理。全面整治各类环境违法问题，依法清理保护区内违法建筑、入河排污口、畜禽养殖和网箱养殖等。对存在水质污染隐患的水源地实施污染综合整治和生态修复，尽快实现水质稳定达标。对跨地市供水的重要水库水源地实施山水林田湖草一体化保护和修复，建立健全水源地生态保护补偿机制，建设大伙房水库生态文明先行示范区，促进重要水源区生态系统健康稳定和持续发展。

结合重大调水工程实施，推进城乡供水一体化，逐步替代水质超标地下水水源地。加强饮用水水源全过程监管，县级以上集中式饮用水水源地推进水质自动监测设施建设，农村“千吨万人”水源地实施水质定期监测。强化水源地污染联防联控和应急管理，加强应急或备用水源工程建设。饮用水水源地安全保障建设见表5.7。

表5.7　　饮用水水源地安全保障建设

01 保护区划分及隔离防护 结合水源保护实际，对未划定饮用水水源保护区或保护区划定不合理的，科学合理划定和调整饮用水水源保护区；对石门岭水库等14处规划新建水源地及清河输水河道等3条输水河道，结合水源地工程建设，同步完成饮用水水源保护区划定和水源地保护工作。深入推进饮用水水源地保护规范化建设，针对铁甲水库、南城子水库等79处隔离设施不完善的水源地，在保护区边界建设物理隔离836km、生物隔离设施3.7km^2，设置水源保护界碑界桩、宣传警示牌等。
02 生态清洁小流域建设 以小流域为单元，以山青水净、村美民富、人水和谐为目标，结合美丽乡村建设、农村环境综合整治专项行动、农村水系整治等工作，因地制宜，统一规划，统筹配置沟道治理、生物过滤带、涵养水源、生态修复等措施。
03 生态保护与修复 对铁甲水库、闹得海水库等存在水质污染隐患或存在富营养化风险的19处水源地开展生态护坡护岸、支流河口湿地建设，恢复河道及水库周边湿地生态系统，建设人工湿地或生物隔离带31km^2。对英那河水库、汤河水库等28处水库水源地开展生态修复工程，利用天然低洼地建设人工湿地或植被缓冲带41km^2。对大伙房、观音阁、桓仁、白石、碧流河等重要水库及上游汇水区推进实施山水林田湖草一体化保护和系统治理，加强水源涵养和封山育林，实施历史遗留矿山整治，提升水源涵养和保护能力。

第7节　河湖水系连通与水美乡村建设

河湖水系连通与水美乡村建设具有改善水环境水生态、提升水文化水景观的复合功能。通过重点区域水系连通、生态修复以及水美乡村建设，全面打造美丽河湖，助力万里幸福生态廊道建设和乡村振兴，提高沿岸人民群众获得感、幸福感、安全感，并探索“守绿换金”“添绿增金”“点绿成金”“绿色资本”4种“两山”转化路径和生态修复、生态农业、生态旅游、生态工业、“生态＋”复合产业、生态市场、生态金融、生态补偿8种转化模式在辽宁落地生根，为辽宁经济社会高质量发展提供“水动力”。

依托辽宁省“四干十脉”水网主骨架和大动脉，围绕重点区域城市河湖及平原水系、58个重点县区农村河湖水系，以自然河湖水系为基底，充分利用已有人工渠系，以提升河湖水动力条件、改善河湖生态环境为目标，实施河湖水系连通、水生态修复和水美乡村建设等，建设“动脉、静脉、毛细血管”系统完备、互联互通，集生态保护、防洪排涝、景观人文、农业灌溉等多功能于一体的“4＋9＋58”现代生态水系网络。

5.7.1　“四干”河湖连通补水

推进北线供水、辽中南供水、南线供水、北水润辽等重大水资源配置工程与工程沿线河流、湖库的连通，建设连通通道和生态补水设施，向沿线主要河流生态廊道及城市内河湖实施生态补水，逐步退还被挤占的生态用水和超采的地下水，为复苏沿线河湖生态环境创造条件。重大水资源配置工程河湖连通补水线路见表 5.8。

表 5.8　重大水资源配置工程河湖连通补水线路

重大水资源配置工程	生态补水河湖及涉及区域	实施阶段
北线供水工程	以辽宁东部中源河桓仁水库为主要水源，通过隧洞和管道穿越辽宁北部和西北部地区，连通辽河干流、清河、柴河、寇河、泛河、卧龙湖、大凌河等，采取适当的工程措施向穿越重点河流生态补水	2025 年
辽中南供水工程	以中源河和大伙房水库为主要水源，通过隧洞和管道穿越辽宁中南部和东南沿海区域，采取适当的工程措施向穿越重点河流生态补水	
北线供水工程	北线工程通过隧洞和管道穿越辽宁北部和西北部地区，连通辽河干流、清河、柴河、寇河、泛河、卧龙湖、大凌河等，实施生态流量调度和河湖生态补水，补水量 4.99 亿 m^3；置换沈阳市、阜新市、朝阳市、锦州市、葫芦岛市等城市挤占的河湖生态用水和超采地下水	2025—2035 年
辽中南供水工程	以中源河和大伙房水库为主要水源，通过隧洞和管道穿越辽宁中南部和东南沿海区域，置换沈阳市、辽阳市、鞍山市、营口市、盘锦市、大连市等城市挤占的河湖生态用水和超采地下水	
南线供水工程	以辽东山区河流及大洋河为主要水源，通过隧洞和管道穿越辽东山地，连通英那河、碧流河及大沙河等独流入海河流，实施生态流量调度和生态补水，补水量 2.5 亿 m^3，置换挤占的河湖生态用水和超采地下水	2035 年后
北水润辽工程	以松花江等河流为主要水源，通过隧洞和管道穿越辽宁北部和西北部地区，连通辽河干流、招苏台河、寇河、秀水河、养息牧河、柳河、绕阳河、细河、大凌河等，实施河湖生态补水，补水量 2 亿 m^3；置换辽西北地区挤占的河湖生态用水和超采地下水	

5.7.2 重点区域河湖水系连通与生态修复

依托辽宁省重大水资源配置工程，结合辽宁东南部、中部平原等不同区域的地形地貌特点、河湖空间分布状况和生态保护治理需求，因地制宜实施重点区域水系连通与生态修复工程。规划建设河湖连通通道及修复河长 366.1km，保护和修复河湖湿地 84.2km²。

东南部地区以大连、丹东等两大港口为重点区域城市，以改善城镇内河湖水质及诸多入海短小河流水环境与河口生态为主要目标，加强水资源配置工程与河湖水系的连通，统筹配置外调水、本地水和再生水，实施河湖生态补水、河道生态治理、湿地保护与修复等。

中部平原地区以沈阳、铁岭、抚顺、沈抚示范区、辽阳、营口、盘锦、锦州等八个城镇为重点区域，充分依托区内发达的平原河网和人工渠系，以有效改善辽河水系水质、复苏河湖生态、营造宜居环境为主要目标，加强辽河、浑太河等主要河流与周边河湖水系的连通，实施城市内河湖生态修复，建设湿地公园、亲水平台及景观文化功能性设施，构建生态水网。近期加快推进沈阳都市圈水系连通与生态修复工程、抚顺西露天矿坑生态综合治理，发挥示范带动作用见表 5.9～表 5.11，如图 5.11 所示。

表 5.9　区域河湖水系连通与生态修复工程

01 沈阳市都市圈水系连通与生态修复工程

以辽河干流、浑河、蒲河、北沙河等河流为主骨架，结合沈抚总干、浑南总干—秀匠排干、石佛寺总干、新开河等已有灌排体系，推进平原河网水系互联互通，打造水清岸绿的生态水网体系。对浑河南部地区，加强浑河与拉古河、小沙河、白塔堡河、北沙河等河湖水系的连通，推进河湖生态治理和滨河湿地建设，实施沈抚总干改造提升工程，结合南部污水处理厂尾水人工湿地处理，实施河湖生态补水。对浑河北部地区，改扩建浑河与细河、浑河与蒲河的连通工程，建设棋盘山水库补水工程、石佛寺水库与左岸汇水河流的水系连通工程，结合城区污水处理厂尾水人工湿地处理，实施城市河湖生态综合治理、湿地修复与生态补水、水文化水景观提升等工程。建设连通通道180km，河湖湿地修复3.5万亩，中心城区水面率提高到5%以上。

02 抚顺市西露天矿坑生态综合治理

与抚顺资源枯竭型城市创新转型发展充分衔接，推进西露天矿抽水蓄能电站建设，实施浑河—西露天矿—古城子河的水系连通工程，开展矿坑边坡生态修复、地质灾害治理、周边植被绿化和文化景观建设，强化矿坑排水净化处理，建设科普和旅游配套设施，改善区域人居环境，激发城市生态活力，彰显煤炭工业文化特色，打造具有生态保护、文化传承、地质科普、休闲旅游、产业发展等综合功能的矿坑遗址文化主题公园。

03 大连市八河生态治理与连通补水工程

结合南线供水工程等重大水资源配置工程，统筹外调水、本地水和再生水，重点对英那河、碧流河、复州河、湖里河、庄河、大沙河、登沙河、浮渡河等八条河流及河口湿地实施生态保护和综合治理，加强河湖水系连通补水，推进城镇污水资源化利用，实施河湖生态流量调度管理，改善和恢复独流入海河流水生态环境。建设城区净化湿地1.5万亩。

04 丹东及东港城区河流水系连通与生态修复工程

建设连河与丹东大沙河、五道河、花园河等城市内河的连通补水工程，利用已有灌排体系建设汤池河与东港城区河湖水系的连通工程，推进控源截污、河道清淤和生态综合治理，实施河湖生态补水与生态堤防改造，因地制宜建设亲水平台和滨河湿地，改善丹东、东港城区的水生态环境。建设连通通道10km，净化湿地0.7万亩。

05 铁岭市柴河—泛河水系连通工程

建设柴河与泛河的水系连通工程，改扩建柴河灌渠，扩建莲花湖湿地，开展河渠生态治理和景观建设。建设连通通道15km，城区净化湿地4500亩。

06 辽阳市水系连通工程

建设太子河与辽阳城区护城河、兵马河的连通工程，改善辽阳老城区内河湖水动力条件和水环境；结合灯塔灌渠实施太子河与北沙河水系的连通工程，向沿线戈西河、马峰河等河流及北沙河进行生态补水，助力水美乡村建设。建设连通通道117.8km，城区净化湿地2.4万亩。

07 营口市水系连通工程

以大辽河为主要水源，充分利用已有灌排体系，因地制宜建设平原调蓄水库和河湖水系连通工程，因地制宜建设湿地景观公园，实施造纸厂水库扩容改造，实施劳动河、虎丘河、老边河、民兴河等河湖生态补水和生态综合治理。建设连通通道35km，城区净化湿地1.2万亩。

08 盘锦市水系连通工程

以辽河、大辽河为骨干，改扩建现有灌排渠系，建设盘锦老城区新开河—螃蟹河水系连通工程、盘锦新城区平原河网水系连通工程，实施河口芦苇湿地生态补水，打造互联互通、调控有序、生态良好的平原生态水网，建设城区净化湿地2.1万亩。

09 锦州市水系连通工程

以小凌河、女儿河为主要水源，建设锦凌水库—头道河水系连通工程，加强女儿河河道生态治理，提升城区河湖水循环条件和生态环境。建设连通通道8.3km，城区净化湿地0.8万亩。

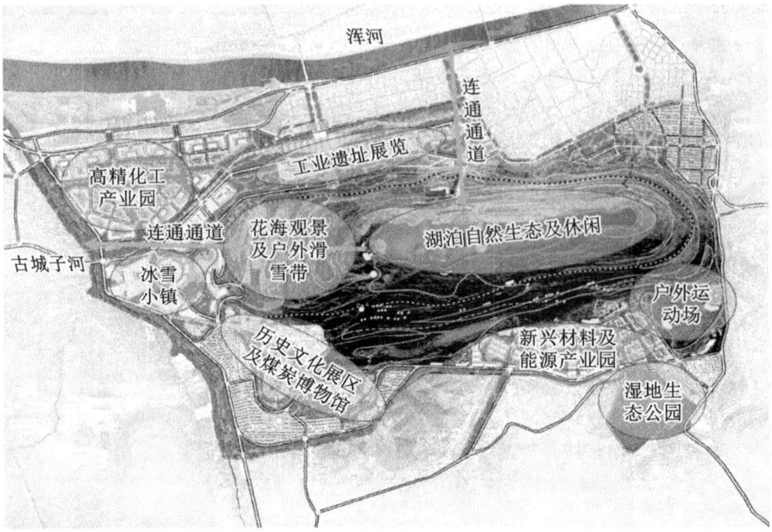

图 5.11 抚顺西露天矿坑生态综合治理布局

5.7.3 水美乡村建设

结合乡村振兴战略，以县域为单元，以河流为脉络，以乡镇或村庄为节点，集中连片统筹推进，水域岸线协同治理，通过实施水系连通、河道清障、清淤疏浚、岸坡整治、湿地建设、水土流失综合治理、水景观水文化建设等措施，着力恢复农村河湖功能、修复河道空间形态、改善河湖水生态环境，建设河畅、水清、岸绿、景美的水美乡村。

14 个地市涉及农村地区的县（区、市）及沈抚改革创新示范区涉及的农村地区，共规划 58 个水美乡村建设项目区。到 2035 年，完成 31 个项目区建设，2035—2050 年完成其他 23 个项目区建设，见表 5.10。

表 5.10　水美乡村建设项目区分布表

地级市	项目区（县、区、市）	数量/个
沈阳市	康平县、法库县、新民市、辽中区、苏家屯区	5
大连市	庄河市、金州区、普兰店区、瓦房店市	4
鞍山市	海城市、台安县、千山区、岫岩县	4
抚顺市	清原县、新宾县、抚顺县、顺城区、东洲区	5
本溪市	南芬区、桓仁县、本溪县、溪湖区	4
丹东市	东港市、振安区、凤城市、宽甸县	4
锦州市	凌海市、北镇市、义县、黑山县	4
营口市	盖州市、鲅鱼圈区、大石桥市	3
阜新市	彰武县、阜蒙县	2
辽阳市	灯塔市、辽阳县、太子河区、弓长岭区	4
盘锦市	盘山县、大洼区	2
铁岭市	调兵山市、西丰县、清河区、铁岭县、昌图县、开原市	6

续表

地级市	项目区（县、区、市）	数量/个
朝阳市	喀左县、朝阳县、建平县、凌源市、北票市	5
葫芦岛市	建昌县、绥中县、兴城市、连山区、南票区	5
沈抚改革创新示范区		1
合计		58

表5.11　水美乡村建设内容

01 水系连通工程建设 通过实施河湖水系连通工程，整治断头河，打通“毛细血管”，实施横向与纵向连通等措施，逐步恢复河湖、湿地等自然连通。
02 河道清障与清淤疏浚 集中开展“四乱”整治，妥善处置清除的废弃物及垃圾，实施河湖清淤疏浚，提高河湖行洪排涝能力，改善水环境。
03 岸坡整治与湿地建设 结合防洪提升工程实施，推进生态护岸护坡和植被隔离带建设，因地制宜建设生态蓄水湿地，改善水环境。
04 水土流失综合治理 采取封育保护、抚育补植、建设水源涵养林和生态保护林，推进小流域综合治理、坡耕地改造等，增加水源涵养与水土保持能力。
05 水景观与水文化建设 挖掘地方特有水文化，推进滨河生态景观和人文景观建设与乡村基础设施建设相融合。推动历史文化村落小微水系保护与整治，以水为脉串联起美丽乡村和美丽田园，建设水美乡村示范村。
06 河湖管护 以河湖长制为依托，完善农村河湖日常管护机制。加强农村河湖水系空间管控，明确河湖管理保护范围，严控河湖空间侵占。

第8节　地下水保护与治理

把地下水资源作为辽宁省重要的生态资源和环境要素，控制地下水开发利用强度，因地制宜推进地下水回补，实施地下水超采区综合治理，全面加强地下水涵养与保护，实现水资源的可持续利用。

5.8.1　加强地下水超采区综合治理

辽宁省自20世纪70年代起大规模集中开采地下水，浅层地下水超采区主要集中分布于沈阳市、阜新市、锦州市城镇范围内，深层承压水开采区主要分布在辽河油田。

根据辽宁省目前地下水超采状况以及流域和区域水资源配置方案，规划到2035年，地下水年均开采量控制在48.5亿m^3，其中到2025年，辽宁省压减地下水开采量2.3亿m^3，实现采补平衡。考虑到对地下水资源进行从严管理以应对气候变化和特殊干旱的需要，按照协调好地表水与地下水的开发利用，既充分发挥地下水的作用，又保护好地下水的原则，重点在浅层地下水超采的流域进行地下水压减，制定压采限采方案。

5.8.2 加强地下水涵养保护

到2035年，超采区或接近超采的地区、生态敏感地区以及抗旱水源地的地下水得到修复与涵养。通过压减超采地区的地下水开采量，统筹调配流域和区域水资源，优化地下水开采布局，强化地下水生态环境休养生息，使得超采区水位得到一定程度恢复，地下水污染风险得到有效防范，地下水应急和抗旱能力得到恢复和提升。

5.8.3 防治海水入侵

针对沿海城市不同程度存在因地下水超采引起的海水入侵问题，各市应加大封闭地下水取水工程范围和力度，加强对封闭地下水取水工程的管理，落实封闭地下水取水工程目标考核制和问责制。发挥社会公众的监督作用，严厉打击非法开采地下水行为。

第6章　高品质水文化景观网

第1节　基本思路与格局

6.1.1　基本思路

以水为纽带，把握新时代东北全面振兴、全方位振兴的历史机遇，结合辽宁“五水统筹”综合治理新体系，以水文化软实力提升、精品水文化工程建设为抓手，将水文化魅力转化为经济动力，打造留住乡愁、共享美好、高质量发展的生态活力滨水空间，引领高品质生活，提升辽宁人民的获得感、幸福感、安全感。

6.1.2　总体格局

依托辽宁省大江大河干流，构筑主干廊道，串联沿线各类自然生态、历史文化资源点和重要的城市功能区，差异化营造特色主题，构建“一轴引领、一带驱动、多点缀城、片区联动”的水文化景观空间格局。

（1）一轴引领。以辽河干流生态轴为引领。

（2）一带驱动。以大连为龙头，构建辽宁沿海活力经济带，深化与京津冀地区沟通对接。

（3）多点缀城。以水库、湿地、湖泊、水利风景区等建设为抓手，形成多个特色景观节点，点缀在辽宁水网中，形成“串珠状”空间格局，尽享“大珠小珠落玉盘”的诗意境界。

（4）片区联动。以沈阳、大连为龙头，按照“一地一品”的原则，组团式发展形成“辽东、辽南、辽中北、辽西”四大片区互联互动式发展格局。

第2节　提升水文化软实力

以辽宁人民的治水实践为载体，通过水文化遗产挖掘与保护、水文化传承与发展，全面提升辽宁水文化软实力，传承文化内涵，增强文化自信，推进文化赋能。

6.2.1　水文化遗产挖掘与保护

辽宁省文化底蕴深厚、辽河文明繁盛，全方位开展水文化遗产挖掘与保护工作分为四个方面，包括重现水文化价值，建立水文化遗产信息管理系统，物质文化遗产保护和非物质文化遗产保护。

（1）部门联动，有效保护、活化重现水文化遗产价值。挖掘辽宁省内优秀水文化遗产，深入挖掘和积极推进“红山文化”“辽河文化”等优势资源的历史价值。水文化遗产由物质文化遗产、非物质文化遗产及周边历史风貌组成，需要多部门联动，共同保护水文化遗产的载体、伴生文化与周边环境。水利部门可联动文物、住房城乡建设等部门，确定文化遗产的保护范围与要求，完善健全保护体系，对于水文化遗产范围内的历史建筑、构筑物等进行保护与修缮工作；开展非遗普查、登记与保护、传播工作；对水文化遗产周边的历史村镇进行普查，划定水文化遗产的保护与控制范围，保护水文化遗产的历史风貌。

（2）建立水文化遗产信息管理系统，对辽宁省水文化遗产进行系统整理和登记造册。通过普查工作，对辽宁省与水相关的遗产进行逐一摸查，建立完整的水文化遗产档案，录入水文化遗产信息管理系统。普查对象包括但不限于古闸、古堰、古渠、古河道等古代水利设施，以及与水联系紧密的古桥、古井、古渡口、古塔、庙宇、祠堂、与水共生的古镇与古村落等。普查内容包括水文化遗产的地点、规模数量、遗产特征、所属年代及保存环境等情况。建立水文化遗产信息管理系统，数字化保存文化遗存资料，纳入“一张网”管理，方便保护与管理工作全面系统开展。

（3）加强物质文化遗产保护，重现辽宁历史悠久的水文脉。对水文化遗产分类分项进行保护修复，具体保护对象包括历史上建设的水利工程设施、水文化遗产建筑等。对具有历史文化底蕴的水利工程源流、江河历代整治情况等进行梳理考证，总结治水思想理念、治水经验。

（4）加大非物质文化遗产保护力度，以活态的文化遗产展现辽宁独特的水文化底蕴。水利部门可联动其他相关部门，开展与水文化相关的非遗普查和保护工作，对水利工程、设施所在地周边的历史名人、传说、民俗等进行登记与保护。通过加强基础能力保障、开展水文化相关非物质文化遗产的保护与弘扬工作，并通过节庆活动加以展示，以活态的文化遗产展现辽宁深厚的水文化底蕴。

6.2.2　水文化内涵传承与发展

加强辽宁中部城市群文化，大连、丹东沿海沿江文化，以及辽西特色文化建设，提升区域水文化影响力。通过建立水文化教育基地与宣传平台、开展水文化研究交流、策划水文化品牌活动等三个方向的努力，推动辽宁省各地市广大人民群众积极参与水文化建设活动，广泛传播先进水文化价值，全面提升辽宁水文化在全国的影响力。

（1）建设辽宁省水文化教育基地与宣传平台。一是深入挖掘辽宁省14个地市的水资源价值，依托水利风景区、城市河湖、湿地、水文化公园、水景广场等，建设辽宁水利枢纽文化基地、爱国主义教育和水工程主题特色等水文化基地，面向相关单位开设水文化培训课程，提高水利队伍的水文化自信；面向社会群众进行节水、爱水、护水、亲水教育，通过讲座、报告、活动等多种途径，充分发挥水文化基地的教育、休闲、环境保护等功能。二是传统媒体和新媒体相结合，以主题宣传活动为抓手，搭建辽宁水文化宣传平台。发挥广播、电视和水利部门公报、简报、报纸、期刊、水利志、展览等传统媒体，以及微博、微信、手机报等新媒体的作用，丰富水文化宣传内容与形式，努力构建辽宁水文化互联网公共服务平台，着力提升宣传效果，大力营造惜水、知水、爱水、兴水的良好氛围。

（2）开展水文化研究与交流。一是开展水文化理论研究，凝聚科研单位、设计单位、大专院校、社会团体等多方力量，开展辽宁省水文化解读工程，加强对治水历史、治水理念、治水方略、治水措施等的研究与交流，从中提炼科学的文化内核，形成一批水文化研究成果，为未来辽宁省水生态治理提供有益借鉴。二是开展水文化艺术交流，定期开展文学艺术创作活动，鼓励辽宁省文学、书法、绘画等协会开展水文化主题创作并策划展览，传播辽宁水文化，提升影响力；以辽宁水利遗产、治水人物及故事等为主题进行微视频大赛或公益海报，扩大影响力，推动辽宁省水文化艺术发展走向全国。

(3) 策划水文化品牌活动。一是结合传统民俗庆典，策划水文化品牌活动。如冰雪艺术节、辽河赏花灯、蒲河赛龙舟、逛庙会等。二是依托大河大湖，结合演艺表演，组织艺术节、健身比赛等大型活动。如卧龙湖赏荷音乐节，沈阳马拉松等。三是策划开展市级、省级、国家级多层次多类型的水上运动赛事，如每年可举办一次水利行业内部的游泳比赛、竞技钓鱼赛、趣味水上运动赛、皮划艇锦标赛等赛事。

第3节　建设精品水文化工程

依托辽宁深厚的历史文化遗存和丰富的自然景观资源，以河流水系、区域水系连通与生态修复工程、水美乡村建设、水利风景区、其他水文化景观规划工程为建设载体，把文化元素融入到水利工程规划设计中，大力提升水利工程的内涵和品位，打造一批代表辽宁水利行业形象、具有辽宁地域特色的精品水文化工程，助推辽宁高质量发展，满足人民群众日益增长的美好生活需求。多措并举推进189项精品水文化工程重点项目和一揽子计划，规划新增河流水系景观36处、区域水系连通与生态修复项目水文化景观提升工程10处、水美乡村水文化景观提升工程58处、水利风景区建设39处、其他水文化景观规划工程49个，构建水利工程与自然环境和谐统一，集人文性、观赏性、休闲性于一体的水文化景观网。

6.3.1　辽宁水文化的特点、内容和价值

位于辽宁省的水系，有辽河水系（辽河、老哈河、东辽河、清河、柳河、绕阳河、浑河、太子河等）、辽东湾西部水系（大凌河、小凌河等）、辽东沿黄海水系（大洋河等）、鸭绿江水系（鸭绿江、浑江、爱河等）、松花江水系（辉发河等）、滦河水系（青龙河等）。辽宁是临海的省份，面临黄海和渤海有超过2000km的海岸线。辽宁的湖泊，有沈阳西湖、黑山县莲花湖、本溪市东风湖、康平县卧龙湖等。辽宁省泉水资源丰富，尤其是温泉，更是闻名遐迩，其中著名的有兴城温泉、鞍山汤岗子温泉、凤城东汤镇温泉、丹东五龙背温泉、本溪汤沟温泉、旅顺老铁山温泉、辽阳汤河温泉、瓦房店龙门温泉等。

辽宁省丰富的水资源，养育了辽沈大地4200万儿女，不仅在灌溉、饮用等民生保障、经济发展中居功至伟，而且是确认文明起源、见证悠久历史、弘扬传统文化、彰显文艺审美的恢弘载体。

6.3.1.1　辽河文明是中华文明的重要发掘地

辽宁省诸水系孕育了辽宁的早期文明，为中华文明起源的“多中心说”提供有力证据。如果说辽宁的早期文明是孩子，河流就是哺育他的乳汁。金牛山古人类遗址位于辽宁省中南部、辽河下游左岸的营口大石桥市永安镇西田屯村，是中国东北地区最早的一处旧石器时代遗址。经测定，“金牛山人”距今约28万年，其形态比北京人进步，脑容量大于同时期的猿人。这个发现具有重大价值，一是与元谋人（早期直立人）、北京人（晚期直

立人）构成了人类进化史上三个连续发展的阶段，比非洲最早的人类骨骼化石（1967 年在埃塞俄比亚西南部奥莫河附近出土的“奥莫 1”“奥莫 2”，距今 19.5 万年），要早近 10 万年；二是成为“最早的辽宁人”，遗址中发现的成年男性化石，约 20～22 岁，体格矫健，处于直立人向早期智人过渡的阶段。

新乐遗址是古浑河岸边人类生活遗存的见证。“新乐遗址下层的树轮校正年代距今 7245＋165 年，中层遗迹距今 5000 年，新乐上层遗迹属于青铜时代，距今 3000～4000 年。”“新乐遗址的发现，与长江、黄河流域发现的西安半坡、河北磁山、河南裴李岗、浙江河姆渡、山东大汶口文化等同样重要。它与辽河流域的其他重要遗址一同证明了辽河流域在新石器时代已有人类活动，并创造了全新的文化。而辽河流域众多史前遗迹的发现，证明了辽河流域同样孕育了早期的文明与文化，辽河流域与长江流域、黄河流域一样，同为中华民族文明的摇篮，新乐遗址的发现，则再次验证了中华文化多点起源这一重要命题。”

红山文化，距今 6500 年到 5000 年间，大致范围在燕山以北、大凌河与西辽河上游。近年来象征中华 5000 年文明的考古证据在辽河流域被发现，证明中华文明起源不是一个中心而是多中心，包括辽河流域在内的燕山南北长城地带也是中华文明的发祥地之一，而且红山文化也是中华文明起源的重要标志之一。著名考古学家苏秉琦先生经研究认为，红山文化在中国文明起源过程中处于“先走一步”的前导地位。

此外，朝阳市喀左县水泉乡鸽子洞遗址，地点位于紧贴在大凌河沿岸的悬崖峭壁上，是旧石器时代的古人类生活遗址，距今 10 多万年。海城仙人洞遗址位于孤山镇，地处辽河下游，为旧石器时代晚期和新石器时代早期的古人类生活遗址，距今 4 万～2 万年，出土的 3 件骨针是世界上最古老的骨针，采用对钻方法钻出针眼，比北京山顶洞人（距今 3.4 万～1.6 万年之间）的骨针工艺更先进，在中国旧石器时代考古中占有重要地位。后洼遗址位于丹东东港市马家店镇，在鸭绿江入海口处，其下层文化距今 6000 年以上，出土的龙虎石雕，成为中华“龙虎文化”的源头，为中华文明起源的多元化提供了重要实证。

6.3.1.2　辽河水文化是辽宁历史文化的重要组成部分

辽宁省诸水系与东北地区的历史紧密相联，辽宁省的河、湖、海、泉是许多历史事件的见证者，因此，辽宁省的水资源也是辽宁历史文化资源的一部分。以喀左为中心的辽西大小凌河流域，在商末周初是孤竹国的疆域（据当代学者考证，孤竹国在商代已经出现，商末由河北卢龙、迁安等地迁至辽西）。孤竹国二君子伯夷、叔齐，是中国历史上的著名人物。据《史记·伯夷列传》记载，孤竹国君遗命立三子叔齐为君。孤竹君死后，叔齐让位给长兄伯夷，伯夷不受，叔齐坚持不能继位。伯夷、叔齐出于道义，先后离开孤竹国，前往周国，国人只好立其中子为君。夷齐途中遇到周武王伐纣，二人扣马谏阻。武王灭商后，他们耻食周粟，采薇而食，饿死于首阳山。伯夷、叔齐兄弟相让、耻食周粟，在历史中产生了广泛的影响。著名思想家、史学家、文人、学者、艺术家、帝王将相纷纷以各种形式褒扬、歌颂他们。孔子、孟子、墨子、管子、韩非子、庄子、屈原、司马迁、韩愈等思想家，对伯夷、叔齐都有高度评价。屈原、陶渊明、李白、杜甫、白居易、范仲淹、司马光、文天祥、刘基、顾炎武等文学家都有传世佳作赞美夷齐。如元世祖、明宪宗、清圣祖、清高宗、清仁宗都曾到夷齐庙祭祀，或颁以祭文，或题写诗篇，表达对夷齐的崇敬之情。伯夷、叔齐的思想行为体现了仁、义、孝、悌、忠等传统道德标准，是儒家理想人格的典型代表，无怪乎我国第一部纪传体史书《史记》将《伯夷列传》作为人物列传的首篇。伯夷、叔齐在中国历史已经成为重要的文化符号，也为其故国“孤竹国”增添了光彩。虽然对夷齐历史的记载没有提到大小凌河，但夷齐曾生活于这两条河的水畔，是大小凌河（当年自有古名）养育的杰出人物，是无可争议的。

太子河在先秦时期名为“衍水”，战国时在燕国境内。衍水易名为太子河，是因为燕太子丹曾在此避难。据《史记·刺客列传》记载，战国末年，秦国麾兵东向，燕国岌岌可危，燕太子丹迫于形势，派刺客荆轲刺杀秦王嬴政，失败后，秦王大怒，派重兵伐燕。燕王喜和太子丹率精兵退守辽东。燕王喜误信代王的计谋，将隐匿在衍水中的太子丹杀害，“欲献之秦”。但秦国仍未停止进攻，五年后灭掉了燕国。荆轲刺秦王的故事，是中国历史最富于传奇色彩的故事之一，司马迁的如椽大笔，将荆轲、秦王、高渐离、秦舞阳和燕太子丹的形象塑造得栩栩如生。荆轲刺秦王在中国历史上一直是正义抗击暴政的正面形象。司马迁认为，荆轲虽然举事未成，仍可视为真正的英雄。他说：“自曹沫至荆轲五人，此其义或成或不成，然其立意较然，明也。不欺其志，名垂后世，岂妄也哉!”其后历朝如阮瑀、左思、陶渊明、骆宾王、王昌龄、司马贞、柳宗元、贾岛、张耒、苏轼、陆游、刘克庄、高斯得、钱谦益都为荆轲写出赞颂的诗篇。

在绥中波涛汹涌的渤海湾中，有三块礁石突出海面，高者似碑，低者似坟，相传这就是孟姜女投海葬身之处，称之为姜女坟。关于孟姜女的传说记述颇多，简而言之，秦始皇时，孟姜女的丈夫被征筑长城，她万里寻夫，送寒衣至此得知其夫已劳瘁身亡，遂痛哭不止，长城为之倾圮，她亦投海而死。姜女坟之说是虚构的，但海中礁石乃是秦皇汉武以及后来的魏武帝、唐太宗一再谈到的“碣石”。碣石位于辽宁省绥中县址锚沟海面。近年考古发现，在碣石岸边 25km^2 的范围内找到了规模宏大的秦汉行宫遗址，并出土了大量文物，证明其为碣石宫与汉武帝之观海台。公元 207 年，魏武帝曹操北征乌桓凯旋班师途中曾登临碣石，留下了千古绝唱《观沧海》：“东临碣石，以观沧海。水何澹澹，山岛竦峙。树木丛生，百草丰茂。秋风萧瑟，洪波涌起。日月之行，若出其中。星汉灿烂，若出其里。幸甚至哉，歌以咏志。”碣石，是辽宁历史中的宝贵财富。

依托辽河而命名的辽海地区，由于远离中原并处于游牧与农耕的交界地带，不止一次成为割据政权的所在地，多次发生政权更迭，战争也较频繁。三国时辽东割据政权军阀公孙渊于魏景初元年（237 年）自立为燕王，于次年被司马懿征讨并消灭。在这一战争中，辽河水因雨暴涨，司马懿得以将运输船从辽河口直驶到公孙渊据守的辽隧城下，取得战争胜利。东晋元兴元年（402 年），辽东各郡为高句丽所占有。二百余年后，隋炀帝杨广从大业八年（612 年）到大业十年（614 年）对高句丽进行了三次战争，其中辽河两岸便是主战场。辽河在夏秋之交会因雨季而暴涨，沿河两岸形成宽达几十里的沼泽地，这是当时交战双方均极为重视的自然特点，也影响了战争的进程。隋炀帝未取得战争胜利，反因财竭民怨、内乱外叛导致隋朝的灭亡。唐贞观十九年（645 年），唐太宗率军东征高句丽，唐将李勣渡辽水于通定（今新民西北），张俭渡辽水抵达建安城（今盖州东北），张亮等率舟师渡海袭占卑沙城（今大连市金州区东大黑山），随又分遣总管丘孝忠等指向鸭绿水

(今鸭绿江)。太宗本人渡过辽水，撤桥以坚军心，并亲领精兵围辽东城，取得战争胜利。在这场征辽东的战争中，普通一兵薛礼（字仁贵）因为作战英勇而名声大振，得到唐太宗的重用，从此开启了富有传奇色彩的戎马生涯。唐高宗显庆二年（657 年），已成为高级将领的薛仁贵率军与高句丽大战于沈阳东浑河上的“贵端城”（今抚顺北），斩敌两千余。乾封元年（666 年），薛仁贵再次参与征高丽之役。乾封二年（667 年）九月，薛仁贵攻陷南苏（今辽宁抚顺东苏子河与浑河交流处）、木底（今辽宁新宾西木奇镇）、苍岩（今吉林集安西境）三城，取得关键性的胜利。薛仁贵的故事在民间广为流传。元代戏剧家张国宾写有《薛仁贵衣锦还乡》杂剧，清代无名氏著有通俗小说《薛仁贵征东》。其影视形象出现在《薛仁贵征东》(1985 年)、《薛仁贵传奇》(2006 年）等 12 部电视剧中。

明代后期，建州女真在东北日渐兴起。努尔哈赤于万历四十四年（1616 年）在赫图阿拉（今抚顺市新宾满族自治县）建立后金政权。两年后，努尔哈赤起兵向明朝宣战，很快控制了辽东地区。1621 年迁都辽阳，开始修建东京城。仅仅四年之后，努尔哈赤便提出迁都沈阳。当时有很多大臣以“岁荒食匮，又兴大役，恐烦苦我国”为由表示反对，努尔哈赤答道：“沈阳形胜之地，西征明，由都尔鼻（今彰武）渡辽河，路直且近。北征蒙古，二三日可至。南征朝鲜，可由清河路以进。且于浑河、苏克苏浒河之上流伐木，顺流下，以之治宫室，为薪，不可胜用也。时而出猎，山近兽多，河中水族亦可捕而取之。朕筹此熟矣，汝等宁不计及耶!”遂力排众议，下令迁都。由此可见，努尔哈赤选择迁都沈阳，是他看中了沈阳周边自然环境的优越，尤其是河流的交通发达、资源丰富。由于后金这一新兴政权要同时与明朝、蒙古、朝鲜产生接触、交往，也要取得保障女真人渔猎生活的充分资源，处于辽河、浑河、清河、苏克苏浒河之间的沈阳，便从此取得了战略中心的重要地位，成为后金的国都。除定都选址之外，后金对明作战的两次重大战役——萨尔浒之战（1619 年）和大凌河之战（1631 年)，也是依托辽宁的河流而发生的。前者萨尔浒位于辽河支流浑河中上游（今抚顺东大伙房水库附近），后者位于大凌河城（即今凌海市)。前者以优势兵力各个击破，以少胜多；后者采用围城打援的战术，是我国古代军事史中的著名战役，为一个新兴王朝的崛起奠定了基础。定鼎中原后，清代康熙、乾隆、嘉庆、道光等四代君主（包括皇子时期的雍正）前后十次东巡盛京，祭拜祖陵，每遇山川古迹，光景流连，常常赋诗抒情，同时纪录沿途见闻。诸如辽河、句骊河、永安桥、大凌河、小凌河，都是他们反复吟咏的对象。乾隆时期，致祭浑河、巨流河、太子河等的《神庙文》，也反映了古代水文化的观念、信仰，其中对各河源头、流向、入海口的描述，也体现出当时水利研究的成果。

永安桥的修建，记录着明清之际历史的沧桑。永安桥在沈阳市西郊，横跨于蒲河之上。早在明清争战之际，盛京至广宁（北镇）之间，向来低洼泥泞，行旅艰难。努尔哈赤定都沈阳后，即命修叠道，于皇太极崇德六年（1641 年）又建永安桥。自是军行无阻，是清初西进山海关的重要交通要道。后来乾隆皇帝东巡，在这里数次题诗，其中一首记录了这段历史：“向多沮洳盛京西，百二里修道似堤。更建坦行永安约，遂教直接广宁蹊。当年师旅资挞伐，此日农商受福禔。有举胥为奕世计，经过惟亹继绳兮。”此诗文字艰涩与直白相杂，又有些佶屈聱牙，但作为珍贵的历史文献记录在蒲河上修建永安桥的必要性和重要性，自有其价值。

铁岭市下辖县级市开原的清河水库碧波荡漾，而它的淹没区中的一部分，曾是明清历史上著名的流放地——尚阳堡。尚阳堡地处辽河入塞大拐弯处的平原地区，位于长白山系哈达岭余脉与辽东丘陵的过渡地带之中。明代这里称靖安堡，清初改称尚阳堡，从1633年开始，此地成为“免死人犯”的流放之地。清朝数百位或触犯文字狱、或直言上谏、或被陷害的大臣、文人被流放到此，如湖广道御史、巡按四川的郝浴，吏部侍郎董国祥，礼部给事中季开生，河南主考官丁澎，翰林院编修陈梦雷等。大批“流人”携家眷来到这里，不但使这里增加了人口，还带来了中原的先进文化和生产技术，为当地文化的形成和发展起到了重要的作用。1958年，政府为根治水患，在清河流域上游建造了总蓄水量可达9.71亿m^3的清河水库，把尚阳堡淹没水底，与之俱存的尚阳堡文化连同它的名字，从此彻底沉寂在水底世界。2012年清河水库除险加固，水位下降，尚阳堡旧址浮出水面，出土了许多文物。2002年从水库中打捞上一块碑石，高1930cm，宽880cm，厚160cm，为《永安寺旧碑记》，碑铭为奉天府府丞李绶于道光七年所撰。此碑阳面中间刻有“续古传今”四个大字，后以此命名。此碑为研究清史、辽宁地方史的重要文物，与其他水下出土的文物共同成为辽河历史文化的见证。

辽宁省的水资源，同时也是红色历史文化资源。在这里，近现代东北人民为抗击外侮、抵抗侵略、争取国家统一，上演了一幕幕悲壮雄浑的大戏：1895年，甲午海战中的英雄丁汝昌、邓世昌、林永升等英勇抗敌、为国捐躯。1910年初春，少年周恩来离开家乡淮安到南京后，随三堂伯父周贻谦乘海轮经上海取道山东、天津，到达营口牛庄，再乘帆船逆辽河北上，来到铁岭马蓬沟渡口上岸，至银冈书院读书。解放战争中，辽宁的河流也是重要战场。1947年，大凌河畔发生了义县西九关台门阻击战，我冀察热辽人民解放军歼俘国民党92军21师达6477名。在大凌河畔，国民党多辆吉普车、汽车在陷入沙滩一动不动，国民党军队只能仓皇逃跑。1949年，新中国成立前夕，中共中央诚邀并护送香港三百多位民主人士北上东北解放区“民主建政、协商建国”，由香港起程，至大连港登陆。1950年10月，中国人民志愿军雄赳赳、气昂昂，跨过鸭绿江，历经两年零9个月，浴血奋战，赢得胜利，赢得了山河无恙、家国安宁。

除了各种史书的记载，来到辽宁的皇帝、官吏、文人也用诗文记录了许多有关辽宁河湖海泉，留下了十分丰富的历史细节。如乾隆皇帝在故宫凤凰楼上眺望“辽水”（当为浑河）：“于今试上高楼望，辽水依然襟带间。”（《登凤凰楼》）他在《盛京土风杂咏十二首》中细致地描述了一种满语称作“威呼”的便携小木船，“刳木为之，水行可载三人，……遇小河港随时可渡”，“利资雨泛与烟航”。清代铁岭诗人魏燮君（1812—?）用细腻生动的笔触描绘了营口作为辽河渡口航船、商旅、物产、生活习俗等。如当时辽河口水浑浊，无法饮用，就有小船专门载来田庄台的井水卖给客人：“买得田庄台上水，小舟供给日烹茶。”（《营川绝句之四》）当时营口商贾云集，四方辐辏，可以尝到南方运来的水果、北方本土的海鲜：“南中风物每先尝，橄榄青青橘柚黄。不及鱼虾是鲜品，海乡风味压江乡。”《营川绝句之五》）这都是辽宁水文化的富贵财富。

6.3.1.3 辽河流域具有山川秀美的自然人文景观

辽宁的水资源具有高度的审美价值，是辽宁雄奇、苍莽、郁秀、阔远的自然环境的重要组成部分，是众多风景名胜不可缺少的元素。自古以来，辽宁境内的水景观、水物产、水建筑、水风俗通过文人墨客的笔端载于诗文，传之不朽。辽宁省会城市沈阳之南为浑河。浑河古称小辽河，历史上曾经是辽河最大的支流，流域范围在辽宁省中东部。它发源于辽宁抚顺市清原县长白山支脉，全长 415 公里，流经抚顺、沈阳、辽阳、鞍山，到盘锦与太子河汇流成大辽河，于营口入渤海。它在沈阳境内全长 172 公里。清代沈阳籍诗人缪公恩（1756—1841）作有七律《浑河》："浊流直拟下昆崙，襟带陪都众水尊。捲地东来山作障，排空西去海为门。声摧雪浪惊雷起，势压风湍阵马奔。多少黄沙埋白骨，谁凭杯酒吊英魂。"诗作气势雄浑，滚滚浊流，地处当时的陪都之南，自当有傲视众水的气象。河水从群山间逶迤而来，朝大海奔涌而去，雪浪之声如雷鸣，风中湍流如同奔马向前。诗人怀念这里曾经发生的争战，怀念那远逝的不知名却曾鲜活的生命，不禁感慨万千……同样的浑河，在浙江人戴梓（1649—1726）眼中，是"好鸟啼芳树，孤云落远汀"，是可以携着酒、在安装篷窗的小船中春游的好地方（《春日泛舟沈水》）。抚顺市西噶布垓位于浑河北岸，在清人张祥河笔下是"山翠扑吟鞭，河光照客鞲"，并且"夹道千条柳，沿溪独木船"，美好得如梦幻一般。

沈阳城东南曾有一条风景绝佳之河，即万泉河，俗名小河沿。河水清涟，珠泉万孔，四时不涸。每至春秋，水草丛生，荷花最盛，又有林荫亭榭之美。如今泉水不流，十分可惜。《盛京通志・山川》载，万泉河又称小沈水，"辽金沈州、元沈阳路、明沈阳中卫，并以此水得名。"当然，沈阳之得名，还有异说。但万泉河作为沈阳重要的游憩，受到许多诗人的关注。清代沈仕临、刘春烺、魏燮君，民国陶明浚等，有"何处春来画最工，万泉入望晓烟笼""万泉河畔引清流，白舫蓝舆作冶游""水光荡漾月珠联，一阵香风扑上船""新蒲细柳水平铺，家近溪山似画图"的诗句，来描绘其景色之美好。

辽河在汉代以前称句骊河，汉代称大辽河，五代以后称辽河。辽河发源于河北省平泉县七老图山脉的光头山，流经河北、内蒙古、吉林、辽宁四省（自治区），全长 1345 公里，注入渤海，流域面积 21.9 万平方公里，是中国七大河流之一。古代辽东、辽西及当代辽宁等地，都是因辽河而得名。西晋诗人傅玄《鼓吹曲征辽东篇》、隋炀帝杨广《纪辽东》、唐太宗李世民《伤辽东战亡》都是中原与辽东割据政权争战的产物，艺术水平一般，但生动地反映出他们在历史现场的真实状态，可供后人以诗证史。唐代诗人王建有《辽东行》、韩翃有《送郭少府入辽》、沈佺期有《古意呈补阙乔知之》等，这些诗人并未到过辽东，对辽水也未能亲见，只是凭书籍及传闻了解辽东及其自然风貌，反映出唐代中原人士对于辽东的基本态度。金代王寂《渡辽》、清代姚元之《大雾渡辽河》《辽河夜雪》等诗作，叙述亲身渡过或欣赏辽河的情况，较为生动、真切。辽河的巨流河段，流经新民市，是自关内进入沈阳的必经之路。康熙皇帝东巡经过此地，见到的是"野岸春芜发，青葱一色齐"（《渡巨流河》）；清人张祥河则在深秋渡过，满目萧然："秋芜明远卡，急溜动危桥。古渡西风紧，灵旗宿雨飘。"（《渡巨流河至老边》）魏燮均感受的则是风高浪急："车马争官渡，风波势正危。晴沙吹岸走，高浪泼船飞。水阔通商舶，潮喧打钓矶。停桡幸登陆，安稳御轮归。"（《大风渡巨流河》）巨流河不同季节、不同天气、不同状况下的不同样貌，在这些诗人笔下得以生动的展现。

大凌河位于辽宁省西部，全长 398 公里，大小支系纵横交错，主脉贯穿辽西，东南汇入渤海，是辽宁省西部最大的河流。古称渝水，汉唐时称白狼水，辽称灵河，金改凌河。

小凌河，隋唐时为彭卢水，辽称小灵河，元代改“灵”为“凌”，后一直沿用此名。明代称锦州附近的河段为“锦水”或“锦川”。小凌河朝阳流段隔松岭山脉，与大凌河并行。汉唐以来，大小凌河与辽河一样，是辽宁乃至东北的代表性河流，甚至成为这一地区的象征。唐代沈佺期《古意呈补阙乔补之》中塑造一位少妇怀念久戍不归的丈夫，就有“白狼河北音书断，丹凤城南秋夜长”的句子。至清代，凌河的形象不再是唐代诗人想象中的遥远荒僻之地，后代诗人开始用亲身见闻来描绘它、赞美它。诗人吞珠笔下“桃花春水大凌河，激石流沙涨碧波”，兼有“连营落日笳声近，回岸风轻柳絮多”的风景（《次大凌河》）。曹雪芹文学创作的支持者敦敏写道：“大凌河过小凌河，浅水沙堤长薜萝。草笠烟蓑薄暮雨，风吹渔艇钓徒多。”（《锦州绝句》）诗人秦桐的《锦州八景·凌河烟雨》也像敦敏一样，在小凌河景致中寻找到无以言表的美：“锦城东畔古凌河，烟雨微茫趣更多。断雁落时迷旧浦，钓船归去湿轻蓑。沿堤细柳输青黛，夹岸春山湿翠螺。对景欲吟犹未就，无端诗句费吟哦。”诗人清格在《塔子沟八景》中描绘凌河春雨初晴之后的景象：“连绵春雨一朝晴，不觉凌河两岸平。波泛桃花流锦浪，洲横杨柳驻啼莺。”（《凌河春涨》）也是一派生机勃勃，令人心驰神往。

太子河位于辽宁省东部，是省内较大河流之一。太子河古称衍水（见上），汉称大梁河，辽称东梁河，明称太子河、代子河，清称太资河，即今之太子河。太子河上游有二源：北太子河源出新宾县南，南太子河源出本溪县东，在北甸附近汇合后，西流本溪市、辽阳市，至海城市附近注入大辽河，长 413km。明代诗人韩承训《太水环带》中提及太子河名称的来历以及河流的气势、风貌：“燕丹昔日避秦兵，衍水今传太子名。渠口远从千涧出，头边近依一川平。斯干自入维熊颂，如带应同白马盟。向晚渡前争利涉，隔林烟雨棹歌行。”《斯干》是《诗经·小雅》的一篇，“斯干”即是指水岸。“如带”的用典，来自于汉高祖白马之盟“使河如带，泰山若厉，国以永宁，爰及苗裔”，也与河水有关。斯干、如带，都是对太子河的赞颂祝福之词。明代中期巡抚辽东的官员王之诰（1512—1590）有《过代子河》一诗，宛如一幅秋水图：“代子津头泛野舫，澄波滉漾见晴光。沙边浴鹭矜毛羽，天外冥鸿厌稻粱。斥堠远传清塞铎，梼丁新架捕鱼梁。湘江两岸秋容胜，争得逃名隐钓乡。”太子河（时称“代子河”）清波荡漾，鸥鸟飞翔，边塞车马铃声清亮，河中渔人筑堰捕鱼，一派祥和宁静，跃然于诗句之间。然而太子河并不永远宁静，清代同光之际的房毓琛《大雨后闻太资河水涨惊作》，就勾画出它大水奔腾、泛滥成灾的模样：“万山约束岂能平，出险奔腾怒作争。浪挟蛟龙遥浸野，人愁鱼鳖近攻城。”诗人对洪水造成的千里疮痍又惊又痛，充满忧虑，体现出强烈的社会责任感。

鸭绿江发源于吉林省长白山南麓，在丹东市东港市附近流入黄海，全长 795km，流域面积 6.19 万 km^2（中国境内流域面积 3.25 万 km^2），拥有浑江、虚川江、秃鲁江等多条支流。作为中国和朝鲜之间的界河，鸭绿江在明代即颇受重视。朱太祖朱元璋曾赋诗：“鸭绿江清界古封，强无诈息乐时雄。逋逃不纳千年课，礼义咸修百世功。汉代可稽明载册，辽征须考照遗踪。情怀造到天心处，水势无波戍不攻。”此诗原载《朝鲜太祖大王实录》，具有明确两国边界的意味。明代中期官员王之诰描绘鸭绿江的风景，并叮嘱镇守边关的官兵维护国境上的安宁：“九连城畔草芊绵，鸭绿津头生暮烟。对面鸟鸣分异域，隔江人语戴同天。皇仁本自无私复，海国从来奉朔虔。吩咐边人慎封守，莫教樵牧扰东田。”（《瞷鸭绿江》）民国张之汉、江明先、李洵的诗句，反映出晚清民国时期鸭绿江上修建的铁路桥以及边境城市安东的风景、建筑（如“折戟沙壖没，飞桥铁轨通”；“泛月斜芦岸，乘风掠铁桥”；“华洋楼阁灯齐上，铜柱消沉劫火寒”；“街巷纵横新旧市，帆樯向背往来舟”等）。诸如“一水凭天堑，千帆落画楹”“船如天上坐，帆入境入飘”“耳边风笛栏前听，眼底云帆镜里看”“鸭江波绿连平野，马岭烟青接远畴”等，则对鸭绿江的美景有充满诗意的描摹。

河流之外，辽宁的湖泊、温泉、海洋及岛屿、桥梁，也成为激发出诗人创作的灵感。先说湖泊。铁岭的鸳鸯湖曾为铁岭八景之一，明陈循《鸳湖泛舟》、清左暐生《鸳鸯湖》足可为其美景增色。再说温泉。兴城和鞍山千山的温泉远近知名，清代张橓《宁远州温泉》、姜希辙《浴金汤温泉》、明代程启充《千山温泉》、徐景羃《千山温泉》把当年温热的感觉留到今天。次说岛屿。兴城的觉华岛是著名的风景区，金代赵秉文《桃花岛回寄王伯宜》、清代和瑛《觉华岛》、朱梦熊《宁远道上遥望觉华桃花二岛》，用文字抒写难忘的记忆；而兴城桃花岛，是明代冯梦龙《东周列国志》中称燕太子丹避难的地方。金代赵秉文在连云岛（盖州市西十五里、大青河口外），记下了“潮落青鱼出，泥深白鸟行”的景象（《连云潮退》）；清代和瑛在小平岛（大连）的烟涛微茫中“放眼无蓬块，澄怀接混茫”。（《小平岛》）复次说桥梁。沈阳西郊、横跨蒲河、建于皇太极崇德六年（1641年）的永安桥，是清初西进山海关的交通要道，也是清帝东巡回到盛京的必由之路，十分著名。清代乾隆皇帝《题永安桥》、常纪《晓过大石桥》、善聪《永安桥见新月有怀》、魏燮君《题永安桥》，到民国陈和中《辽中杂咏·永安桥外夕阳斜》，都体现出这座古桥在历史上的重要性。最后说海洋。从曹操“东临碣石，以观沧海”的雄浑阔大，到清温景葵《金州观海》（大连）、清章朝栻《登大孤山观海》（丹东），辽宁面向大海的诗篇，始终散发着非凡的艺术魅力。

由于地理环境、生产方式、文化特性与中原有别，辽沈地区在古代社会长期被视为“海表”“塞外”。但随着时代的推移、朝代的更迭，东北地区的地位不断提升，与中原文化不断融合，交流不断加深，其山川物产、民风民俗也逐渐得到广泛的认可。这一点从唐代到清代诗人对于辽宁河流的态度、感情的变化中可见一斑。在唐代诗人眼中，辽东是一个遥远、荒寒、落后的地方，是征役戍边者不愿前往的地方。王建《辽东行》写道：“辽东万里辽水曲，古戍无城复无屋，黄云盖地雪作山，不惜黄金买衣服。”他悲叹征人常常有去无回，“宁为草木乡中生，有身不向辽东行。”王建对辽东的想象，在相当漫长的历史时期具有代表性。到了明清，那种“榆关到不可，何况出榆关”（唐代薛能《送友人出塞》）心态，逐渐便发生了变化。明代王之诰乘在华丽的游船上，欣赏辽河风光：“画舫乐新成，牙樯引柔浪。鼓楫泛中流，搴篷凝远望。”，他看到“宿雨润良畴，晴岚起岩嶂”，满心欢欣。（《渡辽河坐新舫中》）清代姚元之在诗中欣赏雪花飘落的辽河：“辽海连天白玉光，朔风西望暮云长。自非天遣清闲日，看雪谁能到沈阳?”（《辽河夜雪》）除了欣赏，很多诗人还将东北的景物与中国其他地方的风景名胜作对比。清代刘春烺认为万泉河畔“六月莲花三月柳，醉人风月似杭州。”（《沈城杂咏》）清代杨宾来到小凌河，看到河水“清澈鉴须眉，曲折游鲂鲤”，发出“谁道若耶溪，烟波胜于此”的感叹。（《小凌河》）清代姚元之于道光元年（1821年）奉使沈阳，见到河水尽解，如同春日，想起江南家乡之水："后所前屯路逦绵，水流如镜柳如烟。幽州莫道荒寒地，眼底江南二月天。"（《出关二日，天气晴明，红日满山，河水尽解，宛有春意，喜志以诗》）而当他体验到宁远（今兴城）的温泉，感觉可以与唐代杨贵妃的华清池媲美："玉池温水觉春生，小院新晴山鸟鸣。可惜太真曾未到，风流便不似华清。"（《浴宁远汤池》）诗人之所以发生这样的转变，一方面说明他们通过切身的体验了解了辽海地区及东北；另一方面也可以说明，辽宁的水资源丰富、高质，具有实用、审美等多重价值。

6.3.1.4 辽河治水史是中华治水史的重要组成部分

辽宁历史上的水利工程、治水理念，是中国文化史的重要组成部分。在治水过程中涌现的杰出人才及其历史功绩，应当被后人永远铭记。据郭松义先生《水利史话》一书介绍，关外东北地区，辽东汉人及白山黑水之间的历代少数民族（肃慎、靺鞨、契丹、女真以及后来的满族等），曾利用一些原始的水利条件，从事农业生产。明朝政府以辽东为基地，向北开设卫所，与诸部头人结好，极盛时，势力曾扩展到黑龙江以北、乌苏里江以东广大地域。当时，明朝政府在辽东搞了不少水利建设，弘治十七年（1504年），曾引浑河支流蒲河水至沈阳，以供城市需要，为此特建永利闸一座；正德时（1506—1521年），山东副使分巡道蔡天祐仿照江南等地的做法，在辽阳滨海地区兴筑圩田数万顷（圩田为围水造田的方法，在低洼地区四周筑堤防水，平时闭闸御水，旱时开闸放水入田，因而旱涝无虑）。因为圩田的水利条件好，能够得到高产，所以当地百姓都很感激他，把开出的田地叫做"蔡公田"。

东北地区农田水利普遍兴修是在清朝末年。据有关人员调查，这与朝鲜人越过鸭绿江和图们江，在边境种植水稻有很大关系。后来汉民也跟着仿效，水田的面积越来越大，修渠引水也更加普遍。到了清末民国初，水田已扩及吉林东部和辽宁的大部分地区。

随着辽东地区军民人户的增多，对辽东主要河道辽河水系的治理也积极开展起来。辽河泥沙含量高，也很容易泛滥。据文献记载，早在辽代圣宗太平十一年（1031年），就提到有大雨河决的事。到了明代以后，治理辽河的事多了起来，嘉靖四年（1525年）和四十二年（1563年），明朝政府曾两次征调军民，开挖人工河渠，疏导辽河河水。清代又进一步筑堤修堰。雍正时，在今新民县境的柳河沟筑堤一道，还在沈阳等城市附近修堤。沿河居民为了防止辽河涨水淹没农田村舍，纷纷组织起来，自发修筑堤坝。有的地方竟连接成100～200里的长堤。直接疏浚河道的事也有不少。嘉庆和道光年间，曾多次疏浚柳河。人们又鉴于辽河下游干道淤积严重，于同治十二年（1873年）和光绪二十年（1894年）两次开掘减河，实行分洪入海。

在辽河治理过程中，被誉为"辽东三才子"之一的刘春烺（1848—1906）表现出的智慧、勇气和坚忍，以及带给后人的福泽，是不应当被遗忘的。刘春烺是奉天府承德县新民厅南齐家窝铺（今属鞍山市台安县桑林子镇）人。他在文学、书法、天文、地理、武器（炮学）方面都有精深造诣，于河道治理也有独到见解。光绪二十年（1894年），辽河泛滥，他在朝廷驻奉天将领左宝贵将军建议下回乡修堤治水，水患得以遏制。次年夏秋之际，辽河发大水，盛京将军依克唐阿传令他提供治水方案。光绪二十二年（1896年）年五月，辽河再发大水，刘春烺呈文《盘山全境商民抗议堵塞冷家口》上报给锦州府，陈述堵塞冷家口的利弊。刘春烺执笔呈政府《请赐筹经费开通碱河呈文》，说明辽河上游的水分流到双台子潮沟后，洪水可直接入海的道理，获得盛京将军的嘉许。光绪二十三年（1897年）七月，刘春烺整治碱河竣工，双台子河由此诞生。刘春烺的治水工程，使台安、辽中、海城、盘山、镇安（黑山）等县由潢潦之区变为沃壤，解除了辽河水患，变害为利，百姓逐步过上丰衣足食的好日子。今天，辽河一带已经成为鱼米之乡，辽宁省重要的商品粮产地，刘春烺当年付出的心血功不可没。

6.3.2 建设辽宁精品水文化工程的构想与建议

辽宁有深厚的历史文化遗存和丰富的自然景观资源，以河流水系、区域水系连通与生态修复工程、水美乡村建设、水利风景区、其他水文化景观规划工程为建设载体，把文化元素融入到水利工程规划设计中，大力提升水利工程的内涵和品位，打造一批代表辽宁水利行业形象、具有辽宁地域特色的精品水文化工程，将是辽宁水利工作的重心之一。

目前，辽宁省水利部门正在规划五大方面的景观提升工程。第一，是河流水系景观提升工程。以辽河干流、浑河、太子河、大凌河、小凌河、碧流河、大洋河、绕阳河、鸭绿江等九条河流为主要提升对象，以“一河一品”为原则，通过河流水系景观工程与多处重点提升段建设，结合城市建设发展需求，有针对性、适度地进行水景观提升，建设各具城市风貌特色的河流景观工程。第二，是区域水系连通与生态修复的水文化景观提升工程。这是对各片区水系及其滨水景观进行优化和调整，以文化景观建设为桥梁，用现代水利工程表现并演绎城市承载的历史文化。第三，是水美乡村水景观提升工程。这是围绕“乡村振兴”战略，以水系整治推动乡村风貌提升，进行村庄环境整治，创建乡村旅游、乡村文创、生态农业等新产业新业态，呈现东北乡村的新风貌、新亮点。第四，是水利风景区建设。依托现有大中型水库、城市河湖湿地等，打造一批集特色水库、自然河湖风光欣赏、城市河湖景观体验、现代农业生态观光科普等多类型多功能水利风景区，提高辽宁水利风景区的影响力和知名度。第五，是东北大运河水文化景观规划工程。以建设东北大运河为契机，建设东北大运河绿色现代航运示范区，实施航道综合整治、航运功能提升、指挥船闸等工程，并结合大江大河风光带规划，配套实施生态修复和景观提升。

这些工程实施后，辽宁省的水景观将在未来15～20年发生巨大的变化。可以预期，辽河口国家公园、浑河沈抚百里画廊、太子河辽阳历史文化风光带、绕阳河诗情画意美妙水廊、鸭绿江边境水脉景观等多处河流水面景观工程，将为辽宁省增添美丽富饶的图景。可以预期，沈阳都市圈生态水网、大连市八河生态治理与连通补水、抚顺市西露天矿坑生态综合治理、丹东及东港城区河流水系连通与生态修复、阜新柳河—绕阳河—养息牧河—细河等区域河湖水系连通、铁岭市柴河—泛河水系连通以及鞍山、锦州、辽阳、营口、盘锦、本溪南芬区、朝阳喀左县的水系连通，将作成为细密的针线，编织美丽辽宁这幅巨大的锦缎。可以预期，通过恢复农村河湖基本功能、提升河湖水环境质量，河畅、水清、岸绿、景美的水美乡村，即将点缀于辽宁大地。可以预期，依托碧流河水库、石佛寺水库、观音阁水库、关门山水库、白石水库等五大水库，卧龙湖国家湿地、桓龙湖国家湿地、辽河河口湿地等三大湿地，以及辽宁省14个地市的水利风景区，“水利＋旅游”的发展格局将使辽宁的水资源变得魅力无穷、活力无限。可以预期，东北大运河的建成会推动“辽河生态经济带”的形成和发展，同时带动辽河三角洲的繁荣。沈阳至营口黄金水道工程、辽宁内河港口群建设工程、辽宁鞍山山河湖海世界级旅游胜地工程、盘锦河海港一体化工程、辽宁造船基地工程等运河水景观，将依托沿线生态湿地、自然景观和现状工业遗存，成为城市发展与现代航运和谐共生的典范。

在实现这些美丽愿景的过程中，水文化理念融入工程计划，必不可少。富于文化内涵的水利工程，不仅可以实现防洪、供水、灌溉、发电等多种目标，还会成为赏心悦目的审美对象、休闲娱乐的物质载体、感悟历史的传承手段、思想理念的宣传方式，它会使民众提高节水意识，了解历代先贤治水的经验，增强对家乡、国家的热爱，也能更加直观、深入地了解当代水利人以辛勤、智慧铸就的功绩，领略他们的人生风采。

本书就辽宁实施精品水文化工程，提出以下 4 点建议：

（1）充分重视水文化所带来的附加价值。建议水利部门及其相关协作单位广泛宣传水利工程中文化内涵的重要性，通过“技术＋美学”“技术＋文史”“技术＋人文关怀”实现水利工程在旅游、生态、民生、经济等方面的综合功能，打造“水美中国”的辽宁范例。

（2）充分重视水利工程的文化内涵和传承。既充分借鉴古今中外水文化遗产，也充分重视本省各种水资源及水资源流经地的文化资源，将水资源工程与一般性水文化及具有地方特色的水文化相结合。正如本章第一节所示，水文化作为物质文化的重要类型，具有悠久的历史、丰富的内涵。这种综合性、普适性的水文化可以为地方性水文化工程提供理论指导，成为其借鉴选择的思想、文献宝库。例如中国古人对于水的哲学思考（老子“上善若水”之类）、对于水的生态文明思想（孟子“数罟不入洿池，鱼鳖不可胜食也”之类）、对于水的文学性感悟（李白“仍怜故乡水，万里送行舟”之类），都可以成为水文化宣传的丰富材料。与此同时，辽宁省内各种水资源的地域文化特色，也必将成为辽宁水利部门在工程设计中关注的重点。如辽宁境内有汉、满、回、蒙、朝等多个民族，在少数民族聚居区的水资源工程就可以适当体现其民族特性。又如辽宁的清文化较为知名，与清代有关的文化元素就可以成为彰显辽宁地方水文化特色的符号。建议省水利部门建立文化专家库，在水利工程设计过程中适当听取参考省内文化专家及地方文化部门的建议和意见。建议形成工作机制，增强水利专家与文史专家、媒体人、艺术家的联系与沟通，在不增加或少量增加水利设施建设成本的前提下，为水利建设提供文化、审美、宣传方面的建议和意见。

（3）充分重视打造独具特色的水文化景观。充分重视辽宁水资源的特点，因地制宜，以丰富的形式打造出与独具特色的水文化景观。我省水资源与我国其他地区尤其是南方地区相比，存在两点不足。其一是水网密度和水资源总量不如南方；其二是文化标志物，尤其是传统文化遗存物，少于南方。第一点不足，属于自然条件，无法改变。第二点不足，有历史原因，是可以补救和克服的。建议河、湖、泉、海的标志性重点地段，建设具有辽宁地域特色的水文化主题建设物，如雕塑、石刻、石碑等。伯夷叔齐、燕太子丹这样影响广泛的历史人物、清代刘春烺等治水英雄，可以用人物雕塑等艺术方式加以纪念和展现。而与辽宁水文化相关的古诗文，可以依内容镌刻在立石或石碑之上，扩大当地水域的文化影响力。我省水资源与南方地区相比，还有一点差异，就是河湖有漫长的冬季封冻期。这一点对于水上航运不利，但对冰雪运动、冰雪旅游、冰雪景观却是有利条件。2021 年 10 月，受国家体育总局冬季运动管理中心委托，国家统计局社情民意调查中心开展了“带动三亿人参与冰雪运动”统计调查。调查数据显示，2015 年北京成功申办冬奥会以来，截至 2021 年 10 月，全国冰雪运动参与人数达到 3.46 亿人。这样的冰雪运动人口基数，在现代化交通日益发达、冰雪运动设施日益完善的当下，具有东北文化特色的冰雪运动，一定会成为辽宁水文化的亮点。

（4）充分重视水文化宣传力度。加大水文化宣传力度，立体交叉，多措并举，“软硬兼施”。所谓“硬”，是通过“硬件工程”进行水文化展示。除前述建议的文化地标外，还可以通过河口湿地、水利博物馆、滨水文化公园、水土保持科技示范园、水利工程遗址、水文化宣教基地、节水科普基地或展示平台等的建设，全面展示辽宁水文化、水历史、水生态、水经济、水科技发展成就。在水文化的展示空间，可采用“声、光、电、影”等多媒体手段，对水文化进行宣传，让更多的人了解水文化，知水、懂水、爱水，多视角展现辽宁人文历史、治水历史、治理保护和建设成就，讲述辽宁的“水故事”，彰显辽宁水利人的工作业绩。所谓“软”，是实施形式多样的展览、比赛、活动等“软性工程”，加强水文化宣传。建议举办水文化主题艺术展览，向大众普及水利知识，介绍辽宁的水文化实物。建议与作协、文联、文旅部门等合作，进行水文化征文活动，举办水文化主题书法展、摄影展、美术作品展。建议邀请全国知名作家来辽宁参观水景观，将其撰写的主题文章结集出版。建议筹拍以“辽宁水文化”为主题的电视纪录片或动漫作品。建议举办微电影、短视频大赛，吸引普通民众关注水文化。建议总结提炼辽宁水文化中的特质、要点，形成精练、易懂、易推广的宣传语，突出辽宁水利文化符号。建议在有重大历史事件发生的水景观、旅游风景区融入水文化因素。如旅游季节排演历史情景剧、歌舞表演（如夷齐故事、燕太子丹故事、薛仁贵故事、萨尔浒故事等），并为游船等旅游设施增加当地文化特色（如按清文化装饰“皇家游船”、太子河游船旅游服务人员穿着战国武士服装等）。

对于辽宁水文化的弘扬，有两点需要特别注意：

（1）保障意识形态安全。自党的十八以来，习近平总书记关于文化、民族、自然资源、生态文明等问题的系列论述，可以成为辽宁水文化建设中的基本遵循。对辽宁来说，民族融合问题、近现代史中的人物和言论、党史中的相关事件，在水文化工程设计实施中，都应认真研究、严格考证、表达准确，以防因疏漏、误解出现思想导向问题。

（2）注重古今中外的文化交融与平衡。在古代与现代、中国与外国、普及与提高等方面达到文化观念的有机融合、适度平衡。首先，在当代社会，如何将传统的水文化进行创造性转化和创新性发展，需要既博古又通今。古代、近现代社会留下的历史记载和文学作品，其思想内涵大多属于中华优秀传统文化，符合当今的社会主义核心价值观。但是，随着时代发展，今人的价值观念与传统观念必然存在某些不同，甚至隔膜、冲突。如何发掘古代水文化的精华，将其契合当代社会心理、具有正面引导作用的特点发扬光大，将不适于当代社会发展、有悖于现代文明的特点进行批判和弱化，需要周密思考、精心策划的。其次，中外水文化都有丰富的成果。近一个多世纪以来的西学东渐，使中国的文化不可避免地融入了西方印迹。在水文化工程中，如何坚持“不忘本来、吸收外来、面向未来”的原则，将中国特色与来自外国的文化因素适度结合，创造出符合本民族、本地区文化心理的水文化设施，也是考验水利工作者的一项课题。无论一味崇洋，乃至创造出被人讥笑的“丑陋建筑”，还是一味复古，乃至将传统社会的某些思想糟粕也加以放大，都是不能“允执其中”的偏差。最后，在宣传水文化的过程中，要注意一般性的常识普及和具有深刻内涵的专业提高相结合。这就要求既尊重大众的接受方式、欣赏习惯，又要有系统、专业的知识内容和思想深度。这就要求水文化工程，在形式上要雅俗共赏、深入浅出，令普通观众“喜闻乐见”，内容则要博大精深、一丝不苟。如水利博物馆中可有沉浸式的影像，可以有观众参与式的情境互动，这种吸引观众的方式，一定要建立在严谨的科学原理基础之上。又如某些水文化标志物，如其文字较为难懂，内涵较为深刻，如果切合实际，也应当加以采用或建设，努力提高当代观众的水文化水平。

总之，辽宁水文化是辽宁省水利事业发展的有机组成部分。水文化的发掘、提升、融合、光大，将充实辽宁水利工程的内涵，也会助力水利事业推进辽宁经济社会发展。我们有义务有责任珍惜大自然和历代先贤留下的宝贵财富，将它们发扬光大，为当代的水利事业和辽宁振兴做出应有的贡献。

第4节 水活经济新模式探索

水美产业、水活经济是通过水来盘活地方经济发展，是对“绿水青山就是金山银山”的最好实践。辽宁空间均衡水网助推辽宁省经济高质量发展，需要稳固水网的防洪、供水、生态功能，在建设高质量河湖生态网、高品质水文化景观网，擘画美丽河湖的基础上，通过政府引导、市场发力、共建共治共享形成高质量发展的滨水经济。依托辽宁省山、水、林、田、湖、草、沙、海兼具的资源禀赋优势和空间均衡水网布局，构建“水文化＋旅游＋产业”“辽宁现代水网＋”新模式，在发挥水美产业的同时，强化文化产业联动、集聚、融合效应，以水带动区域经济社会高质量发展。“水活经济”的开展与水网构建要齐头并进、有序衔接，同时也要以“双碳”战略为引领，共同助力高质量发展。

6.4.1 水经济的概念与内涵

6.4.1.1 水经济的概念

水经济是指围绕水资源、水域岸线空间的开发利用和保护而开展的各类活动，以及与之密切相关的其他活动的总和。从狭义上讲，水经济是指贯彻落实新发展理念，在节约优先、保护优先的前提下，把水资源作为重要生产要素，创造、转化与实现水资源的量、质、温、能的潜在价值。何谓水经济？从水与产业的关联程度，对水产业进行了界定，水经济相关产业涵盖第一、第二、第三产业，其中传统产业包括城乡供水、农业灌溉、水产养殖、水力发电、内河航运等，也包括第二产业中用水量大或对水特性有特殊要求的酒类和软饮料、医用针剂、水电、新兴战略产业等，第三产业中的对水生态环境要求高的旅游业及文创业，也包括水数字经济、水金融等较新概念。现代水经济可以概括为9个方面的特点：经济价值与环境生态价值并重，强调可持续发展，直接效益、间接效益、直接费用、间接费用并重；开发、节约与利用并重，自然资源产权和环境资源产权并重，在水资源配置中政府和市场的作用并重，形成自然资源与环境资源和生态资源在使用上的优化配置机制；形成水资源价值评估体系，注重水资产的保值增值，形成良性循环机制；建立水资源价值核算体系。

6.4.1.2　水经济的内涵

水经济的出发点是以人民为中心的思想。水经济发展是为了更好地满足人民群众对水资源水环境水生态的需求，既要发挥水资源的生态价值，又要打通生态价值与经济价值转化的通道，实现既要绿水青山也要金山银山的目标。

水经济的前提是水资源的可持续利用。水经济把水作为重要生产要素，倡导对水资源的合理开发利用，但应按照水资源可持续利用的理念，既能满足当代经济社会发展需求，又能保证子孙后代发展经济社会需求的水资源利用；同时要遵循可持续利用、区域公平、代际公平、节水优先、以水定需、量水而行等原则。

水经济的目标是实现经济效益的最大化。不论在环保上还是在经济指标上，水经济的发展水平比以往传统的经济发展模式都有很大的提升，在维护良好的水生态环境的同时，以尽可能少的水资源消耗获得尽可能大的经济效益，实现水资源保护与经济发展的双赢。

水经济的实现路径是绿色高质量发展。水经济强调经济的绿色化，要求推广应用绿色技术，加快发展绿色产业；水经济强调高质量发展，要求坚持质量第一、效益优先，加快发展高技术产业和战略性新兴产业，推动产业发展质量水平整体跃升，不断增强经济创新力和竞争力。

6.4.1.3　水资源的经济学特性

（1）系统性。水资源的使用特性构成一个复杂的经济学系统，涉及经济学的供给、需求与市场、市场与政府的关系均衡、边际效用等问题，还涉及包括资源环境经济学、可持续发展经济学等前沿学科和理论，系统性决定水经济理论研究与实践的复杂性。

（2）稀缺性。理论上说，任何资源都具有稀缺性，对于水资源而言，存在现实的稀缺(中国北方的水资源状况)、潜在的稀缺、结构性稀缺和季节性稀缺四种情况。稀缺性为发展水经济提供了基础。

（3）竞争性。表现在同类厂商之间对水资源的竞争性使用和水资源在不同用途之间的竞争性（作为自然资源投入和作为资产、环境资源、生态资源之间的竞争性）。竞争性决定了水资源产权理论与实践研究的必要性。

（4）兼具公共物品和准公共物品的特性。水作为生态环境资源的公共物品特性决定了政府在水经济系统中的地位是不容忽视的。而水作为自然资源和资产的准公共物品特性决定市场机制在水经济中的地位。

6.4.2　水经济的理论基础

6.4.2.1　“两山论”

党的十八大以来，习近平总书记多次论述生态保护与经济发展的关系，提出“既要金山银山，又要绿水青山”“绿水青山就是金山银山”等科学论断，人们习惯称之为“两山论”。党的二十大强调“中国式现代化是人与自然和谐共生的现代化”，“统筹水资源、水环境、水生态治理，推动重要江河湖库生态保护治理，基本消除城市黑臭水体。”“推行草原森林河流湖泊湿地休养生息，实施好长江十年禁渔，健全耕地休耕轮作制度。建立生态产品价值实现机制，完善生态保护补偿制度。加强生物安全管理，防治外来物种侵害。”明确提出“必须牢固树立和践行绿水青山就是金山银山的理念，站在人与自然和谐共生的高度谋划发展”。习近平总书记给建设和守护密云水库乡亲们的重要回信，提出了“再接再厉、善作善成，继续守护好密云水库，为建设美丽北京作出新的贡献”“坚持生态优先、绿色发展，加强生态涵养区建设，健全生态补偿机制，共同守护好祖国的绿水青山”等殷切期望，为密云区工作也为水生态和水经济协调发展指明了方向，提供了根本遵循。高质量绿色发展既是“两山”转化的路径和通道，也是检验“两山”转化成果的标准和答案。当前，水资源已成为我国严重短缺的产品，成了制约环境质量的主要因素，成了经济社会发展面临的严重安全问题。在此大背景下，“两山论”为水经济发展指明了方向，就是要协调好水资源开发利用与经济发展的关系，实现水经济系统整体效益的最大化。

6.4.2.2 产业经济学

根据比较优势理论，不同地区生产同一种商品的机会成本存在差异，假如一个地区在生产某一种商品的机会成本低于其他地区时，那么这个地区在生产该商品上就拥有了比较优势，最终随着时间的推移，生产同一产品的劳动生产率差异越来越大。我国水资源短缺、时空分配不均，在客观上为水资源条件优越的地区发挥水资源的比较优势，推动水经济发展创造了条件。根据产业集群理论，随着经济全球化和区域经济一体化的加深，产业集群已经成为区域经济发展的主要模式、空间形态和产业发展的重要组织形式。近年来，人们逐渐发现，真正具有竞争力的产业，往往都具有很明显的区域和空间特性，高竞争力的产业和企业往往都聚焦在同一优势区域内。浙江淳安依托千岛湖优质水资源，发挥“中国水业基地”的品牌优势，已经成为全国高知名度的水饮料制造基地之一。赤水河流域依托独特的自然环境，诞生了全国60%的名酒。因此，水资源禀赋优势的地区，通过水产业的合理布局，推进水产业集聚发展，具有把水产业做大做强的潜力。

6.4.2.3 生态经济学

生态经济产生于20世纪60—70年代，是从经济学角度研究生态系统和经济系统所构成的复合系统的结构、功能、行为及其规律性的学科。生态经济化是将气候资源、自然环境资源当做经济资源加以开发、保护和利用。自然资源的生态价值和经济价值，对于部分生态资源进行有偿使用和交易。生态经济化反映了生态资源的稀缺性和重要性，体现出其从无偿到有偿的使用过程和生态保护的回报、生态投资收益的过程。生态经济学认为，生态与经济协调是经济社会发展的必然趋势，发展经济的目的是实现生态经济效益，生态经济研究的目标就是使生态经济系统整体效益优化，即生态经济融合发展，要实现经济生态化和生态经济化融合发展，生态与经济是不可分割的整体，经济的发展必须遵循生态学的原理，创造生态生产力，生态的保护离不开经济的支持与投入。在水科学领域，王浩院士创建了二元水循环理论，把自然水循环和社会水循环看作为彼此之间相互依存、相互联系、相互影响的闭合式链条，共同构成水循环的整体。虽然二元水循环理论的主要研究对象是水系统，不侧重于经济系统，但是它却揭示了水资源系统与经济系统相互作用的物理机理，水通过社会循环参与了人类经济活动，产生了经济价值。水经济系统就是水资源系统与经济系统相互交织、相互作用、相互结合形成的，具有一定结构和功能的复合系统。

6.4.3　辽宁水经济发展现状及存在问题

水经济发展的核心是涉水产业，涉水产业是将生态价值转为经济价值的重要行业，以涉水产业发展实践来看，可划分为广义涉水产业和狭义涉水产业。广义涉水产业是指在生产产品或提供服务的过程中涉及用水环节的产业。由于水资源在社会生产实践中的重要性，这一概念几乎涵盖了所有产业；狭义的涉水产业是指在生产产品和服务过程中，水的开发利用作为产业的核心环节存在，以量、质、域、流、温、能等多属性存在。本书中所指的涉水产业均指的狭义涉水产业的概念。培育涉水产业将成为新的经济增长点，因此，辽宁高度重视“水经济”培育，以涉水产业激活水资源优化水生态，通过规划引领、产业布局、项目提振推动水生态价值向经济价值转变，加快打造创新引领、协同发展的水产业体系。

6.4.3.1　涉水农业发展情况

农业用水量主要用于农业灌溉、林业、牧业、渔业以及相关辅助性活动等，其中以农业灌溉用水量的占比极大，大约占据农业用水的 90%以上，尤其是在作物需水量较大、蒸发量也较大的季节，灌溉用水量就会增加程度较大。农业灌溉用水量受用水水平、气候、土壤、作物、耕作方法、灌溉技术以及渠系利用系数等因素的影响，存在明显的地域差异。由于各地水源条件、作物品种、耕植面积不同，用水量也不尽相同。辽宁省耕地灌溉面积呈逐年递增趋势，2021 年达到了 $1632.5\times10^3\,hm^2$，比 2016 年增长了 $59.5\times10^3\,hm^2$。农产品产量整体呈逐年递增态势，但农业灌溉、养殖用水以及用水需求量大的农产品生产存在一定问题。

1. 农田水利灌溉利用率下降

根据统计年鉴显示，辽宁省 2021 年年底灌溉区数量为 161 处，比上一年度减少了 10%，且灌溉区数量呈逐年递减趋势（图 6.1）。导致灌溉区数量建设的原因是多方面的，一是水库数量在减少，辽宁水库数量有 2016 年 798 个减少到 2021 年 757 个，其中中小型水库减少数量较多（图 6.2）；二是部分灌溉设施老化失修、不配套，导致水浇地变为旱地；三是水毁灌溉设施未及时修复，导致水浇地变为旱地；四是近年来随着市场经济的发展和农业产业结构的调整，农民为了提高土地产出、增加收入，将原水浇地压砂种植经济附加值高的瓜和蔬菜，致使水浇地变为旱砂地。

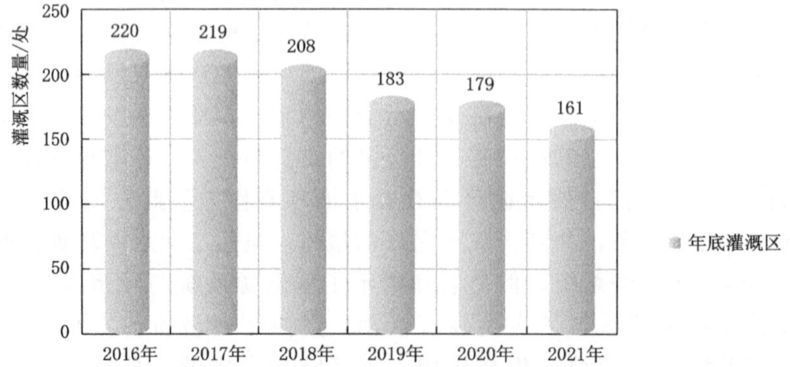

图 6.1　辽宁灌溉区情况（2016—2021 年）

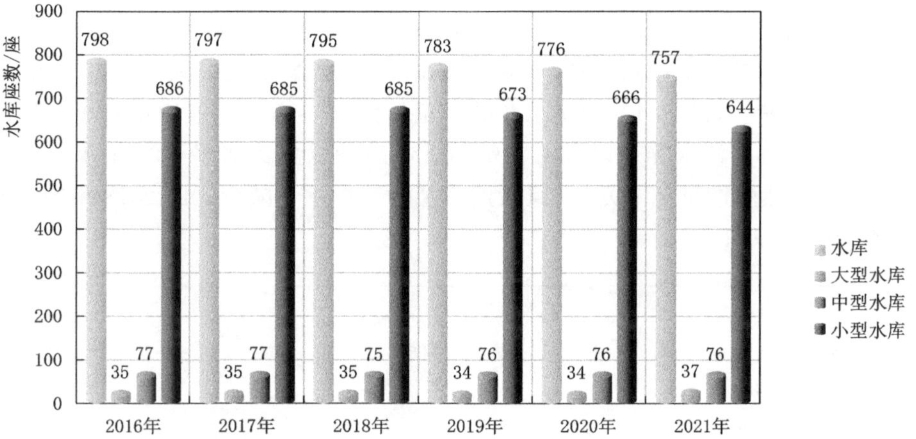

图 6.2 辽宁水库情况（2016—2021 年）

2. 主要粮食作物产量有所减少

根据数据统计 2021 年，辽宁省农作物播种面积为 $4329\times10^3hm^2$，较 2020 年增加了 $41.2\times10^3hm^2$，其中水稻 $520.6\times10^3hm^2$、小麦 $2.7\times10^3hm^2$ 较上一年度，水稻增加了 $0.2\times10^3hm^2$、小麦减少了 $0.4\times10^3hm^2$。辽宁省 2021 年粮食产量有所提升达到 2538.7 万 t，但主要粮食作物水稻和小麦都有所下降，分别是 424.6 万 t 和 1.1 万 t，较上一年度下降了 21.9 万 t 和 0.6 万 t。

3. 水果、蚕茧、人参、芦苇等生产不同程度减少

根据统计，2016—2021 年水果园种植面积呈逐年递减趋势，2021 年水果园面积为 $347\times10^3hm^2$，比 2016 年减少了 3.4%。（图 6.3）水果产量也呈逐年递减趋势，2021 年 629.3 万 t，比 2016 年减少了 13.5%。除了人参产量呈现逐年递增趋势外，柞蚕茧产量和芦苇产量都在减少。2020 年柞蚕茧和芦苇的产量分别为 35683.1t 和 33.4 万 t，分别比 2016 年减少了 8477.5t 和 1.9 万 t。

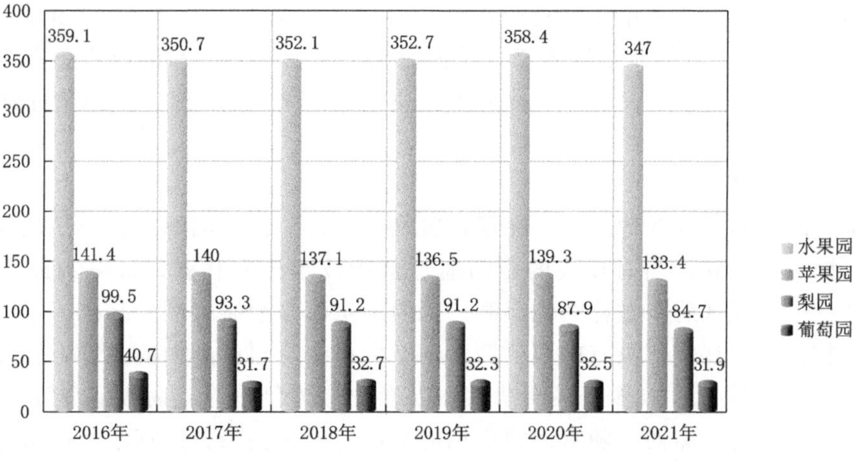

图 6.3 水果园种植面积（2016—2021 年）（单位：10^3hm^2）

4. 水产品养殖不均衡

2021 年水产品养殖面积为 853×10^3 hm²，其中内陆水域养殖面积为 191.4×10^3 hm²，仅占水产品养殖面积的 22.4%。内陆水域养殖面积以水库面积最大且逐年递增，河沟养殖面积最小逐年递减。（图 6.4）淡水水产品产量虽然逐年递增，但增幅较小，且占辽宁省水产品产量的 17.7%。淡水养殖以人工养殖为主，品种以鱼类居多。2021 年，人工养殖产量为 81.7 万 t、天然生产量 3.7 万 t。且天然养殖生产量逐年减少，由 2018 年的 3.9 万 t 降到了 2021 年的 3.7 万 t。

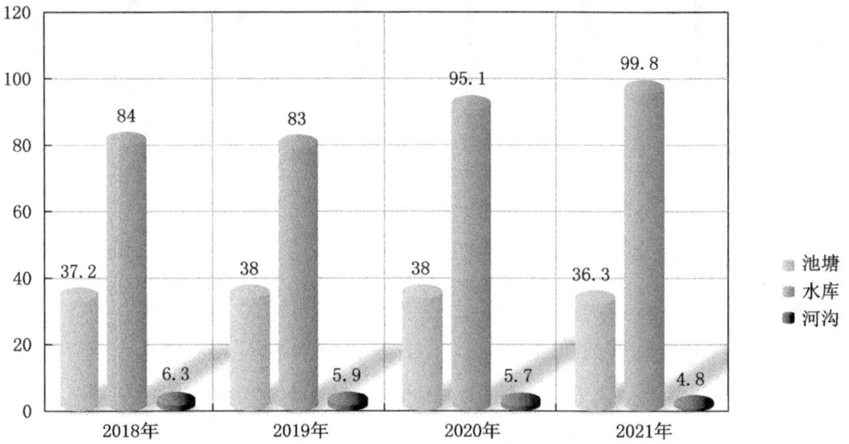

图 6.4　辽宁内陆养殖面积（2018—2021 年）（单位：10^3 hm²）

6.4.3.2　涉水工业发展情况

涉水工业是指充分利用水资源或以水为主要原料进行的生产和再生产活动的产业，主要指饮用水、饮品、医用针剂制造业、水电能源等产业。大力发展涉水工业，做大做好水文章，形成保护生态环境、壮大支柱产业并举的新平台，对于促进经济发展方式转变，推动经济高质量发展意义重大。2021 年辽宁工业总资产贡献了 10.5%，资产负债率为 60.2%，工业成本费用利润率为 6.3%，其中工业废渣、废水、废气以及大宗固体废弃物等为主体的废弃资源综合利用业总资产贡献了 14.3%，资产负债率为 23.9%，工业成本费用利润率为 9.7%，均好于辽宁省工业总体情况。而水的生产和供应业总资产贡献率仅为 0.5%，资产负债率为 61.1%，工业成本费用利润率为 −5.1%，整体指标数在省内排名靠后。

1. 酒类软饮料产业产量递减

辽宁是我国白酒的发源地之一，在辽代曾是都城之一，蒸馏酒工艺正是从这里传播到全国各地。据史料记载，当时辽代的药师通过蒸馏技术酿制甘露，最终制成了最初的白酒，这种酒在东北地区后来被称为烧锅酒。优质的水源是酿制好酒的基础。尽管辽宁拥有悠久的酿酒技艺，但辽宁却没有中国名酒。辽宁各市都有自己的白酒品牌，曾经家喻户晓的辽宁品牌也随着时间的推移而逐渐消亡。以老龙口为例，鼎盛时期它是享誉全省的名酒，市场遍及东三省。然而，随着白酒市场的崛起，外地白酒打入辽宁本地市场，一批像老龙口这样的知名企业逐渐陨落，生产能力也随之逐年递减。根据统计，辽宁白酒生产产量由 2012 年的 8.1 亿 L 逐渐降低，到 2021 年降到了 0.1 亿 L。辽宁地产啤酒品牌如本溪龙山泉、抚顺的天湖等品牌在省内认可度较高，其中龙山泉在本溪和沈阳的市场的销售高于其他品牌，但并不能抢占全国市场。啤酒生产产量 2012—2014 年保持在 26.4 亿 L 增产到 27.2 亿 L，2015 年起出现逐年递减趋势，截至 2021 年降到 17.1 亿 L。（图 6.5）辽宁饮料产量 2022 年在全国排第 20 位，当月同比增长和累计增长均为负增长，分别为 −58.85%和 −18.27%。（见表 6.1）

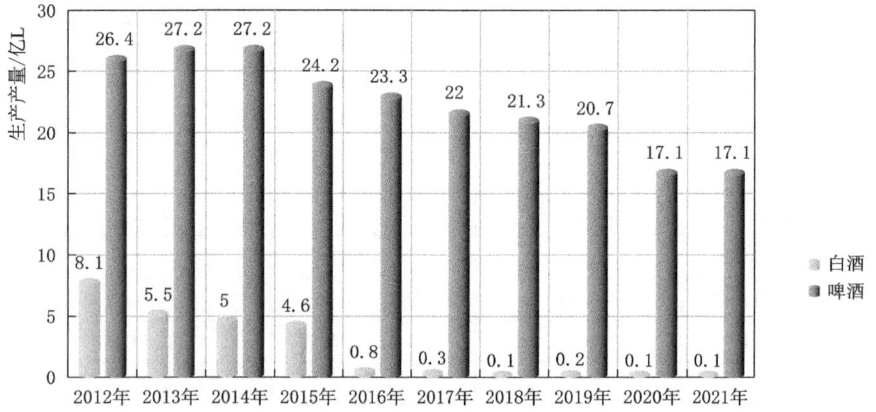

图 6.5　白酒、啤酒生产情况（2012—2021 年）

表 6.1　　2022 年 1—12 月全国各省市饮料产量排行榜

排名	地区	当月产量/万 t	累计产量/万	当月同比增长/%	累计增长/%
1	广东省	278.82	3853.10	13.12	2.60
2	四川省	125.29	1582.09	−11.90	−13.65
3	浙江省	88.59	1164.7	9.92	4.07
4	湖北省	96.98	1103.49	−10.62	−11.9
5	福建省	72.28	995.13	22.56	9.31
6	湖南省	69.85	963.01	−0.74	1.52
7	陕西省	66.56	885.44	−18.84	−4.11
8	河南省	54.37	717.01	12.49	2.43
9	北京市	56.31	560.93	123.37	3.49
10	河北省	42.57	549.34	−0.12	2
11	云南省	48.70	531.33	11.46	8.19
12	吉林省	35.81	512.23	8.71	−0.40
13	广西壮族自治区	45.80	509.06	47.15	25.16
14	江西省	29.94	492.91	−0.13	2.92
15	山东省	32.66	485.51	−14.08	−9.8
16	安徽省	30.37	444.04	32.78	15.82
17	贵州省	38.69	430.99	−9.1	−8.54

续表

排名	地区	当月产量/万 t	累计产量/万	当月同比增长/%	累计增长/%
18	江苏省	29.13	409.07	5.3	6.48
19	天津市	19.00	302.09	−13.84	2.96
20	辽宁省	18.37	289.33	−58.85	−18.27
21	上海市	18.98	255.80	−15.85	−15.43
22	重庆市	14.63	203.41	−21.04	−9.87
23	黑龙江省	16.57	202.08	−7.33	1.18
24	新疆维吾尔自治区	11.39	150.29	6.37	−8.85
25	甘肃省	11.12	142.35	−2.73	−7.45
26	山西省	9.75	111.88	18.22	−1.22
27	海南省	9.23	102.89	−5.12	−14.19
28	内蒙古自治区	2.92	81.23	−43.14	−11.32
29	宁夏回族自治区	3.51	72.43	8.01	27.21
30	西藏自治区	1.39	23.66	−85.54	−57.59
31	青海省	0.65	13.8	−6.8	16.92

2. 抽水蓄能项目稳步推进

抽水蓄能，是一种储能技术，即利用水作为储能介质，通过电能与势能相互转化，实现电能的储存和管理。利用电力负荷低谷时的电能抽水至上水库，在电力负荷高峰期再放水至下水库发电，可将电网负荷低时的多余电能，转变为电网高峰时期的高价值电能。适用于调频、调相，稳定电力系统的周波和电压，还可提高系统中火电站和核电站的效率。抽水蓄能是技术最成熟、经济性最优、最具大规模开发条件的储能方式，是电力系统绿色低碳清洁灵活调节电源。《辽宁省国民经济和社会发展第十四个五年规划和二〇三五年远景目标纲要》，其中指出：加快抽水蓄能电站建设和新型储能技术规模化应用，积极推进清原一期工程，开工建设庄河和兴城抽水蓄能电站，加快推进桓仁大雅河、清原二期和阜新海州露天矿等抽水蓄能电站前期工作。积极推进一批建设条件好、前期工作成熟的站点纳入国家规划。重大能源工程中的抽水蓄能工程：包括抚顺清原抽水蓄能一期工程续建项目；大连庄河、葫芦岛兴城、本溪桓仁大雅河、抚顺清原二期、阜新海州露天矿等抽水蓄能电站拟开工项目；鞍山龙潭、本溪太子河、丹东宽甸爱河、朝阳、铁岭、抚顺西露天矿、营口玉石等抽水蓄能电站开工备选项目。

6.4.3.3 涉水文旅产业发展情况

辽宁省内水利风景区数量远低于全国平均水平。目前，辽宁省共有水利风景区 17 个，其中国家级水利风景区 10 个，省级水利风景区 7 个。景区建设主要为城市绿化、河流美化及居民休闲提供了积极的作用，实现了“水连、路通、岸绿、河清、景美、宜居”的目标。水库型风景区建设中，相比旅游设施建设则更加注重水质保障、水源涵养等公益性建设。根据《辽宁省环境状况公报》及《各地环境质量公报》，已建成的景区空气质量都达到 GB 3095—2012《环境空气质量标准》二级标准，空气质量良好；涉及水功能区水质均达GB 3838—2002《地表水环境质量标准》Ⅳ类标准以上，水体清澈，水质良好；景区建设及旅游开发没有造成景区水体的恶化，相反景区建设带来了环境治理与保护资金，有效保证了景区环境的健康可持续发展。

1. 水利风景资源开发程度较低

辽宁省是水利大省，水系发达，库湖众多，拥有数目较多的大型水利工程，并且地貌特征多样，植被类型丰富，具有较好的风景资源优势。目前辽宁省建成的水利风景区仅17个，且多为开放式公益性景区，没有形成生态旅游规模产业，未能带来明显的社会经济效益，水利风景区开发程度与水利大省不相适应。

2. 景区及项目雷同现象突出，地域和季节因素影响较大

水利风景可开发资源比较单一，如不采取风景资源归类整合和深度挖掘，水利风景区在水文化、历史、民俗及景点观赏度等方面无法与其他风景区相比，使得游人窥一斑而便知全观，大大降低了游览兴趣；从行、住、食、娱、游、购等旅游的六大要素看，活动项目相差无几，可能会有“似曾相识”的感觉，缺乏特色旅游与文化内涵，开发思维和游乐设施大同小异；辽宁省地处东北腹地，受地域性和季节性的制约，多数水利风景区在每年11月至次年4月均处于闲置状态。

3. 规划薄弱，服务设施与基础设施不足

水利风景区的开发与管理，涉及水源水质安全、水工程安全、环境保护等问题，有其独特的要求和内容，需要以全面的规划来保障，但现阶段辽宁省多数景区还未做相应的前期规划等工作。部分景区的规划有一定的缺陷和不足，服务设施和基础设施设置不合理，容易造成环境污染和破坏。已有初步文旅及文创探索，但产品未形成规模，运营理念及管理体制方面仍有提升空间。现阶段辽宁省多数水利风景区的经营管理与水工程或水资源的管理一体化。这种政企合一的运营体制既影响了水资源的有效管理，也会影响生产经营的积极性、主动性和创新性。

6.4.4 水经济先进经验借鉴

6.4.4.1 广东碧道经济

近年来，广东水污染防治攻坚战、全面推行河湖长制和万里碧道建设等治水成果全面显现，原先的臭水沟成为了水碧岸美的生态廊道，不仅改善了河湖环境，同时也激发了绿色水经济的发展潜力，成为绿美广东生态建设的生动注脚。碧道是统筹生态、景观、安全、文化和休闲等多种功能建立的复合型生态景观廊道，除了构建生态、安全韧性的河湖水系之外，还可以结合海绵城市建设等打造生态空间，构建“融入自然、品味文化、畅享健康”的带状休闲游憩空间，通过打造宜人景观，满足居民健康悠闲、享受自然美好生活的强烈需求，推动宜居宜业宜游的优质生活圈建设。广东地处南方丰水地区，既是水利大省，同时又是经济第一大省，75%的高新技术企业聚集分布在水系周边2km范围内，人水关系密切。正充分利用河湖众多、资源禀赋较好的优势，依托万里碧道、水利风景区、水利枢纽等载体，鼓励、支持、引导市场主体开展绿色水经济活动，助力“百县千镇万村”高质量发展工程。省水利厅表示计划今年在广东省择优开展10个水经济试点，打造5个省级水利风景区，组织编制水经济发展规划，规范引导水经济健康快速发展，探索将绿水青山转化为金山银山的广东路径。同时，通过水经济的示范带动，让河湖沿线老百姓

的钱袋子“鼓起来”，助力经济社会高质量发展。探索碧道经济价值开发模式，将碧道作为广告投放载体，利用驿站、标识牌、水幕等提供户外广告投放服务。同时，还可以碧道为纽带高质量打造滨水产学研一体化经济带，打造一批碧道＋水上运动示范点，推动碧道＋文化旅游发展，策划不同主题内容的碧道旅游线路，鼓励企业和各类组织积极开发碧道主题的手工艺品、食品、纪念品等文创产品，打造碧道文创民间品牌。

6.4.4.2 南京秦淮河

作为历史文化名城，南京拥有众多文化 IP。“特而精、最南京”的秦淮区率先探索，秦淮区以文化产业园为载体，唤醒了一批批“老记忆”，激发出文化产业的“新活力”。南京市鼓楼区外秦淮河南艺后街（水木秦淮）景区，近年来，通过环境综合治理和区域活力再生，外秦淮河重新焕发生机，“文、旅、体、商、艺”在这里深度融合，这条南京主城的生态“项链”正折射出耀眼的色彩，“清洁的河”“美丽的河”多了更多的身份——“活力的河”“繁华的河”。外秦淮河在持续 20 余年进行环境综合整治的基础上，采用商业化打造模式，以让外秦淮河重现往日繁华胜景为目标，进行全面“布局谋篇”。通过对外秦淮河“绿化带、风光带、文化带”进行深度规划，坚持在基础设施建设、文明城市创建、文旅产业融合等方面下足绣花功夫，以外秦淮河重要节点、慢行系统、游船码头、园区街区为空间载体，以沉浸式游线＋多类特色秀场模式，实现空间、交通、形态、功能、内容的全面融合，按照“两线、七区、多点”的布局，打造不同水陆串联主题新场景，构建水上体验、都市休闲、生态教育、文化创意等产品体系，让外秦淮河的每一段水面、每一方土地、每一个时点都能充分利用，最终实现“美丽的河、流动的河、繁华的河、文化的河”。自 2017 年观光游船新线路开通，累计参观人次已达到 10 万人，开展高端船宴、游船研学、游船剧本杀等活动 300 余场次，受到游客的广泛好评。不只有赛艇，包括龙舟、皮划艇在内的水上运动已成为外秦淮河每年举办的重要赛事。近年来外秦淮河先后成功举办各级各类水上赛事近 400 余场次，包括南京市第二十二届运动会（青少年部）赛艇比赛、中国（江苏）2020 全国名校水上马拉松精英赛等品牌赛事。在江苏省文化和旅游厅最新公布的“第二批省级旅游休闲街区”和“第三批省级夜间文化和旅游消费集聚区”中，南艺后街·鼓楼水岸艺术街区位列其中。下一步将扩大南艺后街的空间载体，开通游船、小火车、荧光步道并行的多重亲水线路，形成长 2300m、环南艺 1.42km^2、辐射周边近 20 万居民的艺术体验区、滨水活跃带。

6.4.4.3 扬州打造大运河文化旅游国际 IP

扬州是中国大运河的原点城市、大运河申遗牵头城市，瘦西湖是大运河扬州段的重要遗产点，大运河文化旅游度假区位于运河之畔，处于瘦西湖与邵伯湖之间，度假区水域皆为大运河支流水域。同时，经过多年发展，扬州大运河文化旅游度假区在建设经验、发展空间、运营水准等方面已发生质的变化，具备了向国家级旅游度假区冲刺的实力与底气。扬州大运河文化旅游度假区以大运河文化带建设为契机，充分彰显世界遗产精品资源优势，深入挖掘大运河文化，全力建设以运河文化展示、历史溯源等为特色的旅游度假胜地，打造国际级的运河文化旅游胜地大 IP。扬州有着两千多年的历史文化传承，沉淀了丰富的历史文化资产，成为促进城市文旅发展的核心资源。成功经验是深入挖掘扬州运河文脉中蕴含的精神标识与思想精髓，做好度假区名称中“大运河”的文化溯源与解读，重点围绕运河核心故事编创构建度假区整体导览解说系统，真正讲好运河故事，有效提升大运河文旅度假区的IP辨识度。

6.4.4.4 温州市文成县推动“水生态”向“水经济”迈进

浙江省温州市文成县水资源丰富，是温州市的“大水缸”，获评浙江省新时代美丽乡村建设优秀县、浙江省大花园示范县。当地始终坚持水环境保护和水资源开发“齐头并进”，努力走出一条以水为美、因水而兴、向水而为的跨越式高质量发展之路。文成县曾经是浙南闽北的仔猪养殖基地，全县20头以上规模养殖户一度超过600家。为了守好“一缸净水”，文成县以壮士断腕的决心、超常规的力度集中攻坚，以规模养殖彻底退出历史舞台的代价，换来了库区受污染支流水质从十几年来的劣Ⅴ类到二类的大提质，守住了飞云江水质位居辽宁省八大水系之首的底线。近年来，文成县以生态为基底，活化生态资源价值，着力打造全民共享的水美村庄、滨水空间，努力构建依水而生、人水和谐的幸福图景，同时不断发展富民产业，真正实现了“以水养人、以水富民”。一是大力发展水旅游。文成县实施“全域景区化”战略，推进全县旅游发展总体规划与“全域治水”行动计划无缝对接，着力打造水美旅游。在核心景区的带动下，文成县努力推动观光游向度假游转型，招引当地首个百亿投资的亲水主题文旅项目——天顶湖国际旅游度假区；二是大力发展水制品。文成县依托优质水源，以构建百亿级食品饮料产业集群为目标，打造浙江省首个水经济产业园——文成白鹭洲水经济产业园，促使娃哈哈智能化饮料生产基地项目成功落地，同时引进旺旺集团、COCO蜜等食品饮料头部企业。三是大力发展水能源。文成县积极响应国家双碳行动号召，进一步挖掘水能源，把文成抽水蓄能电站作为文成绿色跨越的战略性、支撑性、标志性重大项目予以推进，使其成功列入国家抽水蓄能“十四五”重点实施类项目。

6.4.5 辽宁水经济发展路线

6.4.5.1 打造水生态产品供基地，打优质生态农业

以特色农副产品、水产品、中药材、其他本地特色工艺品等为抓手，坚持“绿色”和“生态”发展战略下进行绿色生产、绿色加工、绿色营销，通过加强技术指导、制定奖补政策、加大招商引资等措施，扩大生产基地规模，提高农产品质量，创建品牌，培育新型经营主体，做大做强绿色生态，培育辽宁绿色生态品牌。

1. 夯实农业基础。加强耕地质量建设

以永久基本农田保护区、粮食生产功能区和重要农产品生产保护区为重点区域，大力推进新一轮高标准农田建设。支持产粮大县、大中型灌区优先打造高标准农田。突出集中连片，整村、整乡覆盖，整流域大规模建设。完善农田水利骨干工程配套体系。实施大中型灌区续建配套与现代化改造，完善农田灌排干渠，提高农田灌排骨干网络的配套率和完好率。积极推进易旱县市的大中型水库改造和天然湖泊坑塘的保护建设，提升蓄水保水能力，强化水资源的丰枯期调配。加强小型农田水利设施建设。对接高标准农田建设项目，按自然气候条件做好小型农田水利设施建设的分类指导。重点抓好粮食生产功能区和重要农产品生产保护区内的小型农田水利建设，加强田间工程、末级渠系及涵闸泵站建设，集中连片、整体推进县域农田水利建设，扩大旱涝保收高标准农田面积。推进小型农田水利设施产权制度改革，创新设施运行管护方式，建立长效管护机制，彻底扭转“重建轻管”局面。

2. 绿色升级传统湿地产品

以湿地资源为依托，以创建辽河国家公园为契机，全面整合辽宁省湿地资源。促进湿地传统绿色食品规模化。创建国家级水产生态养殖示范场，提升辽宁河流湿地稻鱼养殖生产，整合河蟹养殖产业，扩大藕莲、籽莲种植，创新碱蓬、苇笋等绿色食品开发，通过政府引导和企业联动，整合零散养殖户，促进湿地食品规模化高质量发展。推动湿地原料绿色创新发展。依托丰富芦苇植物资源，绿色升级造纸、编织、人造丝等原料生产。引导创建芦苇绿色加工生产农业合作社，推广芦苇编织工艺品、文创旅游纪念品、康养生活用品等生产，实现湿地资源的绿色化利用。

3. 加快渔业转型升级

实施水产绿色健康养殖行动。在沿海六市示范推广海水池塘参、虾、蜇、鱼、贝等多品种、多营养层次综合养殖模式，在以沈阳市为主的中部城市群郊区示范推广淡水池塘绿色生态立体养殖模式，推进渔业绿色生态健康养殖。开展稻渔、稻蟹、稻虾综合种养技术模式集成试验和示范推广，在水稻主产区建设高标准稻渔示范基地，推进稻渔综合种养示范乡镇和示范县建设，稳步扩大综合种养规模。推进大水面生态渔业发展。统筹环境保护与生产发展，科学制定大水面生态渔业发展规划和开发利用生态保护方案。重点发展以增殖放养为主要模式的水质保护型、资源养护型和生态修复型等大水面生态渔业，实现大水面鱼类种群结构的多样性。充分发挥有机鱼品牌辐射带动作用，培育打造大水面生态渔业品牌。

6.4.5.2　推动工业绿色低碳发展

1. 推进工业绿色低碳转型

重点支持冶金、石化、建材等高耗能企业实施节能技术改造，加快推广运用先进节能、节水、节材设备及工艺、技术，做优节能产业。围绕大气、水、土壤等污染防治需求，重点支持加快改善环境质量、补齐生态环境基础设施建设短板项目及环境安全保障项目建设，做深环保产业。推动重点行业生产过程清洁化。推进重点行业企业依法实施清洁生产审核，引导企业使用无毒无害或低毒低害原料，从源头削减或避免污染物产生。深入挖掘重点行业企业减排潜力，降低治理成本。加大先进适用技术研发应用。鼓励企业加强设备更新和新产品规模化应用。推广可降解生物基材料制品及高阻隔多层共挤功能性薄膜、废旧塑料瓶或瓶片加工生产化纤用再生聚酯专用料、管材用改性再生专用料技术装备。鼓励各地方、各行业探索绿色低碳技术推广新机制。

2. 优化能源供给结构

超前布局风电和太阳能发电，安全稳妥发展核电，加快抽水蓄能电站建设，适度发展火电，推动清洁能源跨越式发展，构建现代能源体系。加快抽水蓄能电站建设和新型储能技术规模化应用，积极推进清原一期工程，开工建设庄河和兴城抽水蓄能电站，加快推进桓仁大雅河、清原二期和阜新海州露天矿等抽水蓄能电站前期工作。积极推进一批建设条件好、前期工作成熟的站点纳入国家规划。

6.4.5.3　打造精品水文化旅游产业，打造高端水经济

1. 打造特色水文化旅游路线及产业品牌

依托高质量河湖生态网、高品质水文化景观网的构建和水系连通等工程建设，以水为

纽带，以江河湖库及河口岸边带为载体，统筹生态、安全、文化、景观和休闲功能，以河流水系、湖泊、湿地、水利风景区、滨水公园等五大类型水文旅为重点，连点成线，区域联动发展，打造辽河文旅复合廊道，构筑“水利＋文化＋生态＋旅游”大格局，形成“辽河文明文旅上河图”，努力促进滨水空间高颜值和经济发展高质量的同步提升，营造具有辽宁特色的生态文化旅游环境。

辽河途经多省区，全长1345km，在辽宁省内长度554km。辽河有二源。东源称东辽河，西源称西辽河，两源在辽宁省昌图县福德店汇合，汇合为辽河干流，始称辽河，一般以西辽河为正源。东、西辽河流至铁岭市昌图县福德店水文站上游汇入形成辽河干流，继续南流，经昌图县、康平县、法库县、开原市、铁岭市、沈阳市、新民市、辽中区、台安县、盘锦市、盘山县、大洼区等县市，分别纳入左侧支流招苏台河、清河、柴河、泛河和右侧的秀水河、养息牧河、柳河等支流后，曾在盘山县六间房水文站附近分成两股。一股西行称，经台安县，盘锦市双台子区，在盘山县纳绕阳河后入渤海。旧称此段为双台子河，实际为辽河真正的入海口。2011年，辽宁省政府将辽河下游盘锦境内河段的名称由“双台子河”更名为“辽河”。另一股南行支流，称为外辽河，在三岔河水文站与浑河、太子河汇合后称为大辽河，穿过大洼区、大石桥市，于营口入渤海。

2. 以辽河母亲河为载体，打造辽河文旅复合廊道

辽河文旅复合廊道建设，创新性以辽河主要流经为文旅线路设计依托，打破区域行政限制，侧重以水为链，以流经为线，将知名历史文化景观与水域相融合，实现文旅、水生态与历史资源产业化创新发展。以西辽河为文明溯源为起点，串联辽河干流主要流经市、县、区重要水系资源，搭建“流域＋区域＋廊道”的空间骨架，强化文化发源地特色，充分挖掘与活化利用辽河文化资源，提升辽河的文化内涵，在自然景观营造和文化休闲设施建设中加以利用和创意升华，以体验式、互动式和观赏式等多种形式彰显辽河地域水文化特色，带动地方绿色经济发展，形成辽河文明起点、辽河干流之源、辽河黄金水道和辽河入海口四大经典文旅线路，实现由贯穿辽河源头到入海终点的辽河干流全域文旅廊道。

(1) 提升辽河文明起点知名度。西辽河是辽河的上游，也是辽河的最大支流，由南源老哈河与北源西拉沐沦河汇合而成，历史上曾诞生出诸如红山文化和夏家店下层文化等富有生机、极具创造力的优秀文化，是中国古代北方文化的重要策源地。这一区域侧重辽河文明探源体验，将水源、文化源与具体历史文化遗址遗迹深度嵌入，以阜新查海文化遗址“中华第一龙”“中华第一村”和朝阳牛河梁国家遗址考古公园的“红山古国”原生型文明起源两个高端文旅品牌建设为抓手，再度提升辽河流域是中华文明的重要发源地之一的知名度和体验值。

(2) 奏响辽河干流之源文旅品牌。铁岭市昌图县长发乡福德店村是东辽河和西辽河的汇合处，是辽河主干流的起始点，也称为辽河主干流零公里处。铁岭市作为辽河沿线四市之一，在治理和保护辽河干流生态的基础上，以辽河干流生态示范区湿地、辽河昌图段太平古渡口、莲花湖湿地以及招苏台河、亮子河、柴河、清河、泛河、王河、长沟河7条支流为抓手，合力打造辽河干流之源文旅品牌，重点深挖干流汇合历史文，发挥铁岭市地处农作物生长的“黄金种植带”比价优势，结合乡村振兴、绿色生态农产品，打造以水聚人、以水为品，将清河大米、泛河大米等小众品牌整合为辽河干流之源稻米品牌，促进农

业三产融合，打造乡村文旅发展新增量。

（3）打造环沈阳湿地生态廊道文旅带。以康平卧龙湖国家湿地公园、法库獾子洞国家湿地公园、新民西西湖湿地公园、辽中蒲河国家湿地公园和沈北辽河七星湿地公园等辽河干流沿线县、区水域湿地为依托，通过游径串联山水林田湖草等自然生态要素与城乡空间，连点成带，建设辽河风光黄金水道，打造“亲山近水、回归自然、丰富多元、科技赋能”的高品质假日休闲、体验式、沉浸式水域湿地文旅游休憩场所。结合各区县自身区位、交通、资源和基础优势，打造差异化、个性化湿地文旅产品，加大基础设施建设和文旅线路及服务水平，形成沈阳中心城市节假休闲新地标，并延伸拓展至四季有产品，季季有惊喜的常态化文旅产业。

（4）构筑辽河入海口湿地文旅精品。以辽河入海盘锦域内辽河口国家湿地公园创建为抓手，系统整合辽河口湿地区域内已有辽宁辽河口国家级自然保护区、辽宁辽河国家湿地公园、辽宁辽河口红海滩国家级海洋公园等8处自然保护地，将典型河口湿地生态系统、鸟类栖息地、西太平洋斑海豹产仔地、水生生物产卵场和索饵场划入国家公园。在自然湿地文旅产品系统设计、建设的基础上，规划建设辽河水文化博物馆，将辽河口湿地绿苇红滩、鱼鸥翔集、人海和谐的景色打造成为向世界展示滨海湿地生态系统保护的“金名片”。

3. 水旅深度融合，打造多条水文化主题文旅线路及品牌

以水为媒，坚持“旅游+”理念，水旅融合，打造精品水文旅线路和文旅项目品牌。

（1）丹东鸭绿江边境风情主题。鸭绿江及两岸水清山秀，风光旖旎，中国一方的古代城堡遗址、明代万里长城遗址、近代战争遗迹和大型水利工程等一系列人文景观，朝鲜一侧的异国风光，构成了鸭绿江国家级风景名胜区。丹东是中国海岸线北段起点，凭借独特地缘优势，形成了江海分界、万里海疆起点、万里海疆第一岛等独特的滨海资源，适合开展滨海休闲度假旅游。宽甸是辽宁省淡水资源最丰富的县，可渔水面22.4万亩，成为辽宁省最大的商品鱼生产基地，“宽甸鸭绿江冷水鱼”受到越来越多消费者的关注和喜爱。丹东地区水资源充沛，水质优良，位居辽宁省之首，为全国水生态文明城市。立足丹东及鸭绿江独特资源优势，大力发展文旅产业，打造鸭绿江口湿地观鸟园（东北亚鸟类迁徙重要停歇地之一）——獐岛村（我国万里海岸线最北端起点，素有“世外桃源”之美誉）——青山沟（一个完美的山水型自然生态与满族民俗文化相融合的风景名胜区）。

（2）本溪山水地质融合主题。本溪水洞，国家5A级旅游景区，国家重点风景名胜区，国际旅游洞穴协会亚洲会员单位，是发现的世界第一长地下充水溶洞。本溪以水洞品牌作为水文旅产品的独特标识，可进一步打造水地质公园、山水融合、枫叶山谷休闲为一体的多元水文旅产业，延伸本溪水文化主题四季游，拓展水洞文旅品牌的影响力，改变一日游为主的品牌设计，在产业留人、演艺融合和水域体验等方面拓展更多商业合作，形成水文化主题旅游收入的增量发展。

（3）葫芦岛水上红色文旅主题。葫芦岛兴城市碱厂乡碱厂村的桃花岛景区（主要提醒后人一定要高度重视水资源，水资源是命脉）——九门口水上长城（是中国万里长城中唯一的一段水上长城，“城在山上走，水在城下流”，景色壮观）——辽西明长城文化公园（体现了明代陆海一体化防御体系建设成就，是传承和彰显中华民族深厚文化底蕴、增强文化自信的重要物质载体）。

(4) 水上漂流刺激趣味主题。以抚顺、本溪、丹东、庄河等山水资源丰富的地区为主体，借助自然地势及水流速度，打造峡谷漂流类水上游乐产品。在抚顺红河峡谷漂流、鸿运谷漂流、大雅河漂流、奇石峡漂流、圣谷美地漂流等已成功打造的漂流旅游项目基础上，进一步提升辽宁漂流文旅项目的影响力，加大宣传力度，争取打造成为吸引暑假期间南方青少年及学生避暑及研学、夏令营和团建的热点打卡地，提升漂流文旅的知名度和影响力。

(5) 培育冰雪经济新动能。践行“冰天雪地也是金山银山”理念，着力培育冰雪经济新动能。积极探索发挥自然环境优势，借助生态农业、旅游观光、水文化旅游等产业，化冰雪资源为冰雪文化、冰雪经济，让“冷资源”热起来，逐步形成辽宁冬季冰雪产业体系，融入国家北方冰雪运动总体发展战略。打造具有地域特色的滑雪场、雪乡、冰雪大世界、冰雪嘉年华、雪雕冰灯公园等新颖独特的冰雪娱乐项目，形成“冰雪＋温泉”“冰雪＋运动”“冰雪＋民俗”“冰雪＋装备”等“冰雪＋”旅游新业态。以棋盘山冰雪大世界、本溪水洞、葫芦山庄、弓长岭滑雪场等为龙头，补齐辽宁省冬季旅游产品供给的短板，将辽宁打造成全国冰雪旅游首选目的地、国际冰雪运动基地和冰雪产业国际交流平台，吸引更多游客到辽宁感受冰天雪地的魅力。

4. 推动城市水岸共建活力产业，发展高端水经济

依托辽宁丰富的水文化资源情况，深度融合相关产业，积极培育水文化康养业、水文化商业、水文化创意业、水文化会展业、水文化体育业、水文化影视业等水岸空间活力产业，实现水文化、产业与城市发展深度融合，着力打造一批亲水休闲、临水康养、涉水制造、滨水体育等新业态。

(1) 深度激活沈阳浑河两岸经济。浑河两岸是沈阳市自然人文、城市建设的集中体现，聚集着大量优质的文化资源。遥相辉映的北岸五里河公园、沈水湾公园、长白岛森林公园、奥林匹克公园、云飏阁、郎朗钢琴广场等，构成文化演出最好的舞台。目前，已形成浑河之夏文化艺术季、浑河岸交响音乐节、郎朗钢琴广场演出季、沈水之畔赏花节等独立的文化品牌十余个。将散落在浑河两岸的文化资源串珠成链，形成具有连续性和广泛影响力的水岸文化品牌，做强高端水岸经济。以浑河“中国最美城市静水赛道”品牌建设为依托，推动赛艇运动蓬勃发展，争创全国各类城市赛艇赛事落地浑河。进一步拓展赛龙舟、帆船等更多水上体育项目，以“体验＋培训＋赛事”推广方式，开启沈阳全民水上运动新模式，激活水岸经济潜力。进一步丰富浑河夜经济，深化夜游浑河的项目体验和多元化体验，可增加夜游餐厅，灯光秀策划或印象沈城等大型表演、引入夜游驻船乐队、脱口秀表演等内容，将浑河打造为沈阳有文化旅游的地标，成为外地游客必选之地。

(2) 推动以大连东方威尼斯水城为代表的水城创新融合发展。东方水城，又称大连威尼斯水城，占地面积40.36万m^2，斥资50亿元投资建设，以欧洲水城为蓝本，由国际知名的法国A.R.C.建筑师事务所设计打造而成。是东北地区唯一一条将海水引入贯穿始终的人工运河，于2011年4月启动建设，一区威尼斯码头于2013年正式对外开放。大连威尼斯水城以其绵延4km的海水人工运河，贯穿200多座欧式城堡，多姿多彩、风格各异的欧式建筑，以及与之呼应的时尚旅游、休闲、商业、文化元素，构成了古典和现代激烈碰撞，东西方文化的完美结合，承载了人们对欧洲的向往和对中国现代旅游度假的双重

需求。水城无论白天还是黑夜，都已是大连最美最文艺的打卡胜地。滨海或滨海城市，可以将房产项目与水资源及水岸文化深度融合，并用更多新兴科技赋能和绿色环保循环发展模式，打造新水城产业项目，推动更多创意性水城融合发展新模式探索。

（3）打造以锦州水上嘉年华为代表的水岸体育产业。自 2021 年端午节起，锦州将龙舟、帆船、帆板、赛艇、皮划艇等水上运动项目融合在一起，打造水上嘉年华活动品牌，已连续举办三届。目标是促进“体育＋文旅”深度融合，全力打造“水上运动之都”，让锦城百姓近距离欣赏、体验水上运动的魅力，让全民健身更亲民、更便利、更普及，进而助推体育强市建设。可以节点性将嘉年华活动举办为契机，拓展日常水上运动及水相关产业的培育，让城市运河活起来，水上运动产业与文旅项目设计实现嵌入式发展，延伸水上运动产业链条，引入相关上下游产业的落地，进而形成水上运动产业集散效应。

6.4.6　发展水经济对策建议

通过充分学习借鉴国内外水经济发展的先进经验，并结合辽宁省自身实际，推动新时代辽宁省水经济提质增效应当采用“创品牌、提品质、增品种”的“三品”发展战略。

6.4.6.1　创品牌战略

在现代市场经济环境下，品牌战略的重要性愈发凸显。国内外水经济发达的国家和地区，无疑都有完善科学的品牌战略，创造出了享誉市场的优质品牌。例如，在谈到河湖经济之时，脑海中可以浮现出杭州西湖、无锡太湖、扬州瘦西湖等。这些地区都具有得天独厚的自然环境和悠久的人文历史积淀，通过多年实施品牌战略获得了成功。对于辽宁来讲，要结合区域自然资源、人文历史、产业分布等实际情况，抓紧时间制定科学完善的水经济品牌战略。具体来讲，应当聚焦下列几方面重点内容。

1. 凝聚品牌合力

辽宁省具有较为丰富的水资源和悠久的人文历史，具备打造水经济品牌的良好基础。但是相比于国内外发达地区，辽宁省尚未构建形成具有广泛影响力的水经济品牌。本研究认为，尽管辽宁省内水资源较为丰富，但尚缺乏如西湖、太湖等可以单独创建品牌战略的水资源。因此，必须对辽宁省的水资源进行有机整合，发挥产业集群力量共同打造水资源品牌，凝聚成品牌合力。

2. 找准品牌定位

面对现阶段竞争激烈、同质化程度较高的市场环境，辽宁省在打造水经济品牌的过程中必须要采取差异化原则，找准品牌的市场定位。只有真正找到适合本省实际情况的品牌定位，才能够从竞争激烈的市场环境中脱颖而出，获得更多的生存发展空间，激发自身的发展潜力。结合辽宁省实际情况，建议在进行品牌定位的过程中，将本省水经济品牌定位为“产业＋文旅＋生态”三结合的水经济综合体，以水产业发展奠定水经济发展基础，以文旅融合拓展水经济产业链条，以生态保护为水经济发展提升品质。在水产业布局过程中要注重一、二、三产的均衡分布和紧密衔接，将丰富的自然资源打造成为产业集群。在推动水文旅融合发展的过程中，要对本省人文历史资源进行深度开发整合，同时突出康养休闲的功能性特征，满足日益扩大的康养产业需要。在生态环境保护方面，除了要突出水经济的环保特征以外，还可以探索建设高水平的水环境保护研究中心、科技创新基地等，以生态环保带动高新技术及新兴产业的发展。

3. 突出品牌特色

在打造品牌战略的过程中，辽宁省还要注重突出品牌特色。要根据省内不同区域的区位优势、自然环境、人文历史、产业分布等，对辽宁省水经济进行合理布局，在保持品牌战略总体定位的前提下，打造省内各个区域的品牌特色。例如，在突出沈阳都市圈水经济区域特色之时，要充分考虑都市圈人口密度大、经济政治文化交通高度发达等特点，重点打造休闲康养、体育竞技等为主的水经济产业。再如，辽东、辽南地区渔业资源丰富，可以重点打造生态渔业、淡水养殖业等。辽西地区可以主打水力发电、农业节水技术等产业。通过打造不同区域的优势和特色，形成结构互补、功能完备、布局合理的水经济产业布局。

4. 创新品牌战略

辽宁在实施水经济品牌战略的过程中，要抢抓发展机遇，发挥“起步即冲刺、首战即决战”的精神，通过创新品牌战略实施来实现“弯道超车”，尽快比肩和赶超国内发达地区。要充分利用辽宁新一轮全面振兴全方位振兴和辽宁全面振兴新突破三年行动的发展契机，将打造水经济品牌和实施品牌战略纳入总体规划布局之中，作为推动辽宁经济发展的新增长点。要加强品牌宣传引导，设计充满艺术性的品牌 logo 和品牌语，并聘请省内知名人士担任水品牌代言人，拍摄介绍辽宁水品牌的宣传片，在国内主流媒体集中播放，扩大品牌影响力和知名度。要利用互联网信息平台、自媒体、招商推介、专题展会等线上与线下相结合的方式，向国内外广泛推介辽宁水经济品牌。要通过举办“辽宁水节”、高校龙舟大赛以及承办国内外高水平的水上竞赛等活动，吸引国内外企业、游客关注辽宁水品牌、水经济。要引进先进的品牌运营管理模式，委托第三方专业机构进行品牌包装和总体宣传。通过实施一系列创新品牌战略，迅速扩大辽宁水品牌的市场影响力和产业规模。

6.4.6.2 大力提升品质

在不断扩大品牌市场影响力和产业规模的同时，辽宁还要注重不断提升水经济的发展品质，实现水经济持续、快速、高质量发展。具体来讲，提升品质战略包括如下几方面。

1. 提升产业品质

辽宁要借助辽宁省产业结构调整升级的有利契机，不断优化水经济产业布局，迅速淘汰落后产能，鼓励和培育高水平水产业加速发展。要转变传统辽宁水产业“老、破、小”“脏、乱、差”的刻板印象，补齐产业“短板”，突出优势产业的引导、示范和带动作用。以鞍山、本溪、丹东等地区的温泉康养、盘锦等地区的淡水水产养殖、沈阳都市圈的康养休闲等产业为龙头，不断优化产业发展环境，夯实制度保障基础，增加金融信贷支持。探索建立“辽宁省水产业发展联盟”，设置严格的准入退出机制，定期委托第三方机构进行产业发展状况评估。以联盟作为辽宁省水产业发展龙头，不断提高产业的总体品质。

2. 提升服务品质

要大力提升水康养、水休闲、水文旅等服务品质提升，实施水产业服务品质提升战略，加强对从业人员的职业道德、专业技能的培训。不断提高水文旅景区的硬件设施建设，打造一批 4A、5A 级国家景区。规范水文旅景区的管理，引入全生态休闲旅游模式，突出环境资源保护，规范收费服务项目。将水康养与医疗、养老等产业充分结合，打造北方水康养名城。加强对温泉等资源的科研开发研究，打造一批具有医疗、保健等功能的产品。

3. 提升品牌价值

要在打造品牌战略的过程中注重维护和提升品牌价值。要对品牌战略的实施效果进行定期评估，重点考察水经济、水产业总体规模、市场影响力以及对本地区经济发展的贡献度。根据评估结果及时修订完善品牌战略，不断提升辽宁水经济品牌的市场价值和影响力。

6.4.6.3　不断增加品种

辽宁省在大力发展水经济的过程中，一方面要巩固现有的产业基础和结构；另一方面要尽快完成水经济、水产业“建链、延链、强链、补链”，在一、二、三产业发展的过程中不断补齐产业“短板”。

1. 提升农业水利基础设施水平

将农业水利基础设施纳入新基建项目总体规划之中，加大资金投入和项目立项审批力度，突出农业水利基础设施在灌溉、防范洪涝灾害等方面的功能和作用，在辽西等地区加快老旧农业水利基础设施的升级和改造。建设一批大型的综合性现代农业水利基础设施，提高大型农业水利基础设施的覆盖面，节约资源避免重复性投入建设。

2. 大力发展湖库生态渔业

要利用好省内淡水资源丰富、水质优良、渔业种类齐全的优势，打造大伙房河鱼、盘锦河蟹等一批全国知名的湖库生态渔业品牌。要加大对渔业优良幼苗和种群的培育和保护，挖掘和开发本省优质湖库渔业资源。依托河流、湖泊、水库等广泛开展淡水生态渔业养殖，完善湖库生态渔业的配套深加工产业链条，加快现代物流业、物联网的布局建设力度，让本省优质的湖库生态渔业资源能够迅速进入国内外市场。

3. 加大农业节水技术开发利用

利用本省高校、科研院所的资源优势，联合开展农业节水技术攻关及节水产品开发等项目。建设一批农业节水技术研发基地和产业园区，提高科技成果的市场转化效率。与国内外企业及机构开展全方位技术合作，引进社会资本参与农业节水技术开发利用，不断提升农业节水技术开发利用总体效率。

6.4.7　推动水工业发展

6.4.7.1　加快推进抽水蓄能水电发展

加快推进抽水蓄能水电发展，是优化全省能源结构、促进绿色低碳转型的重要举措。结合全省淘汰落后火电、煤电机组的产业结构调整规划，充分发挥水资源优势，科学布局一批抽水蓄能发电项目。在项目选址过程中，优先考虑电力资源相对匮乏、产业结构亟待升级的地区，通过抽水蓄能项目建设，既保障当地能源供应，又促进区域经济协调发展。同时，要加大抽水蓄能配套设备的研发投入，培育本土装备制造能力，打造涵盖规划设计、设备制造、施工运维的全产业链体系。在项目建设过程中，必须坚持生态优先原则，科学利用地形地势，严格环境影响评价，坚决杜绝破坏生态环境的行为，实现经济效益与生态效益的有机统一。通过抽水蓄能项目建设，带动新能源产业集聚发展，为全省能源结构优化和经济社会可持续发展提供有力支撑。

6.4.7.2 建设水产业工业园

在突出区域发展特色的基础上，对当地水资源水产业进行整合，建设一批高水平的水产业工业园区。一方面通过研发生产矿泉水、苏打水、功能饮料、啤酒、白酒等饮品，在现有的天湖、龙山泉等本地品牌基础上培育一批优质饮品品牌；另一方面通过生产淡水渔业产品、预制菜等壮大水产业工业园区的发展规模，带动周边产业的完善和发展，逐步形成规模化的经济体。

6.4.7.3 发展水相关战略性新兴产业

近年来，国内外发达国家和地区加大了对水生物医药、水循环经济等战略性新兴产业发展的支持和培育。对于辽宁省来讲，要在大力推动水经济发展的过程中注重培育水相关的战略性新兴产业，与国内外相关科研机构广泛开展技术合作，争取重大项目落户投产，将水相关战略性新兴产业培育和打造成为新的经济增长极。

6.4.8 涉水文旅产业

6.4.8.1 深度开发水历史文化资源

辽宁省有着非常悠久而厚重的水历史文化资源。辽河流域孕育了辽金、满清文化的兴盛，也为新中国工业文化的形成和发展奠定了基础。要对辽宁水历史文化资源进行深度整合和大力开发，挖掘整理辽宁省内水系构建与历史文化发展之间的深度联系，以及对辽宁经济社会发展的影响力要素。挖掘整理一些民间传说、历史故事，并对当地县志、历史资料等进行抢救性搜集整理，用厚重的历史人文底蕴为辽宁实施水品牌战略奠定良好的基础。

6.4.8.2 打造辽河水系文旅路线

辽河水系是辽宁省重要的水资源，不但绵延省内，而且孕育了十分厚重的历史文化积淀，是辽宁水经济、水文化最为重要的发展基础。要打造集自然风光、旅游休闲、地理、文化于一体的辽河水系文旅精品路线，将辽河流经区域全部纳入其中，建设辽河水博物馆、水文化展厅、渡船航行、水文化知识传播等新地标。通过开展“印象辽河”等情景式、沉浸式演出、并利用3D、VR等技术带给游客全新的旅行体验。突出辽河历史文化资源优势，将辽河源起与辽宁地区人类社会繁衍发展、辽金、满清历史文化形成等结合起来，增添精品旅行线路的文化色彩和历史底蕴。

6.4.8.3 建设精品景区

省内各市要依托当地湿地、水库、河流、湖泊等建设水品牌精品景区。要注重完善景区硬件服务等配套设施，方便游客到访游览。要加强对景区服务能力的培育和提升，全面提高游客的参与感、体验感和获得感。要完善景区服务项目，集“吃、住、行、游”等功能为一体。

6.4.8.4 培育创意产业

要与国内外相关机构广泛开展合作，承办帆板、冲浪、赛艇等高水平水上体育赛事，扩大水上体育产业的市场影响力，建设一批高水平的水上运动基地，利用传统节日举办省内高校龙舟大赛等。要引入国内外高水平文化艺术团体，探索利用水资源开展主题展演、水幕电影、水光幕、水上无人机展演等创意活动。要利用河湖周边的自然环境优势，打造酒吧、休闲吧、餐饮等的水岸经济产业，为市民休闲娱乐提供良好的环境。

6.4.8.5　大力扶持水康养产业发展

利用省内本溪、鞍山、丹东等地区温泉资源丰富的优势，大力发展水康养产业。要加大对水康养产业硬件设施的更新升级，打造国内温泉康养的“辽宁品牌”。要加强对温泉等水康养产业的技术产品研发，打造全国温泉康养技术研发中心和产品生产基地。要将水康养与医疗康复、养老等产业充分结合，打造水康养养老示范园区，提升老年群体的幸福指数，扩大全国范围内的市场影响力，塑造良好的品牌价值。

第7章　高效能智慧水利网

第1节　基本思路与格局

按照国家智慧水利建设顶层设计和辽宁省委省政府关于“数字辽宁”的决策部署，结合辽宁水利发展实际与信息化建设基础，以“强感知、增智慧、促应用”为需求导向，遵循“需求牵引、应用至上、数字赋能、提升能力”的基本原则，以数字化场景、智慧化模拟、精准化决策为路径，充分运用云计算、大数据、人工智能、物联网、数字孪生等新一代信息技术，构建辽宁水利立体感知网、数字水流仿真网、智慧应用体系、网络安全体系和多维保障体系，形成“一网联测知全域、一网仿真精决策、智慧应用强四预”的辽宁智慧水网，为行业管理科学化、社会治理精准化、公共服务高效化提供支撑。

辽河流域智慧水利网建设的总体思路是按照“大系统设计、分系统建设、模块化链接”及“急用先行、先行先试”的原则，以推动信息技术和流域主要业务的深度融合为主线，以数字赋能水旱灾害防御、水资源集约安全利用、水资源优化配置、大江大河大湖生态保护治理等领域为重点，以数字化场景、智慧化模拟、精准化决策为路径，以网络安全为底线，大力提高算力、算据、算法能力，加快构建具有预报、预警、预演、预案“四预”功能的辽河流域智慧水利体系，全面推动流域新阶段水利高质量发展。

总体目标是充分运用云计算、大数据、人工智能、物联网、数字孪生等新一代信息技术，建成重点业务具有“四预”功能的智慧水利体系，实现数字化场景、智慧化模拟、精准化决策，赋能流域水旱灾害防御、水资源集约节约利用、水资源优化配置、大江大河大湖生态保护治理，全面提升流域管理数字化、网络化、智能化水平，为辽河流域新阶段水利高质量发展提供有力支撑和强力驱动。

现阶段主要目标是以强感知、增智慧、保安全为主线，构建包括流域智能中枢体系、基础设施体系、“3＋N”水利智能业务应用体系、网络安全防护体系和保障体系五部分的智慧水利总体框架，初步建成辽河流域数字孪生，推进水利工程智能化改造，在主要江河重点防洪地区基本实现“四预”，在重点河流水资源跨区域管理与调配初步实现“四预”，推进N项业务应用建设，初步构建辽河流域智慧水利体系，高效提升流域数字化、网络化和智能化水平。辽河流域智慧水网总体架构见图7.1。

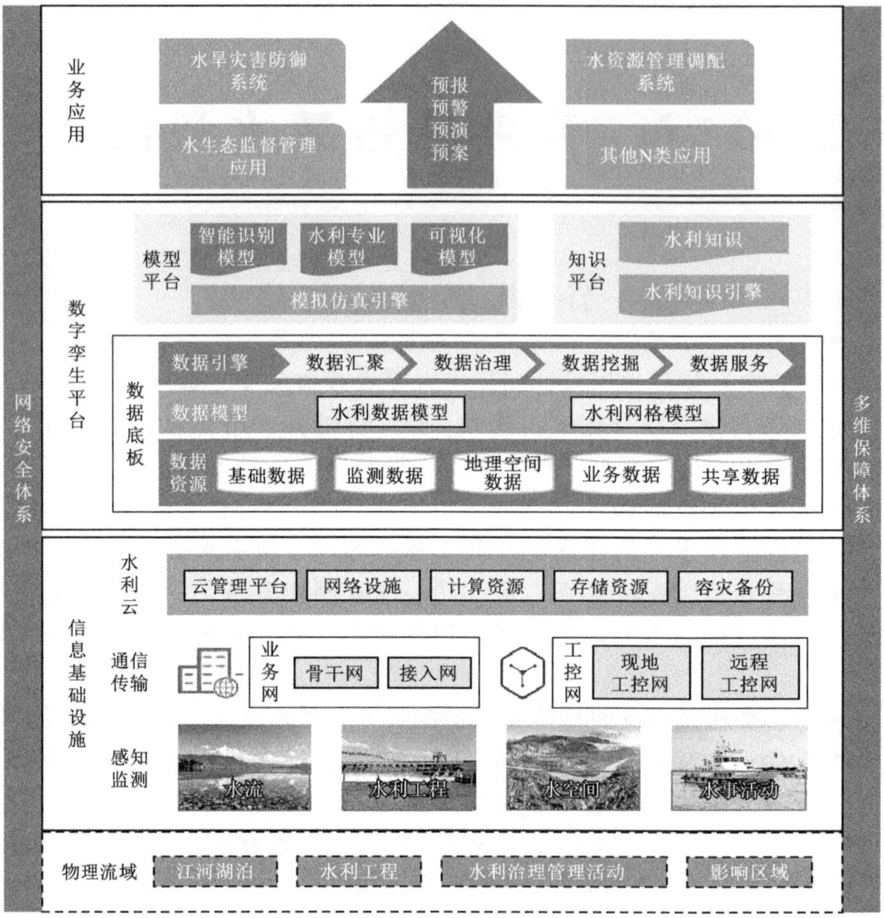

图 7.1　辽河流域智慧水网总体架构

第 2 节　立体感知网建设

7.2.1　完善水利监测感知网

在传统水利监测体系的基础上，利用传感、定位、视频、遥感等技术，对水流、水利工程、水空间、水事活动等进行监测和智能分析，升级完善水利监测感知网。通过监测感知网从物理流域中获取全面、真实、客观、动态的水利信息，为数字孪生平台建设奠定基础。

1. 优化水文监测站网

水文是水利行业监管的“尖兵”和“耳目”，在水网建设中要进一步推动传统单一测报水文向防灾应急水文、资源管理水文、生态环境水文、社会服务水文“四位一体”的现代水文延伸发展。重点完善中小河流、中小水库水文要素与过程监测，实现中型水库坝前及坝下均布设水位、雨量、视频一体化监测设施，库区每 50km^2 集雨面积布设 1 处雨量站，实现每座小型水库 1 套水位雨量视频一体化监测预警设施；提高山洪易发区及防洪排涝重点城市水文监测水平；推进国家水文站网提档升级，补充行政区界水资源监测站点，加密地下水监测站网；加强支撑水生态保护和修复的信息监测，补充建设饮用水水源地和水事敏感区自动水质监测站，建设水生态监测设施。

2. 加强水网工程数字化建设

加强水网工程和新型基础设施建设相融合，统筹已建水利工程智能化升级改造和新建工程的数字化建设，完善中小水库水文监测预警及工程安全监测设施建设，提升水库大坝、大中型水闸、重要堤防险工险段等水利工程安全及运行监测能力。

3. 加强水空间大尺度范围的监测感知

利用遥感技术手段获取重点河段水域岸线整体状况，重点针对人为水土流失情况进行监管；通过卫星、无人机等高分辨率遥感影像进行识别解译，获取较大尺度范围的水旱灾情、工程险情、水生态环境、应急抢险等动态信息。

4. 提升水事活动的动态感知能力

完善对人工取—输—供—用—排水过程的监测，扩大河流行政区断面、重要取排水口的在线监测范围，规模以上灌区实现斗口以上水量自动计量；加强河湖水域、岸线动态监控，利用遥感技术判读河湖空间数据，研究推进河湖空间变化情况监控。

5. 提升感知智能水平

实施监测设施的自动化现代化改造升级，推进北斗卫星、无人机、无人船、视频 AI 等先进技术和装备运用，加强感知终端的智能升级及新一代物联通信技术应用。

7.2.2 建设水利信息传输网

充分利用光纤、5G、物联网、卫星传输等先进的通信技术，面向下一代网络发展，升级改造网络核心设备，打造纵向到底、横向到边、高速智能、灵活安全的水利传输网。

7.2.2.1 水利业务网建设

以现有网络为基础，建设省、市、县、乡四级连通、网络带宽大幅度提高的水利业务网。依托水利骨干网和电子政务外网，进一步完善网络布局，省市县三级水行政主管部门、乡镇级水利单位、水利工程管理单位采用租用公网专线与自建光纤结合的方式实现互联互通；沿骨干水网，在有条件的地方敷设光纤和水利骨干网组成闭环的水利专网，与国家公网形成互为备份通信方式；大幅提升网络连接带宽，省市间链路带宽不低于 200MB，县级水管单位、大中型水利工程管理单位链路带宽不低于 100MB，乡镇级水管单位、小型水利工程管理单位链路带宽不低于 50MB。

7.2.2.2 水利工控网建设

在大型、重要中型和其他具备条件的水利工程现场建设水利工控网，实现水利工程的集中控制，确保与外部网络物理隔离。以各工程管理单位为主对具备条件的水利工程现场建设工控网及集控中心，与当地工控网连接，实现集中控制；根据需要在水利工程管理上级单位建设水利工控网，一般不直接连接当地工控网，仅用于监视。

7.2.2.3 应急通信保障体系建设

加强与电信运营商在应急通信资源方面的合作共建，完善应急通信保障体系，为防洪现场险情、灾情的实时监视、会商以及抢险指挥调度提供应急通信通道。通过 4G、5G 公网或卫星网络，承载语音、数据、多媒体图像、视频等信息，将前端侦察、救援图像和单兵定位、监测数据实时传回前方指挥部，利用前方指挥部平台的视频会商功能，与后方指挥中心实现远程会商和协同指挥等。

7.2.3　建设辽河流域水利云

7.2.3.1　搭建辽河流域水利云

辽河流域水利云以“云网合一、云数联动”为架构，采用“多级部署、多级应用”模式，以信创环境为基础，为水网建设、运维、调度提供弹性灵活、高速安全的计算、存储、网络等资源。辽河流域水利云建设包括专有云和公共云，以及同城、异地备份中心。充分利用政务云资源，按照业务专有程度和数据敏感程度，将业务应用和数据资源分别部署在辽河流域水利云上，并采取相应的备份措施，实现重要业务的数据容灾和关键业务的应用双活，实现各级水行政主管部门共用专有云内相关资源，并具备同城备份和（或）异地灾备的能力。

7.2.3.2　完善视频会商系统及环境

高清视频会议系统覆盖省市县乡和工程管理单位，构建四级部署、多级应用的视频会议级联集控体系，支持视频终端（固定、无人机）、桌面端、手机端等接入；完善集水网工程联合调度、水资源统筹调配、防洪安全指挥、水行政综合监管等功能于一体的水利综合会商中心。

第3节　数字水流仿真网建设

利用大数据、人工智能、仿真模拟等技术，以物理流域为单元、水利模型为核心、水利知识为驱动，推进算据、算法建设，对物理流域全要素和水利治理管理活动全过程进行智慧化模拟，实现水流、信息流和业务流在水网中的高度融合孪生，赋能水利业务，支撑水利智慧化决策。

7.3.1　数字孪生概念

数字孪生是一种实现物理系统向信息空间数字化模型映射的关键技术，它通过充分利用布置在系统各部分的传感器，对物理实体进行数据分析与建模，形成多学科、多物理量、多时间尺度、多概率的仿真过程，将物理系统在不同真实场景中的全生命周期过程反映出来。借助于各种高性能传感器和高速通信，它可以集成多维物理实体的数据，辅以数据分析和仿真模拟，近乎实时地呈现物理实体的实际情况，并通过虚实交互接口对物理实体进行控制。数字孪生主要由3部分组成：①物理空间的物理实体；②虚拟空间的实体；③虚实之间的连接数据和信息。

7.3.2　数字孪生平台建设

数字孪生平台建设内容包括数据底板、模型平台及知识平台。

7.3.2.1　数据底板建设

利用3S、物联网、BIM等信息技术，以物理流域为单元、数字地形为基石、干支流水系为骨干、水利工程为重要节点，对物理流域的全要素数字化映射，形成全空间一体化并且相互关联的数据底板。通过数据底板的建设，完成物理水利及其影响区域的全要素数字化表达，在数字空间虚拟再现真实的流域，实现涉水信息动态实时畅通、交互以及深度融合，全场景描绘流域细节和呈现流域体征，实现涉水活动精细仿真，为数字孪生平台的建设提供基础支撑。主要建设内容为三维数字地形、工程数字孪生体以及数据融合。

1. 三维数字地形

建设下垫面及水下三维数字地形。将下垫面及水下地形进行数字化、全价值对照，精准实现下垫面调优。建设内容包括流域大场景、高精度线性场景、水下地形场景和重要区域点状场景四部分。

（1）流域大场景建设。采用卫星遥感影像叠加DEM的方式建设流域大场景，利用空间分辨率优于1m的卫星遥感影像建设辽河流域数字场景。流域大场景制作主要包括正射校正、辐射校正、影像融合、整体镶嵌及范围裁切等内容。

（2）高精度线性场景建设。采用航空摄影的方式获取流域内重要河道高分辨率数字影像和激光点云数据，经数据处理，建设流域内重要河道高精度线性场景，即数字正射影像图（DOM）。DOM制作主要步骤为：空中三角测量、影像正射纠正、影像镶嵌编辑等步骤。

（3）水下地形场景建设。采用GPS＋回声测深仪和人工施测相结合的方式获取水下点云数据，生成水下DEM，建设高精度水下地形场景，重点针对流域大型水库、重要中型水库和主要河流河道开展建设。针对可以行船区域及水库区域，水下数据采集工作可以使用无验潮水下地形测量系统（GPS＋回声测深仪）施测；浅水区可采用无人船进行测量或采用人工专用测深杆测量；沿岸及芦苇区需人工采用专用测深杆测量。相邻不同测量方法测量区域应有重合区域，方便进行互检。岸线、岛屿等陆上测量部分以及陆地部分地形图可从点云数据中提取相应坐标。水下地形场景建设主要包括数据预处理、离散点提取、三角网的建立、水下地形图的绘制等步骤。

（4）重要区域点状场景建设。采用航空摄影的方式获取防洪重点区域包括城镇以及蓄滞洪区等区域的倾斜摄影数据，制作实景三维模型，建设重要区域点状场景。实景三维模型制作主要包括资料准备、空三工程建立、空中三角测量、影像云光匀色、模型构建和模型整饰等步骤。

2. 工程数字孪生体

工程数字孪生体基于物联网、云计算、大数据等先进技术，进行工程数据高效采集、分析处理、实时显示，为管理者提供实时显示远程工程设备运行状态、维护人员实时定位、监控系统实时监督等服务。运用BIM、三维虚拟现实技术（AR、VR）、三维互联网可视化技术、3D建模技术等构建三维工程数字孪生体，结合视频监控系统、视频分析系统、网络信息化技术、扫描感应传感器、数据存储和处理技术，呈现数据线上可视化三维数字孪生管理模式。实现对流域内大中型水闸和重要建筑物等水利工程实时还原拟真、线上管理。在BIM技术实施过程中，采用“一个模型，一个平台，一个数据源”的模式，以统一的应用支撑平台为基础，通过三维专业软件进行具体实施。

（1）BIM建模原则：

1）建模基准。BIM建模的坐标系统采用2000国家大地坐标系，高程系统为1985国家高程基准系统。各建筑物创建过程中均遵照统一的建模基准，模型创建完成后其位置、高程等与设计资料及实际情况保持一致。

2）模型精细度等级。BIM模型的精细度等级符合T/CWHIDA 0006—2019《水利水电工程信息模型交付标准》和实际应用的要求，不低于LOD2.0。

3）模型几何精度。由于BIM模型根据设计图纸创建，模型的几何尺寸、高程信息等是从设计资料中获取的，因而BIM模型的几何精度由设计资料质量、建模精度等因素共同决定，其几何精度满足表7.1要求。

表7.1　模型几何精度要求表

模型比例	平面精度/m	相对高程精度/m
1：1	0.2	0.3

（2）BIM建模流程。确定需要创建的BIM模型后，按区域和专业进行构件拆分，即从前期收集、准备的现有设计资料中获取建筑物各个部位的尺寸、高程、结构、材质信息，基于上述信息创建各个建筑物的BIM模型，模型创建完成后将模型逐级组装成项目总装模型，模型经校核审查无误后，转换为应用支撑平台能够识别的格式并输出。

（3）模型质量控制。BIM模型建立后开始校审流程，由校审人员对模型进行浏览和审查，模型修改完毕并交予校审人员复核确认无误并签字后，校审工作完成。BIM模型校审的主要检查内容包括：

1）BIM模型、模型属性及模型信息与设计图纸保持一致，模型成果深度及质量满足相关规范标准及实际应用要求。

2）模型构件的尺寸、空间布置、方位、高程等几何信息满足几何精度要求。

3）模型构件之间的连接、交错、利用或避让等关系无误，剔除无效体、面、线，避免模型出现“错、漏、碰、缺”等缺陷。

4）模型的材质、纹理、配色符合正确性、完整性、一致性、协调性的原则，纹理分辨率不低于0.05m，贴近现实场景及实景模型纹理。

5）模型的贴图链接、文件链接、信息链接等链接有效，不存在丢失。

将基础数据、监测数据、业务管理数据、跨行业共享数据、地理空间数据信息融合到数字虚拟空间并时时更新，为仿真模拟和辅助决策提供数字化场景，实现全域的虚拟空间与物理空间精准映射，建立数据融合模型，形成数据一体化融合组件。

基础数据主要包括河道、水流、湖泊、水库、堤防、蓄滞洪区等数据。监测数据主要包括水情、雨情、工情、水质、泥沙、灾情、地下水位、取用水、墒情、遥感、视频等数据。业务管理数据主要包括水资源、水生态水环境、水灾害、水工程、水监督、水行政等数据。跨行业共享数据主要包括经济社会、气象、生态环保、自然资源等数据。地理空间数据主要包括数字线化DLG、数字高程DEM、数字栅格DRG、数字正射影像DOM、数字表面模型DSM、点云等数据。

7.3.2.2　模型平台建设

通过建立“数据＋算法＋算力”的底层架构，在数据底板基础上，实现不同空间尺度、时间尺度的模型定制与计算，实现全流域精细化模拟。首先，利用历史数据训练、迭代的方式，构建公共模型和水利专业模型，形成模型库，在数字空间对水利治理管理活动进行全息智能化模拟，为数字孪生平台提供仿真功能，支撑精准化模拟。其次，建设数字仿真模拟引擎，通过实时渲染和可视化呈现的方式，实现水利虚拟对象系统化运转，实现数字水网与物理流域实时同步仿真运行。

1. 模型构建

利用流域历史数据，采用人工智能（AI）、大数据分析技术研究完善现有模型，充实灌区优化配水、水库调度、水利工程安全运行评估、水土保持、感潮河段水文水动力耦合等专业模型，逐步实现整个流域模型化，实现业务应用的模块化抽取调用。

通过各类模型的不断积累，对各种模型进行标准化处理，建设辽河流域水利模型库，包括水文、水动力、水工程、水质等公共模型和水利专业模型。

2. 数字仿真模拟引擎建设

以应用支撑体系为支撑，采用虚拟仿真、增强现实、数值模拟等技术将自然要素（自然地理、地形、地貌、河流、植被等）、社会要素（交通、城镇、种植、社会经济、建筑等）、水利要素（河道、水渠、水库、闸坝、堤防、蓄滞洪区、灌区等）进行可视化表达，实现流域实时信息的多层次渲染，真实展现流域样貌、自然环境、流域细节等各种场景。

数字模拟仿真引擎在应用支撑体系基础上，主要建设数据模型管理和 BIM 引擎两部分内容。

7.3.2.3 知识平台

在数据底板的基础上，采用统分结合的方式沉淀水利知识和治水经验，通用性强的知识图谱库以及各类学习算法，利用机器感知、机器思维、机器学习等技术感知水利对象和认知水利规律，为数字水流仿真网提供智能内核，将水规律、水活动的预演过程在数字流域中动态模拟、反馈，真正实现数字孪生，实现各重要河流以及其影响区域历史演变的逼真描绘、实时情势的动态模拟以及未来态势的智能预判，“四预”支撑智慧化决策。建设内容主要包括知识库、智能算法和水利智能引擎。

1. 知识库构建

基于数据资源池梳理出来的涉水数据，经过数据融合、加工提取出实体、属性以及实体间的相互关系，形成基础水利本体图谱和实体化的知识库。基于知识平台构建水利业务实体及其属性多级关联的知识图谱，上层水利智能应用可基于知识图谱完成体系内的数据搜索、数据推荐、数据洞察以及智能问答等。水利知识图谱主要包括知识获取、知识融合、知识存储、知识推理、知识可视化五方面内容。

2. 智能算法构建

智能算法主要包括回归、时间序列、聚类、搜索关联与推荐等学习算法，语音识别、图像与视频识别、遥感识别、自然语言处理等智能模型。其中，学习算法是指通过人工智能、机器学习、模式学习、统计学等方法，从关联规则、对象分类、时间序列等不同角度对数据进行挖掘，做出归纳性推理，发现数据隐含价值、潜在有用信息和知识。智能模型是指通过训练学习算法，建立一套能够利用计算机智能分析和理解音频、图像、视频以及自然语言的模型库，代替人工进行大范围遥感影像解译、大规模视频监视、大批量语音通话以及大量报告文本阅读理解，并具备提取感兴趣信息进行结构化分析的能力。

3. 水利智能引擎构建

水利智能引擎主要包括知识图谱构建工具、机器推理和机器学习，实现模型训练、机器推理、图谱构建、图谱服务等功能。知识图谱构建工具是构建知识图谱过程中使用的信息化工具，包括知识模型设计工具、知识整合工具、知识浏览工具、知识可视化工具和知识编辑工具。机器推理是指从已知事实出发，运用已掌握的知识，推导出其中蕴涵的事实性结论或归纳出某些新的结论的过程。机器学习是一种研究计算机获取新知识和新技能、识别现有知识、不断改善性能、实现自我完善的方法，基于学习方式可分为监督学习、无监督学习和强化学习三类。

第4节　智慧水利应用体系建设

基于数字孪生平台，建设以水灾害、水资源、水生态为核心，全面覆盖水利业务的“3＋N”智慧应用体系。

7.4.1　建设水旱灾害防御应用体系

实现防洪“四预”，以山洪灾害区易发区、重点防洪区和辽河平原粮食主产区以及有防洪任务的河流为重点对象，扩展定制流域防洪数字化场景，集成降水—产流—汇流—演进全过程模型，实现气象水文、水文水力学耦合预报以及预报调度一体化。延长洪水预见期，主动适应社会公众对水情预警精细化服务的需求。以流域为单元，依据重要水库、泵站等水工程防洪调度规则，构建流域内重要水工程调度模型，结合洪水防御形势研判成果，开展水利工程联合防洪调度和河道洪水模拟预演。开发预案功能，集成各类防洪方案、调度规则和专家经验等，扩展方案自动生成、多方案比选等功能，为洪水防御赢得决策先机。构建抗旱基础数据体系，开发综合旱情测报和旱情监测分析预警功能，开展旱情动态评估，依据重要江河湖库旱限水位（流量）和干旱预警指标体系，制定流域及重要水工程应急水量调度预案。

7.4.2　建设水资源管理与调配应用体系

构建水资源管理与调配数字化场景，实现水资源监控管理及动态评价、精细化配置调度、城乡供水安全保障、节水信息化管理等业务应用数字化、网络化、智能化水平显著提升；完善水资源承载力监测预警模型，实现流域区域取用水的精细化管理和超前预警，支撑水资源刚性约束制度实施；构建来水预报、需水调配、水量分配、水量调度等模型，形成精准化决策能力，依靠与之匹配的水网智能化控制体系，实现骨干水网多目标智能联合调度。

7.4.3　建设水生态监督管理应用体系

构建河湖管理数字化场景、基于“四查”模式的河湖监管和河湖预报预警应用，提高河湖监督管理水平和事件处置效率，助力复苏河湖生态环境；构建水土保持数字化场景和分析预报模型，推进生产建设项目水土保持信息化全覆盖监管，开展水土流失综合治理全过程智能监管；在地下水自动测报系统基础上，加密地下水监测站网，完善地下水模型，为地下水超采综合治理及回补效果评价提供支撑。

7.4.4 建设其他N类应用体系

“N”是指水利工程建设和运行管理、农村水利水电、节水管理与服务、水行政执法、水利监督、水文管理、水利行政、水利公共服务等。根据水利高质量发展的要求，全面推进业务流程优化再造及无纸化办公，在重点业务、重点区域率先实现“四预”功能，推动水利工作智能业务应用全面覆盖。

辽河流域“3＋N”智慧水利业务应用体系框架见图7.2。

图7.2 辽河流域“3＋N”智慧水利业务应用体系框架图

第5节 强化网络安全体系

管理体系上，深入贯彻落实国家网络安全等级保护制度，推进国产密码全面应用，建立一体化的数据安全防护和风险管控机制，加强网络安全人才队伍培养。技术体系上，针对各类防护对象增强基础安全防护能力，完善安全数据监测预警，加强应急响应协同处置能力；根据《关键信息基础设施安全保护条例》，坚持“体系化，实战化，常态化”理念，构建水利关键信息基础设施安全综合防御体系，不断提升水利关键信息基础设施“动态防御、主动防御、纵深防御、精准防护、整体防护、联防联控”能力，重点加强以核心机电设备计算机监控系统为主体的基础设施安全防护；建设水利关键信息基础设施综合态势指挥平台、水利工程控制安全仿真验证平台、网络安全实训与竞赛平台以及网络安全意识教育培训平台。运营体系上，建设常态化网络安全运营机制、实战化网络安全检查机制，完善水利网络安全通报预警机制，持续坚持对水利网络安全开展奖惩工作。

第8章　松辽航运网战略方案研究

第1节　基本思路与建设契机

8.1.1　基本思路

相较于铁路和公路运输，水路运输成本最低，特别适合对运输日期要求相对较为宽松的大宗商品的运输。当前东北北部的出海口主要为黑龙江和图们江出海口，但黑龙江需要通过俄罗斯境内的阿穆尔河，经鞑靼海峡和日本海南下，而图们江出海口并不在中国境内，虽然出海口有中俄合作开发的扎鲁比诺港，但该港口设施老化、承载能力弱，甚至有一段路程需要水陆联运，大大降低了航运出海效率。因此，松辽运河的建成通航将使得东北地区的南北水运沟通，南向出海的货运船只可以经松辽运河由辽河入海口的营口港出海，为东北商品经由水运出海提供了新的选择，同时也形成了与扎鲁比诺港的竞争态势督促其修缮优化，提升通关、出海等的效率。

修建松辽运河这个设想最早从清康熙年间提出，已历经300多年，建设松辽运河是东北地区人民的百年梦想，事关东北地区通江达海、向海图强，事关松辽运河沿线地方长远发展。松辽运河是指连通松花江、辽河的重大水运工程，北起吉林省大安市嫩江的大赉，南至辽宁省营口出海，全长约800km，可使黑龙江、松花江和辽河等水系连成覆盖东北三省的内河约7000km的航道网，形成贯通东北三省的水运大通道。彻底改变东北三省内河水运无出海口的困局，打造新型松辽水系生态经济带。松辽运河将优化提升东北地区水运网络、加快国家综合立体交通网建设，将直接开辟东北内陆地区至俄蒙地区，运距最短、最经济最便捷的出海通道，将推动形成陆海内外联动、南北双向互济的全方位开放格局，对东北和我国政治、经济、社会、文化发展具有重大战略意义。

8.1.2　建设契机

开挖松辽运河设想的提出已有300多年历史，但由于种种原因目前仍未实施。进入新时代以来，随着国际国内政治经济格局的变化，松辽运河建设再次迎来新的历史契机。

1. 国际方面

（1）俄乌冲突使俄罗斯弃西向东成为大势所趋。在世界地缘政治格局深刻变化背景下，俄罗斯的外交政策也随之变化，更加注重发展和加强同东方国家间的关系。中国已连续13年成为俄罗斯第一大贸易伙伴国，双边贸易额2023年增长近30%，达2400亿美元。在俄乌冲突背景下，中俄贸易进一步深入发展，2024年前两个月中俄贸易额保持了25%以上的增长。中俄贸易快速增长和未来更加广阔的增长空间使松辽运河建设的必要性与紧迫性凸显。

（2）中美博弈的日益激烈，使得我国依托俄罗斯来保障国家能源与粮食安全成为现实需要。东北地区是我国重要的粮食基地，东北三省粮食产量占全国1/5以上，商品粮量约占1/4；俄罗斯是我国第一能源进口来源国，第二原油进口来源国，第一电力进口来源国。近年来，中美在南海的博弈日益加剧，使得东北三省在维护国家战略安全重要性的作用日益凸显。若通过松辽运河构建东北亚水运大通道，外可沟通北极航道，内可通过东北水网沟通国内，形成能源与粮食资源的双通道，从而保障我国经济安全、能源安全、粮食安全。

（3）近年来中、俄、日、韩等东北亚国家间贸易往来不断加强。过去俄罗斯主要与欧盟国家进行经贸往来，中俄之间以边贸为主。俄乌冲突以来，中俄贸易从传统边贸转变为我国外贸的重要一极，俄罗斯远东地区开发和中俄贸易的新发展将使包括日、韩等国在内的东北亚经济贸易蓬勃发展，诱发巨大的货运量增长，东北三省将成为整个东北亚的交通枢纽与物流贸易枢纽，为松辽运河成为东北亚的水运大通道提供了重要契机。

2. 国内方面

（1）当前国家正在构建新发展格局，要求东北地区加快融入国内国际双循环。面对东北北部地区无出海口的困局，松辽运河建设可形成贯通东北三省的水运大通道，形成东三省新的南向出海通道，相较以往江海联运沿黑龙江到鞑靼海峡绕日本海到达南方可缩短3500km距离。同时，东北还可与京津冀、长三角、粤港澳大湾区等经济带进行更为直接的经济联系，快速融入国内大循环，推动东北三省与日本、韩国等东北亚国家的外贸联系，打通国际大循环。

（2）国家当前正在加大力度扩投资、稳增长，交通运输行业着力扩大交通有效投资。从2022年全国各省公路水路交通固定资产投资情况看，东北三省排名均位于20名以后，交通投资严重滞后，缺少重大项目。从近10年GDP来看，东北三省占全国GDP比重逐年下降，发展速度严重滞后，亟需通过建设陆海大通道带动经济发展。同时，在加快交通强国建设上，全国各地更加重视水运发展，谋划实施了一批水系连通工程，平陆运河已开工建设，汉湘桂通道、浙赣粤通道等也都在加快推动中，沟通东北水网的松辽运河迎来了规划建设的重大机遇。

（3）全国水网建设规划为松辽运河提供良好契机。2022年4月，习近平总书记主持召开中央财经委员会第十一次会议明确提出“国家水网建设规划”的要求。2023年5月，中共中央、国务院印发了《国家水网建设规划纲要》，提出要“推进水网与航运融合发展，加强水网与水运通道统筹……”。近年来，东北三省一区谋划并实施了一系列水源工程，目前水网建设已经具备了由点向网、由分散向系统转变的规划基础和工程基础。松辽运河与东北区域水网建设密切关联、相互促进，两项工程在选线、调水等方面也息息相关。

第2节 松辽航运网对经济发展的促进作用分析

8.2.1 对产业发展的促进作用

8.2.1.1 产业现状与规划

东北地区自然资源丰富，工业基础坚实，粮食、能源、林业、机械设备、钢铁生产在我国国民经济中占有重要的战略地位，基本形成了以鞍钢为主体的钢铁工业体系，以大庆油田为主体，包括辽化、吉化的石化工业体系；以鹤岗、鸡西、抚顺、扎赉诺尔、霍林河等煤矿为主体的煤炭工业体系；以一汽为主体的汽车工业体系；以哈尔滨、沈阳、大连为主体的装备工业体系；以吉林、黑龙江为主体的医药工业体系和农副产品加工为主体的食品工业体系。

2010 年以来，东北地区产业结构发生了很大变化。在改革开放初期，东北地区产业结构比例为 16.1：69.1：15.8；到 2014 年，一、二、三次产业结构比例达到了 14.14：42.02：43.84；到 2021 年，东北地区产业结构进一步优化，其比重变更为 13.43：35.22：51.35；整体排序实现从“二一三”过渡为“三二一”。

2021 年，经国务院批复同意，国家发展改革委印发了《东北全面振兴“十四五”实施方案》，提出推动产业结构调整升级，改造升级传统优势产业，培育壮大新兴产业，大力发展现代服务业，着力提升创新支撑能力。到 2025 年，东北振兴重点领域取得新突破，维护“五大安全”的能力得到新提高，国家粮食“压舱石”地位更加巩固，祖国北疆生态安全屏障更加牢固；一批国有企业改革取得实质性进展，发展质量和效益显著增强；民营经济体量和比重持续提升，活力和竞争力明显提高；融入国内大循环更加深入，国内国际双循环相互促进更加有力；创新驱动作用充分发挥，产业结构进一步优化；优势互补、高质量发展的区域经济布局初步建立，城市群和都市圈的辐射带动作用进一步增强；基础设施网络进一步完善，统筹城乡的基本公共服务均等化水平明显提高，就业、社保等民生保障能力稳步提升。

8.2.1.2　产业发展面临的困局

1. 传统产业优势丧失。制造业是我国东北老工业基地的传统产业，市场经济中产业的发展取决于竞争力，我国加入 WTO 后，外国制造业带来的竞争压力以及沿海地区制造业的迅猛发展，使得东北老工业基地制造业的发展举步维艰，目前东北地区除石油天然气开采业、石油加工业和黑色金属冶炼及加工业这三个行业外其余的行业市场占有率均在 10%以下，许多传统优势产业由于竞争力低下，市场日益萎缩。粮食、煤炭等大宗散货运输体系有待优化，物流成本较高。

2. 产业结构发展失衡。随着资源、环境等因素的制约，东北地区工业发展的增速开始放缓甚至出现负增长。由于工业在第二产业中占比较大，以及第二产业在整个经济结构中占比较大，从而这种工业上的负增长导致东北经济发展滞缓。

3. 产业结构趋同明显。东北地区内部区域的地理位置相近，在产业结构上表现出很大的相似性。在三省工业占比前十的行业中，三省呈现出很大的相似性，多以资源密集型企业为主，重化工企业、装备制造业在三省都有不同程度的发展。

8.2.1.3　松辽运河对产业发展的促进作用

1. 有助于进一步释放东北三省传统产业优势

建设松辽运河，可以进一步发挥水运成本低、耗能少、运能大等优势，带动适合内河水运发展的制造业快速发展，释放东北传统产业的优势。

粮食和农产品加工产业是典型对运输能力要求较高的产业。可充分利用松辽运河建成后的内河航运优势，在运河沿线布置粮食产业加工园区，扩大现有粮食产业的发展规模，重点发展玉米、大豆、水稻等农产品的深加工，并利用副产品，稳步发展饲料，促进养殖业发展，促进东北三省粮食和农产品加工业由资源驱动向创新驱动转变，推动农产品加工业高质量发展。

石油化工产业是现代工业的基础。松辽运河建成后，可以将哈尔滨、大庆、吉林和盘锦等城市通过水运联通起来，进一步优化整个东北三省的石油化工的产业布局，弥补原材料和原油进口不足的问题，进一步打造整个东北三省新型石油化工产业集群。

东北三省是我国主要的木材生产基地，有红松、落叶松、云杉、白桦等，被誉为“中国林区金三角”。松辽运河建成后，可进一步发挥内河水运优势，整合东北三省木材加工产业布局，背靠东北、内蒙古重点国有林区，辐射全国木材产品市场，对外与俄、日、韩木业深度合作，重点培育实木家具、木材加工、造纸及纸制品业等。

东北三省矿产资源丰富，主要金属矿产有铁、锰、铜、钼、铅、锌、金以及稀有元素等。松辽运河建成后，东北地区可充分利用资源禀赋，叠加松辽运河的航运优势，打造新型冶金产业集群。

装备制造业是东北三省的支柱产业，也是国家制造业的脊梁。由于各类装备体积大、重量重，铁路和公路运输较为困难，水运是最适合的运输方式，松辽运河建成后，可以解决装备运输困难问题，进一步吸引装备制造企业进行沿江布局，建设组装和维修产业园。

汽车产业具有高度综合特性，它的产业链之长，几乎涵盖所有制造业部门，创造着大量的就业岗位，被称为现代工业皇冠上的明珠，松辽运河建成后，推动“内河和沿海联运”，减少装卸上下车，降低了出口车辆的质损率和运输成本。同时，为相关产业链的原材料进入提供了水路运输保障。

生物医药产业是创新、资本和技术高度密级的产业，是区域高端化的代表性产业。大型医疗器械运输尤其要注意安全性和稳定性，且较多器械往往体积过大，公路运输较为困难，松辽运河建成后，可以解决大型器械运输困难问题，促进相关企业沿江布局。

松辽运河不仅是一条水上运输的黄金通道，更是一个水利综合治理工程。通过松辽运河的建设，可以完善沿线水利基础设施建设，打造高水平的灌溉农业示范区，提升运河的综合效益。在运河建设的同时，统筹推进灌区高标准农田建设，推进灌区配套与节水项目建设，完善干渠、支渠、斗渠、农渠等水利设施，提供输配水效率。

松辽运河建成后，将松花江、黑龙江和辽河连接起来，形成南北两条出海大通道，打通了江海旅游，整个河流两岸风景优美，旅游资源丰富，加之运河本身也是一条旅游黄金线路，水上旅游发展前景较好。建设运河水上巴士、游船旅游等项目，整合松花江、黑龙江等旅游资源，鼓励沿江旅游码头建设，打造精品旅游线路，规划高端内河、沿海水上休闲度假区和康养基地，形成一批产业链长、覆盖领域广、经济社会效益显著的水上旅游产业集群和集聚区。

2. 建设松辽运河有助于优化东北三省产业布局

东北地区当前就业结构呈现“三一二”的模式，与产业结构的“三二一”模式没有完全契合，同时东北地区有明显的劳动力，人才外流现象，劳动力总量相对而言出现大幅度下降，2018年，第三产业就业人数占46%，第一产业就业人数占34%，第二产业人数依然为最少，仅占据20%。在国际市场竞争加剧的形势下，东北地区第二产业技术水平偏低，供给能力不能很好地适应市场的消费需求，给产业结构高度化的前进过程造成极大的困难。同时，产业链较短，不能带动产业间的发展，产业结构配置不合理，传统的产业发展模式制约着东北的可持续发展。依托松辽运河，构建我国东北地区开放发展新的战略支点，培育我国新的区域经济带和增长极；依托经济带不同区域资源禀赋、发展基础、经济联系、资源环境承载力及港口交通条件，提出适宜东北发展的空间格局，推动化工产业、先进制造业等重要国民经济部门的发展，承接京津冀、长江经济带和粤港澳大湾区产业转移，诱发新型产业的落地。

3. 建设松辽运河有助于带动城市临港产业发展

以港兴市、港城融合是沿江城市发展的成功经验。改革开放四十年来，东北三省的城市发展与南方其他城市相比已远远落后。港口作为本地区与外界物资和信息交换的重要载体，已经成为推动所在城市经济发展的重要力量。松辽运河建成后，可以将哈大齐工业走廊、长吉一体化以及辽宁中部城市群串联起来，带动城市临港产业和新型航运服务业的发展，加速城市的转型和升级。

4. 松辽运河有助于扩大出口产业发展

东北三省是东北亚的中心地带，背靠欧亚大陆，同俄罗斯、朝鲜、蒙古国接壤，同日本、韩国隔海相望，同欧洲陆海通道相连。东北亚地区汇集了我国、日本、俄罗斯、韩国4 个位于世界前 12 位的经济实体，还有朝鲜、蒙古国等国，经济发展潜力巨大。东北是东北亚通往中国关内的交通要道，连接欧亚大陆桥的重要门户，承接东北亚贸易往来和经济转移的主要区域，是中国向北开放的窗口，也是丝绸之路经济带和 21 世纪海上丝绸之路的重要交汇点，新欧亚大陆桥的桥头堡。

东北拥有丰富的资源与雄厚的产业基础，不仅拥有丰富的煤、铁矿、石油、天然气等矿产资源以及高素质的人力资源，而且拥有最完备的工业门类。俄朝蒙三国资源储量丰富，但重工业发展水平偏低，高素质人力资源较为缺乏。日韩两国知识密集型产业发达、资金丰富，但人力资源与自然资源较为短缺。资源结构、产业结构、商品结构的互补性为东北与东北亚其他国家进行经贸合作提供了基础条件。

5. 建设松辽运河有助于带动生态产业发展

生态安全是习近平总书记从国家发展大局出发对东北地区做出的战略定位之一，松辽运河的建设在妥善处理好经济发展与生态环保的关系基础上，保护好松花江—辽河这条生命线，积极探索跨省区流域生态建设新模式，可为维护流域生态安全、实现流域可持续发展提供经验和示范。在东北地区，过去对生态用水的重视不够，致使河道缺水或断流，地下水位下降严重。建设松辽运河，依靠河道和湖泊蓄水，有利于改善河流沿线地上、地下和空中气候生态环境。在河流沿线开发水上、冰上旅游，建设景观和生态航道，将会改善沿线城乡生态环境，促进人与自然和谐相处、经济与环境和谐发展，带动生态产业发展。这既贯彻了习近平总书记关于东北地区生态安全的战略要求，也体现了流域发展新要求。

8.2.2　对外开放政策落实的促进作用

8.2.2.1　东北三省对外贸易情况

2022 年东北三省全年进出口总额分别为辽宁（7907.3 亿元）、黑龙江（2651.5 亿元）、吉林（1558.5 亿元），分别位列全国 31 省（自治区、直辖市）进出口总额排名的第 12 位、21 位和 25 位。从进出口总额增速来看，东北三省全年进出口总额增速分别为辽宁省（2.4%）、黑龙江省（33%）、吉林省（3.6%）。辽宁、吉林两省低于全国平均水平（7.7%），黑龙江省增速居全国第 5 位，高于全国平均水平 25.3 个百分点。从外贸依存度来看，东北三省外贸依存度分别为辽宁（28%）、黑龙江（17%）、吉林（12%），均低于全国平均水平（35.8%）。

黑龙江省 2022 年进出口商品保持增长，出口结构优化，主要为机电产品（34.8%）、劳动密集型产品（17%）、农产品（30.8%）。进口大幅增长，原油、天然气、煤等大宗能源商品进口总值合计增长 44.4%，占辽宁省进口总值的 72.2%。吉林省出口产品主要为机电产品、基本有机化学品和农产品。2022 年，吉林省出口机电产品 214.9 亿元，基本有机化学品 83.3 亿元，农产品 68.8 亿元。辽宁省出口产品主要为机电产品、劳动密集型产品和钢材。2022 年，辽宁省出口机电产品 1763.7 亿元，劳动密集型产品 363.8 亿元，钢材 318.2 亿元，农产品 299.6 亿元，基本有机化学品 193.3 亿元。辽宁省进口产品主要为原油、机电产品、农产品和金属矿。2022 年，辽宁省进口原油 1252.6 亿元，机电产品 1158.6 亿元，农产品 407 亿元，金属矿及矿砂 391.2 亿元，进口基本有机化学品 287.1 亿元。

黑龙江省 2022 年前三位贸易伙伴是俄罗斯、巴西和美国。与俄罗斯贸易总值 1854.7 亿元，同比增长 41.3%，占黑龙江省外贸总值的 69.9%。与巴西贸易总值 81.7 亿元，同比增长 9.5%。与美国贸易总值 71.8 亿元，同比增长 12.2%。与“一带一路”沿线国家和 RCEP 其他成员国进出口总额大幅增长。其中，与“一带一路”沿线国家进出口总额 2087.4 亿元，同比增长 39%，占黑龙江省外贸总额的 78.7%，拉动黑龙江省外贸增长 29.4 个百分点。与 RCEP 其他成员国进出口总额 240.3 亿元，同比增长 32.3%，拉动黑龙江省外贸增长 2.9 个百分点。

吉林省 2022 年前三位贸易伙伴是德国、俄罗斯和墨西哥。与德国贸易总值 307.4 亿元，同比下降 18.1%，占吉林省外贸总值的 19.7%。与俄罗斯贸易总值 173.3 亿元，同比增长 65%。与墨西哥贸易总值 84 亿元，同比增长 7.9%。与“一带一路”沿线国家进出口总额 541.7 亿元，同比增长 8.2%，占吉林省外贸总额的 34.8%。与 RCEP 其他成员国进出口总额 241.4 亿元，同比下降 1.0%。

辽宁省 2022 年前三位贸易伙伴是日本、美国和沙特阿拉伯。与日本贸易总值 914.1 亿元，同比下降 1.4%，占辽宁省外贸总值的 11.6%。与美国贸易总值 675.3 亿元，同比下降 2.8%。与沙特阿拉伯贸易总值 599 亿元，同比增长 44.8%。2022 年贸易伙伴结构优化，新兴市场增势显著。对 RCEP 成员国进出口增长 2.7%，占辽宁省外贸比重 32.9%。其中，东盟增长 13.4%、韩国增长 2.6%、新西兰增长 20%；对“一带一路”沿线国家进出口增长 21.2%，其中，中东欧增长 4.3%。同期，对欧美日传统市场进出口分别下降 3%、2.8%和 1.4%。

8.2.2.2 对政策落实的促进作用

1. 新时代东北振兴培育新动能

2023 年是东北振兴战略实施 20 周年，2023 年 9 月，习近平总书记赴黑龙江考察并在新时代推动东北全面振兴座谈会上强调，当前推动东北全面振兴面临新的重大机遇，实现高水平科技自立自强有利于东北把科教和产业优势转化为发展优势。构建新发展格局，进一步凸显东北的重要战略地位。同时，推进中国式现代化也需要强化东北的战略支撑作用。未来，东北地区亟须进一步加快现代化基础设施体系建设，增强前沿意识、开放意识，加强与东部沿海和京津冀的联系，深度融入共建“一带一路”，在畅通国内大循环、联通国内国际双循环中发挥更大作用。

从内循环角度来看，松辽运河建成后，东北地区经由“南向江海联运”与京津冀经济带、长江经济带、粤港澳大湾区等经济带互联互通，促进南北经济交融，增强东北地区作为东北亚地理中心的辐射功能，实现国内大循环。从外循环角度看，松辽运河形成的巨型水运网向北可经由“北向江海联运”通过黑龙江连接北极航道，是我国衔接中国—东北亚—北冰洋东北航道的重要组成部分，加强东北地区与欧洲腹地国家的物贸流通，实现我国的商贸输出和能源资源流入，向南可从营口出海通达日韩及更远的东盟地区，成为东北对外贸易的新通道，构建新的国际经济循环。

2. 共建“一带一路”开创新势能

“一带一路”倡议深刻改变了中国对外开放格局，强化了中国向北开放的战略，为东北地区打造对外开放新前沿，尤其是向东北亚深度开放打下良好的基础。近年来，东北亚形势出现了有利变化，包括朝鲜半岛局势的缓和、中日韩合作愿望增强，韩国的“新北方政策”、俄罗斯的“欧亚联盟”释放出将经济发展规划与中国“一带一路”倡议对接的积极信号，日本表达出对“一带一路”倡议的积极评价，蒙古国的“草原之路”与“一带一路”倡议在发展方向、建设领域方面均具有很好的衔接性，使区域合作有望取得新的突破，为东北对外开放提供了重大机遇。

松辽运河将成为“一带一路”向北开放水路中的重要一环，通过建设一条东北亚水运大通道，打造多维度经济结构并行发力的宏大载体，它将连通我国东北内陆沿线城市，与国际海上运输接轨，使我国东北位于东北亚经济合作的最前沿，进一步释放东北地区经济潜力，使东北地区从东北亚的“地理中心”迈向“经济重心”。同时，松辽运河经济带还是连接东北亚地区与国内腹地的重要物贸通道，将使东北地区成为东北亚与国内两个市场的核心枢纽，从而实现东北地区的全面振兴。

3. 东北亚区域合作扩展新空间

区域全面经济伙伴关系协定（RCEP）签署、中蒙俄经济走廊建设、中日韩自贸区预期等重大机遇，以及新的地缘政治格局推动俄罗斯对外贸易重心东移，必将培育东北地区交通物流增量需求，营造产业布局新环境，创造交通物流发展新机遇，海陆货物交流和资源要素快速流动将快速推动松辽运河建设。

4. 为向北开放战略提供新机遇

2018 年 12 月 18 日，习近平总书记在庆祝改革开放 40 周年大会的讲话中，提出了“沿海、沿边、沿江、沿线”的“新四沿”战略，并提出中国对外开放要“形成全方位、多层次、宽领域的全面开放新格局”。从国家整体开放的谋篇布局来审视，在构建全方位、多层次、宽领域的新格局中，向北开放在现实中仍属于“短板”。向北开放的提出是基于“新四沿”战略、东北振兴以及历史、国际等四个维度。

俄乌军事冲突发生以来，西方对俄罗斯的经济制裁使全球粮食与能源的生产链和供应链再次遭受重创，加之很多国家采取的临时粮食出口禁令等，进一步加剧了全球粮食和能源的供给危机。目前，中国已成为俄罗斯大豆、海产品、牛肉和油脂类产品最大的进口国。依托区位特点和俄罗斯远东地区丰富的资源，利用松辽运河这一水运通道提升中俄双方运输能力，同时吸引俄罗斯矿石、煤炭、木材、粮食、石油、化工原料产品在东北地区落地、生产加工，加强与俄罗斯远东地区在装备制造、能源电力、农林牧渔、跨境物流、矿产开发等领域的合作。

8.2.3 对航运发展的促进作用

从运输趋势来看，黑龙江省主要货种有矿建材料、煤炭、木材、粮食等，吉林省主要货种有矿建材料、煤炭、粮食、金属矿石等，辽宁省主要货种有矿建材料、煤炭、粮食、金属矿石等，中俄贸易未来通过松辽运河运输的主要货种有石油及其制品、煤炭、金属矿石、木材、粮食、化肥等。这些货种量大但时间要求不高，因此更适合航运方式。

松辽运河建成后，可使黑龙江、松花江和辽河等水系连成覆盖东北三省的内河约7000公里的航道网，考虑到东北三省通过松辽运河出海后，在营口进行换装大船，通过三省9个城市经松辽运河集疏运与铁路、公路集疏运的运输经济性进行比较，可以发现，各地市经松辽运河水路集疏运时，相对通过铁路、公路等陆上集疏运方式，运输费用均最低，说明经松辽运河至营口港的经济性是十分明显的。

从典型线路费用对比，松辽运河工程建成后，齐齐哈尔—上海运输钢材的，全程水运仅需4524元，相当于全程公路运输的14%，铁路运输的40%，海铁联运费用的70%，是绕行海参崴进行公水联运总费用的27%；长春—宁波运输商品车全程水运仅需4101元，相当于全程公路运输的68%，铁路运输的64%，与海铁联运费用相当，是绕行海参崴进行公水联运总费用的49%；哈尔滨—湛江“粮食”运输，20尺集装箱运输为例，全程水运能够大幅降低运费，仅需5185元，不到全程公路运输的1/10，约是铁路运输的1/3，海铁联运费用的77%，是借俄罗斯东方港出海通道费用的一半，是中转俄罗斯海参崴港口进行公水联运费用的34%。

8.2.4 对城市发展的促进作用

1. *松辽运河城市群的发展*

全国国民经济和社会发展第十四个五年规划和2035年远景目标纲要提出推动城市群一体化发展，全面形成“两横三纵”城镇化战略格局。明确布局“优化提升”5个、“发展壮大”5个、“培育发展”9个城市群，共19个国家级城市群形成推动中国经济发展主体形态。这19个城市群以25%的土地集聚了全国75%人口，创造了国家88%的GDP，成为支撑中国发展的主要阵地。

在19个城市群中，松辽运河经济带流经位于东北地区的辽中南城市群和哈长城市群，拥有国家城市群发展的政策优势。这两大城市群属于国家城镇化战略中的第三类“培育发展”类，从城市群经济水平来讲，这类城市群建设尚不成熟，基本位于东北及西部地区，目前两大城市群正处于集聚阶段，对周边小城市的辐射带动作用不强，还有待进一步培育。

“水运通，城市兴”，未来依托松辽运河这一新的水运大通道，以沿线沈阳、长春、哈尔滨等经济大市为核心，发挥经济集聚和辐射功能，联结带动周围各类等级规模城市的经济进展，由此形成线状延伸的生产、流通一体化的松辽运河经济走廊，促进辽中南城市群、哈长两大国家级城市群的繁荣发展。建立两大城市群之间的区域合作机制，并加强城市群内各城市的分工协作和优势互补，以增强城市群的整体竞争力、产业集聚能力和人口承载能力。利用运河的水运优势，进一步拓展交通基础设施覆盖范围，提升城市群内部、省内各区域之间快捷连通水平，重点城市还可积极发展多式联运，打造国家枢纽城市。加强沿线城市的产业联动和物流合作，构筑产业链供应链生态体系。

水运经济是一个综合度极高的经济体系，水运的发展必然带动本地新型城镇化的发展。松辽运河的建设，可以为沿线城市带来千载难逢的发展机遇，为城市经济发展、人口增长、人才引进、就业创收、城市更新等方面注入强劲的增长活力，还可以提升城市的运输能力、城市景观和土地价值，促进港口的繁荣发展，对重塑城市形态，促进新型城镇化和城乡一体化发展，推动城市高质量发展具有重要意义。

松辽运河与东北三省客货运最繁忙的京哈铁路、哈大铁路、京哈高速公路等协同构成东北地区水路铁路公路综合立体交通大通道，从而形成大通道经济走廊。其调整开拓了航运的范围，推动铁水、公水、江海等联运发展，使航运价值不断提升，同时也可以完成东北地区城市间物资中转集散的任务。沿线城市依托松辽运河，建设现代化物流集疏运体系，创新“公—铁—河—海”联运新机制，打造城市关键节点多式联运枢纽，推动城市综合立体交通快速构建，带动交通基础设施突破提升。

2. 运河经济带的形成

点—轴开发理论是一种区域发展理论，从区域经济发展的过程看，经济中心总是首先集中在少数条件较好的区位，成斑点状分布。这种经济中心既可称为区域增长极，也是点轴开发模式的点。在点轴开发理论中，“点”指各级居民点和中心城市，是各级区域的聚集点。“轴”是指由交通干线、通信干线和能源、水源通道连接起来的“基础设施束”，这种轴线首先为区域增长极服务，轴线一经形成，对人口、产业也具有吸引力，吸引人口、产业向轴线两侧集聚，并产生新的增长点。点轴贯通，形成点轴系统。因此，点轴开发可理解为从发达区域大大小小的经济中心（点）沿交通线路向不发达区域纵深地发展推移。

点：形成以沈阳、哈尔滨、长春 3 个特大、大城市为一级节点，以鞍山、吉林、大庆、齐齐哈尔、抚顺 5 个大城市为二级节点，以 6 个中等城市为三级节点的新兴区域经济体，使整个运河经济带所拥有的城市形成整体性、层次性特征，注重大城市在区域经济发展中的核心地位和引领作用，通过节点城市推动区域发展，形成松辽运河经济带崛起的引擎，促进哈长、辽中南两大城市群发展。形成经济发展特征明显、区域分布疏密有序、资源产业协同互济、要素能力相互支撑的四个特征。

轴：构建横纵两轴线，以松辽运河—松花江—黑龙江为横轴、嫩江—松花江吉林段为纵轴，发挥水运大通道磁性效应，释放巨大潜能，吸引进出口加工产业向水运大通道沿线集聚，形成航运“产业走廊”，避免出现产业空心化和产业绕行现象。

松辽运河建设后，辐射的沿线地级市以上的城市多达 22 个，除了东北三省的省会哈尔滨、长春和沈阳，还囊括了东北其他城市，如粮食产地盘锦、工业城市鞍山等。如此密集的城市将通过松辽运河紧密联系在一起，形成新的流域经济、运河经济带，有利于促进沿线城市间生产要素的合理流动，有利于加强发达地区的经济辐射效应，带动其他地区把资源优势转变为经济优势，优化区域发展战略布局，推动区域经济社会的协调发展。将松辽运河打造成东北的“黄金水道”，进一步缩短哈长城市群和辽中南城市群与长三角和东部地区城市群经济发展上的差距。

旅游航道作为近年来旅游和交通融合发展的重点，也是东北三省经济发展新的增长极。依托松辽运河及其支流，构建跨城市、跨省份的旅游线路，打造分层次、多样化的旅游航道、旅游产品和旅游品牌，充分挖掘东北旅游市场需求和潜力。运河经济带，也是一条生态经济带，建设运河有利于改善沿线地上、地下和空中气候生态环境，改善城市风貌，旅游和生态航道的建设也能为城市带来新的景观。

第3节　松辽航运网建设方案研究

8.3.1　通航标准和建设规模

8.3.1.1　通航标准

松辽运河通航标准借鉴京杭运河、黑龙江及松花江干流通航标准确定。由于大型化船舶趋势发展，现状Ⅲ级航道上的通航船舶吨级有可能达到2000t级，而现状Ⅱ级航道上的通航船舶吨级有可能达到3000t级，松辽运河相连的黑龙江、松花江、嫩江均已纳入国家高等级航道网。同时，松辽运河腹地大宗货类运输规模较大，此类物资对时效敏感度稍低、对运价敏感度较高，故运量大的船舶更能够良好地满足市场需求。综上，根据航道建设条件、通航标准、设计代表船型及营运组织方案、考虑运输经济性、水运比较优势的发挥和施工条件等因素，松辽运河拟按照内河Ⅱ级航道标准进行建设，梯级船闸按内河Ⅰ级船闸建设。

8.3.1.2　建设规模

松辽运河工程拟按照先通后畅，逐步提升的建设原则，同步配套建设导助航设施、公用工程、桥梁工程、道路工程、水上综合服务区、锚地和智慧航道等配套工程。

松辽运河吉林段为限制性航道，航道尺度初步确定为4m×60m×540m（水深×直线段双线底宽×转弯半径），设计流量为333m^3/s。工程等别和建筑物级别根据GB 50201—2014《防洪标准》、SL 252—2017《水利水电工程等级划分及洪水标准》及SL/T 430—2024《调水工程设计导则》的有关规定，确定吉林段航运工程规模为大（1）型，工程等别为Ⅰ等。

辽河干流航道尺度2.3m×80m×650m（水深×直线段双线宽度×转弯半径）。梯级船闸按内河Ⅰ级双线船闸建设，船闸尺度为：280m×34m×5.5m（长×宽×槛深）。

从运输经济性、水运比较优势的发挥和施工条件分析，推荐一次性建成Ⅱ级航道，配套建设导助航设施、公用工程、桥梁工程、道路工程、水上综合服务区、锚地和智慧航道等配套工程。

8.3.1.3　船型

推荐船型采用GB 50139—2014《内河通航标准》中限制性航道的推荐船型。由于该部分未纳入集装箱单船，故参考 GB 38030—2019《内河过闸运输船舶标准船型主尺度系列》中京杭运河的集装箱单船推荐船型纳入。驳船船队、干散货单船船型来源于《内河通航标准》限制性航道的推荐船型，集装箱单船船型来源于《内河过闸运输船舶标准船型主尺度系列》京杭运河的推荐船型，见表 8.1。

表 8.1　　推　荐　船　型

类　型	船型尺度（长度×型宽×吃水）/(m×m×m)	船队尺度（总长×型宽×吃水）/(m×m×m)	参考载重
驳船船队	75×14×2.6	180×14×2.6	2000t
驳船船队	65×15.8×2.9	160×15.8×2.9	2000t
驳船船队	67.5×10.8×2	160×10.8×2	1000t
驳船船队	65×10.8×2.2	160×10.8×2.2	1000t
干散货单船	90×15.4×2.6	—	2000t
干散货单船	80×10.8×2	—	1000t
集装箱单船	75×13.8×2.8	—	150TEU
集装箱单船	73×13.8×2.4	—	120TEU
集装箱单船	73×13×2	—	100TEU
集装箱单船	58×13×1.8	—	80TEU

8.3.2　运营组织方案

松辽运河是沟通黑龙江和辽河两大水系的运河，而辽河注入渤海，经辽河航道可直接向盘锦港、营口港喂给，因此大吨位的驳船船队是运输经济性最高的选择。但是，考虑到机动单船的灵活性，也可以作为推荐的运营组织方式。因此，推荐 2 排 1 列驳船船队和机动单船作为推荐的运营组织方案。

8.3.3　航道选线

松辽运河北起吉林省大安市嫩江的大赉，南至辽宁省营口出海，全长约 800km，干线穿越吉林省和辽宁省，本部分介绍吉林段和辽宁段推荐选线方案。

1. 吉林段航道选线方案

考虑水资源综合开发利用、对城市的带动效应、土地征用、跨（穿）越工程等因素优选线路。沿途经吉林省白城市、松原市和四平市。北起吉林大安嫩江大赉枢纽，在吴家村入东辽河。干线从大赉至福德店总长约 320km，其中开挖 240km，利用现有河道为 80km 的东辽河。哈达山干渠为支线，总长 96km，将第二松花江与松辽运河吉林段连接。东辽河支线利用东辽河现有河道，连接长春公主岭市与吴家村，路线总长约 100km。过吴家村后经东辽河在福德店汇入辽河干流。

2. 辽宁段航道选线方案

辽宁段以东西辽河交汇口（昌图县福德店）为节点，考虑沿原河道建设的便捷性，得出辽河干流线路为：从福德店汇入辽河干流，经过石佛寺在九台子沿大辽河经营口出海，或经双台子河从盘山出海。福德店—九台子为辽河干流 305km；九台子—营口 115km 为大辽河，九台子—盘山 91km 为双台子河。

8.3.4 航道布置

航道选线采用明渠自流和梯级渠化两个方案进行对比。对局部不满足通航水深和弯曲半径的河段采取开挖、疏浚、裁弯取直等整治工程措施使松辽运河达到Ⅱ级航道标准。

（1）明渠自流的方案。大赉枢纽的渠底高程取 125.5m，吴家村渠底高程取 115m，纵坡 $i=0.043‰$，开挖量约 6.78 亿 m^3。

（2）梯级渠化的方案。分别在乌兰傲都乡、龙凤山水库（分水岭）、小山枢纽、八一枢纽设 4 个枢纽。主体工程量：土方开挖 47000 万 m^3，土方回填 5500 万 m^3，C30F250W6 混凝土护底和护坡 600 万 m^3，钢筋 40 万 t，无纺布 4800 万 m。

（3）辽宁段辽河干流方案高差约 145m，需布设梯级使航道充分衔接，达到通航标准。

8.3.5 梯级布置方案

8.3.5.1 吉林段

航道首部设大赉雍水坝，正常蓄水位 129.5m，航道进水闸、船闸与壅水坝结合布置。航道采用输水明渠，全长 355km，设计流量 $333m^3/s$。输水线路中的提水泵站，共 2 级，设计流量 $333m^3/s$，扬程分别为 10m。

大赉壅水坝全长 740m，坝高为 10.35m。过流土坝位于大坝左侧，全长 4400m。坝高随地形变化，大部分在 2.8m 左右，最大坝高约 5.5m。泄洪闸位于主河道位置，全长 320m，泄洪闸两侧均为重力式导流墙。渠道采用梯形断面，航道中根据地形分别在乌兰傲都乡布置枢纽、在龙凤山枢纽（分水岭）布置枢纽、小山枢纽布置枢纽，共设 2 级提水泵站和 2 座船闸，船闸均为双线船闸。

8.3.5.2 辽宁段

吴家村至入海口高差约为 115m，入海口到新民附近高差约为 28m，地势较为平缓，且下穿多做桥梁，做到尽量降低桥梁拆改的难度。梯级均为新建船闸＋拦水坝，只有石佛寺枢纽为增建通航建筑物。具体如下：

（1）在古城子三岔河处修建拦水坝，在盘山县沙岭镇榆树坨子村北侧新建榆树坨子枢纽，水头差 7.5m。

（2）考虑在京沈客专和丹阜高速北侧布置新民县兴隆镇子西侧规划沈家岗子枢纽，水头 22.5m。

（3）石佛寺水库为重大水利工程，保持水位不变，布置石佛寺枢纽，水头 15m。

（4）在昌图县通江口大桥北侧布置通江口枢纽，水头 27m。

（5）在东西辽河交汇口设置福德店枢纽，水头 16m。

（6）福德店至红岗村（西辽河支线），在西辽河和新开河交汇口南侧布设阎家崴子枢纽，水头 30m；在双辽市茂林镇先进屯新建先进屯枢纽，水头 28m。

8.3.6 需水预测及水源设想

松辽运河建设方案可分为明渠自流方案和渠化（梯级＋船闸）方案两种，由于明渠自流方案需水量较大，作为降水不算特别丰富的北方地区，选择渠化（梯级＋船闸）方案更为适合。

渠化（梯级+船闸）方案为开敞式运河方案，规划水量计算包括航道用水量、河道渗漏量、船闸用水量等三部分，其中航道用水量为运河运行初期一次性蓄水量。

1. 航道用水量

航道底宽 60m，顶宽 80m，水深 4m，吉林段航道里程 270km，辽宁段航道里程 480km，经计算：吉林段航道用水量约 0.76 亿 m^3；辽宁段航道用水量约 1.35 亿 m^3，见图 8.1。

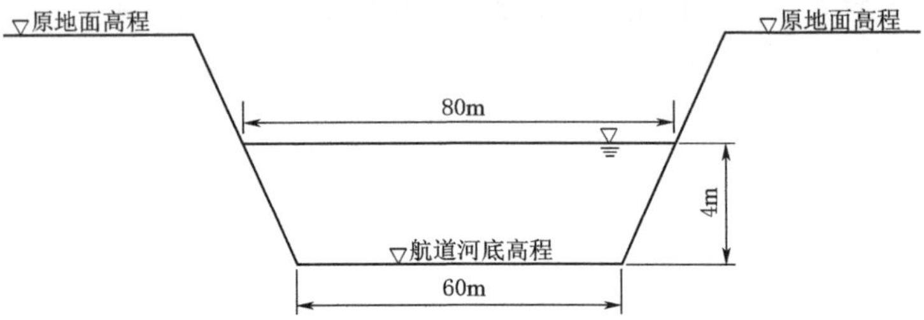

图 8.1 航道典型断面图

2. 航道渗漏量

当运河土质较为疏松（或透水性较强）的砂性土，又河道内水位高于两岸地下水位时，应计算河道水量渗漏损失。即

$$U_{河流}=nk(\Delta+h)/R_S(\Delta+h+\alpha)TL$$

式中 $U_{河流}$——河道渗漏水量，m^3；

K——渗透系数，m/d；

h——航道水深，m；

T——航道过水天数，d；

L——航道输水段长度，m；

n——经验系数，一般取 1.5～2.0；

Δ——地下水位埋深，m；

α——含水层有效厚度，m；

R_S——扩展距离（指浸润线影响范围的水平距离），m。

经计算航道年渗漏量 5.7 亿 m^3，其中吉林段 2.0 亿 m^3、辽宁段 3.7 亿 m^3。

3. 船闸用水量

本工程需要新建 10 座船闸，其中吉林段需要新建 4 座船闸、辽宁段需要新建 6 座船闸。吉林段船闸有杨家围子船闸（设计水头 10m）、分水岭船闸（设计水头 10m）、红岗村船闸（设计水头 10m）、先进屯船闸（设计水头 28m）和阎家崴子船闸（设计水头 30m）；辽宁段船闸有福德店船闸（设计水头 16m）、江口船闸（设计水头 27m）、石佛寺船闸（设计水头 15m）、沈家岗子船闸（设计水头 22.5m）和榆树坨子船闸（设计水头 7.5m）。

根据船闸通过能力，同时考虑船闸不因检修等因素断航，松辽运河采用一次建成双线船闸。船闸最小门槛水深取 5.5m 时，可保证与黑龙江水系航道通航能力相协调，可满足黑龙江水系Ⅱ级航道经济合理的最大吃水船舶（预测 2m）过闸要求。

未来松辽运河开通后，相关航道基础设施的提等升级和船舶大型化的发展具有不确定性，未来相当长的一段时间内，2000吨级船舶为主力船型的情况是可能的。船闸建设规模采用同步建设双线280m×34m×5.5m（有效长度×有效宽度×门槛最小水深）尺度船闸。

根据JTJ 305—2001《船闸总体设计规范》，船闸一天内平均用水量按下式计算见表8.2、表8.3：

$$Q = nV/86400 + q$$

$$q = eu$$

式中 Q——一天内平均用水量，m^3/s；

V——一次过闸用水量，m^3；

n——一日平均过闸次数，次；

q——闸、阀门渗漏损失，m^3/s；

e——止水线每米上的渗漏损失，按规范取0.002，$m^3/(s \cdot m)$；

u——闸门、阀门止水线总长度按照孔口尺寸和水位差计算。

表8.2 梯级十船闸方案水力计算参数

序号	名 称	单 位	数 值
1	闸室有效长度 L	m	280.0
2	闸室有效宽度 L	m	34.0
3	设计水头 H	m	15.0
4	作业天数	天	270
5	过闸次数	次	15

表8.3 船闸耗水量计算表

序号	名称	闸室面积 /m^2	设计水头 /m	漏水损失 /(m^3/s)	最大年耗水量 /亿 m^3	日耗水量 /万 m^3	流量 /(m^3/s)	备注
1	杨家围子船闸	9520	10.00	1.30	3.32	141.17	17.82	吉林段
2	分水岭船闸	9520	10.00	1.30	3.32	141.17	17.82	
3	红岗村船闸	9520	10.00	1.30	3.32	141.17	17.82	
4	先进屯船闸	9520	28.00	1.30	8.85	376.79	47.57	
5	阎家崴子船闸	9520	30.00	1.30	9.47	402.97	50.88	辽宁段
6	福德店船闸	9520	16.00	1.30	5.16	219.71	27.74	
7	江口船闸	9520	27.00	1.30	8.55	363.70	45.92	
8	石佛寺船闸	9520	15.00	1.30	4.86	206.62	26.09	
9	沈家岗子船闸	9520	22.50	1.30	5.19	220.64	27.86	
10	榆树坨子	9520	7.50	1.30	2.55	108.44	13.69	

船闸用水量根据各船闸中年耗水量最大规模确定，10座船闸中辽宁段阎家崴子船闸年最大耗水量最大，即9.47亿m^3，因此船闸年用水量确定为9.47亿m^3。

4. 总用水量

松辽运河工程年需水量 15.17 亿 m^3，其中航道年渗漏量 5.7 亿 m^3，船闸年用水量 9.47 亿 m^3。另需运河运行初期航道一次性蓄水用水量 1.35 亿 m^3。运河需水考虑按照"借水行舟"思路进行配置，即借用东北水网配置给吉林、内蒙古及辽宁的生活生产生态水量保证运河需水。由于东北水网配置给吉林、内蒙古及辽宁的生活生产生态水量过程比较均匀，因此不需要考虑丰枯水时段的变化影响。

第9章　辽河流域水安全评价体系研究

第1节　水安全评价指标体系的研究现状

水安全指标体系是描述和评价水安全的重要依据。因此，评价指标的选取要体现客观科学性原则、可操作性原则、整体系统性原则、动态原则、定性和定量相结合的原则。由于每个子系统都是由复杂的多变量组成的，因此，必然构成一个复杂而庞大的指标体系，但考虑评价的可操作性，应选择少量具有代表性、信息明确的指标组成指标体系。

现有学者往往针对不同的视角设计水安全的评价指标体系，如王先庆（2019）从水资源供水安全、社会安全、经济安全和生态环境安全4个方面来评价水资源安全状况，其中选取13项代表性影响因素，构建了水资源安全评价指标体系，并将水资源安全评价因素分为5个状态等级，分别为安全状态（Ⅰ级）、较安全状态（Ⅱ级）、临界状态（Ⅲ级）、较不安全状态（Ⅳ级）和不安全状态（Ⅴ级）。龚巧灵（2017）根据三峡区重庆段水资源资料，从水资源经济安全、水资源社会安全、水资源生态安全、水资源供需安全4个角度，配合咨询统计局、环保局等单位，筛选了21个水资源安全利用评价指标。王婧等（2021）从水环境、水生态、水监管、水治理4个方面建立了环境—生态—监管—治理模型，构建了内陆河流域水安全评价指标体系，并得到环境安全和生态安全各5个评价指标及监管安全和治理安全各4个评价指标共18个评价指标的水安全评价指标体系。

与此同时，鉴于地理位置和评价方法的悬殊，现有文献对水安全评价指标及方法的选取也有所不同。如张修宇（2021）针对河南省引黄受水区水资源在充分考虑了评价指标对水资源安全的影响大小和数据的可获得性的基础上，选取了影响因子较大的指标，运用层次分析法将指标分为了目标层、准则层、指标层，构建了水资源安全评价指标。李浩田（2022）基于赋权方法计算对水闸安全评价指标体系进行优化设计，设计的指标将其分为三个不同的层次，基于赋权方法计算了指标权重，最后构建了水闸安全评价原则，实现了水闸安全评价。乔祺（2022）为推进湖南省样板河湖建设，从水安全、水环境、生态景观、管护等方面筛选出19个指标，建立样板河建设评价指标体系，并基于AHP—结构熵权法和云模型进行综合评价。张向宁（2022）以庆阳市为例，基于驱动力—压力—状态—响应（DPSR）模型初选了水安全评价指标体系，采用能提高指标体系代表性与独立性的信息敏感性和相关性分析方法，进行指标体系优化并确定指标权重；黄微尘等（2019）收集淮河流域河南、山东、安徽和江苏4个省份水资源公报（2006—2012）以及4个省的社会经济统计年鉴（2006—2012）的水质数据，建立了淮河流域水资源安全评价体系。李明然（2022）参考关于研究区域和相似地区的城市水资源安全评价的相关研究成果，结合经济社会发展的实际状况以及研究区域水资源特点，将水资源安全划分为本底安全、利用安全、生态安全 3 个准则层，然后针对这 3 个准则层共选取 11 个评价指标来构建了某市水资源安全综合评价指标体系；杨博林（2021）为了解梁平区龙溪河流域水环境现状，从水体质量及其影响因素 2 方面考虑，建立城市水环境评价指标体系并进行评价赋分；周双（2022）建立了包括防洪安全、饮水安全、用水安全、河湖生态安全、涉水事务监管安全 5 个准则层、31 项指标的城市水安全评价指标体系，采用指数型功效函数实现了评价指标的标准化，构建了城市水安全评价模型，并以湖南邵阳市为例开展了实证研究；宋培争（2016）基于 PSR 模型，建立了包含 5 个等级，压力、状态、响应 3 个层次共 14 个指标的水资源安全评价指标体系；姚望（2019）基于国内喀斯特地区水资源安全相关文献及喀斯特地区水文、地质、社会经济特性，从需水压力、水资源状态、人为响应 3 个方面选取 19 个指标构建评价体系，并根据指标属性分为负向性指标和正向性指标，对不同属性指标分别进行赋权评价；梁永玉等（2021）利用层次分析法研究的关于中国水资源安全及生态安全评价结果，确定准则层权重，并根据熵权法计算指标层权重；冯庆（2022）基于环境诊断的“压力－状态－响应”模型，采用德尔菲法及层次分析法，从变化环境下诸多不确定性影响因素中，筛选出 23 项因素构建了滇池流域水环境安全评价指标体系；李长春（2023）为分析甘肃省水安全的时空变化特征，构建 2 个系统层、6 个准则层、25 个评价指标的指标体系，基于改进的层次分析法和熵权法的组合赋权法计算各指标权重；鲍超（2018）从水资源本底条件、水资源开发利用程度、水资源开发利用效率 3 个方面选取 9 个指标构成水资源安全的综合评价指标体系。

第 2 节　常用评价方法

现有的评价方法有很多，但比较经典且被广泛应用于水安全评价的有层次分析法、模糊综合评价法、熵值法、优劣解距离法、数据包络分析和变异系数法，下面将对每种方法进行介绍。

9.2.1　层次分析法

层次分析法（Analytic Hierarchy Process，AHP）是一种决策分析方法，它是由美国数学家托马斯・萨亚特在 20 世纪 70 年代初提出的，其基本思想是将决策问题层次化，将复杂问题分解成更小的、可管理的子问题，并将它们组合成一个层次结构。该方法可以帮助决策者在多个因素之间进行排序和比较，从而帮助他们做出合理的决策。该方法的特点是将定性和定量决策相结合，按照思维和心理规律将决策过程层次化、量化。由于其实用性和有效性，AHP 已被广泛应用于经济计划和管理、能源政策和分配、行为科学、军事指挥、运输、农业、教育、人才、医疗和环境等领域，下面将对该方法进行详细介绍。

9.2.1.1　基本原理

层次分析法的工作原理是将一个现象或问题先进行分解，将其因素依据性质分类，形成多层次结构模型。然后，通过经验或专家打分，对每个因素进行比较并根据重要性赋予权重，最终进行量化分析比较。层次分析法将一个抽象的问题分解为逐渐简单的层次，易于判断和决策，具有化繁为简和计算简单等优点，因此被广泛应用于人员素质评估、多方案比较、科技成果评比、工作成效评价等领域。简而言之，层次分析法是将决策事件分解为目标、准则和方案三个层次，以便更好地进行判断和决策。

9.2.1.2 层次分析法的构建

1. 建立层次结构模型

将决策的目标、考虑的因素（决策准则）和决策方案，按它们之间的相互关系分为最高层、中间层和最低层，绘出层次结构图。

（1）最高层：决策的目的、要解决的问题。

（2）中间层：考虑的因素、决策的准则。

（3）最低层：决策时的备选方案。

对于相邻的两层，称高层为目标层，低层为因素层。

2. 构造判断矩阵

层次分析法中构造判断矩阵的方法是一致矩阵法，即：不把所有因素放在一起比较，而是两两相互比较；对此时采用相对尺度，以尽可能减少性质不同因素相互比较的困难，以提高准确度见表 9.1。

表 9.1　　数值 1～9 标度的含义

标　度	含　义
1	表示两个元素相比，具有同样的重要性
3	表示两个元素相比，前者比后者稍重要
5	表示两个元素相比，前者比后者明显重要
7	表示两个元素相比，前者比后者极其重要
9	表示两个元素相比，前者比后者强烈重要
2，4，6，8	表示上述相邻判断的中间值
1～9 的倒数	表示相应两元素交换次序比较的重要性

对于准则层 A，可以构建一个为

$$A=(a_{ij})_{m\times n}=\begin{matrix} a_{11} & a_{12} & \cdots & a_{1n} \\ \cdots & \cdots & \cdots & \cdots \end{matrix} \tag{9.1}$$

其中 A 中的元素满足：

$$a_{ij}>0$$

$$a_{ij}=\frac{1}{a_{ji}}$$

$$a_{ii}=1$$

3. 层次单排序及其一致性检验

对应于判断矩阵最大特征根 λ 的特征向量，经归一化（使向量中各元素之和为 1）后记为 W，W 的元素为同一层次元素对于上一层因素某因素相对重要性的排序权值，这一过程称为层次单排序。

定义一致性指标 $CI=\frac{\lambda-n}{n-1}$：$CI=0$，有完全的一致性；CI 接近于 0，有满意的一致性；CI 越大，不一致越严重。

为了衡量 CI 的大小，引入随机一致性指标 RI，见表 9.2。

表 9.2　　平均随机一致性指标

n	1	2	3	4	5	6	7	8	9	10	11
RI	0	0	0.58	0.90	1.12	1.24	1.32	1.41	1.45	1.49	1.51

定义一致性比率：$CR=\dfrac{CI}{RI}$。一般认为一致性比率 $CR<0.1$ 时，A 的不一致程度在容许范围之内，有满意的一致性，通过一致性检验。可用其归一化特征向量作为权向量，否则要重新构造成对比较矩阵 A，对 a_{ij} 加以调整。

4. *层次总排序及其一致性检验*

计算某一层次所有因素对于最高层（目标层）相对重要性的权值，称为层次总排序。该过程是从最高层次向最低层次依次进行，见表 9.3。

表 9.3　　层次 B 总排序

层次 B	A_1	A_2	…	A_m	层次 B 的总排序
	a_1	a_2	…	a_m	
B_1	b_{21}	b_{22}	…	b_{2m}	$\sum_{j=1}^{m} a_j b_{1j}=b_1$
B_2	b_{11}	b_{12}	…	b_{1m}	$\sum_{j=1}^{m} a_j b_{2j}=b_2$
⋮	⋮	⋮	⋮	⋮	⋮
B_n	b_{n1}	b_{n2}	…	b_{nm}	$\sum_{j=1}^{m} a_j b_{nj}=b_n$

备注：假设 A 是目标层，包括 m 个因素层次总排序的权重系数分别是 a_1，a_2，…，a_m；B 是中间层，包括 n 个因素的层次单排序的权重系数分别是 b_1^1，…，b_n^m，则 $b_i=\sum_{j=1}^{m} a_j b_{ij}$ 是 B 层的总排序。

设 B 层 B_1，B_2，…，B_n 对上层（A 层）中因素 A_j（$j=1$，2，…，m）的层次排序一致性指标为 CI_j，随机一致性指标为 RI_j，则层次总排序的一致性比率为

$$CR=\frac{a_1CI_1+a_2CI_2+\cdots+a_mCI_m}{a_1RI_1+a_2RI_2+\cdots+a_mRI_m}=\frac{\sum a_iCI_i}{\sum a_iRI_i}=\frac{CI}{RI} \tag{9.2}$$

当 $CR<0.1$ 时，认为层次总排序通过一致性检验，否则就需要重新调整判断矩阵的元素取值。到此，根据最下层（决策层）的层次总排序做出最后的决策，如图 9.1 所示。

9.2.2 模糊综合评价法

模糊综合评价法是一种基于模糊数学的综合评标方法。它根据模糊数学的隶属度理论把定性评价转化为定量评价，对受到多种因素制约的事物或对象做出一个总体的评价。它

具有结果清晰、系统性强的特点，能较好地解决模糊的、难以量化的问题，适合各种非确定性问题的解决。

9.2.2.1 建立综合评价的因素集

因素集是以影响评价对象的各种因素为元素所组成的一个普通集合，通常用U表示，$U=(u_1, u_2, \cdots, u_m)$，其中元素$u_i$代表影响评价对象的第i个因素。这些因素，通常都具有不同程度的模糊性。

9.2.2.2 建立综合评价的评价集

评价集是评价者对评价对象可能做出的各种结果所组成的集合，通常用V表示，$V=(v_1, v_2, \cdots, v_n)$，$v_j$代表第$j$种评价结果，可以根据实际情况的需要，用不同的等级、评语或数字来表示。

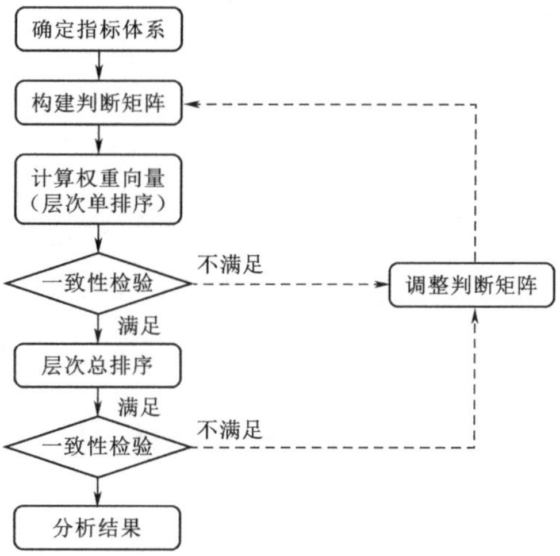

图 9.1 AHP的步骤

9.2.2.3 进行单因素模糊评价，获得评价矩阵

若因素集U中第i个元素对评价集V中第1个元素的隶属度为r_{i1}，则对第i个元素单因素评价的结果用模糊集合表示为：$R=(r_{i1}, r_{i2}, \cdots, r_{in})$，以$m$个单因素评价集$R_1$，$R_2$，…，$R_m$为行组成矩阵$R_{mn}$，称为模糊综合评价矩阵。

9.2.2.4 确定因素权向量

评价工作中，各因素的重要程度有所不同，为此，给各因素u_i一个权重a_i，各因素的权重集合的模糊集，用A表示：$A=(a_1, a_2, \cdots, a_m)$。

9.2.2.5 建立综合评价模型

确定单因素评判矩阵R和因素权向量A之后，通过模糊变化将U上的模糊向量A变为V上的模糊向量B，即$B=A_{1m}{}^\circ R_{mn}=(b_1, b_2, \cdots, b_n)$。其中°称为综合评价合成算子，这里取成一般的矩阵乘法即可。

9.2.2.6 确定系统总得分

综合评价模型确定后，确定系统得分，即$F=B_{1n}S_{1n}^T$，其中F为系统总得分，S为V中相应因素的级分。

9.2.3 熵值法

根据信息熵的定义，该方法使用熵值来评估某项指标的离散程度。当某项指标的信息熵值越小，该指标对于综合评价的影响力（即权重）就越大，表明该指标越具有代表性和重要性。相反，如果某项指标所有值相等，则该指标在综合评价中没有任何意义。因此，使用信息熵这一工具，就可以计算每个指标的权重，以支持多指标综合评价。

9.2.3.1 选取数据

选取m个指标，共n个样本，则X_{ij}为第i个样本的第j个指标的数值，$i=1, 2, 3, \cdots, n$；$j=1, 2, 3, \cdots, m$。

9.2.3.2　数据标准化处理

各项指标的计量单位以及方向不统一的情况下，需要对对数据进行标准化，为了避免求熵值时对数无意义，可以为每个 0 值加上较小数量级的实数，如 0.01。

对于正向指标（越大越好的指标）

$$X' = \frac{X_{ij} - \min(X_{ij})}{\max(X_{ij}) - \min(X_{ij})} \tag{9.3}$$

对于负向指标（越小越好的指标）

$$X' = \frac{\max(X_{ij}) - X_{ij_0}}{\max(X_{ij}) - \min(X_{ij})} \tag{9.4}$$

9.2.3.3　计算第 j 项指标下第 i 个样本占该指标的比重

计算样本权重：

$$P_{ij} = \frac{X_{ij}}{\sum_{i=1}^{n} X_{ij}} \tag{9.5}$$

9.2.3.4　计算第 j 项指标的熵值

$$e_j = -K \sum_{i=1}^{n} (P_{ij} \ln P_{ij}) \tag{9.6}$$

$K = \frac{1}{\ln n}$，其中 n 为样本个数。

9.2.3.5　计算第 j 项指标的差异系数

某项指标的信息效用值取决于该指标的信息熵 e_j 与 1 之间的差值，它的值直接影响权重的大小。信息效用值越大，对评价的重要性就越大，权重也就越大。即

$$d_j = 1 - e_j \tag{9.7}$$

9.2.3.6　计算评价指标权重

利用熵值法估算各指标的权重，其本质是利用该指标信息的差异系数来计算，其差异系数越高，对评价的重要性就越大（或称权重越大，对评价结果的贡献就越大）

第 j 项指标的权重：

$$w_j = \frac{d_j}{\sum_{j=1}^{m} d_j} \tag{9.8}$$

9.2.3.7　计算各样本综合得分

$$z_i = \sum_{j=1}^{m} w_j x_{ij} \tag{9.9}$$

9.2.4　优劣解距离法（TOPSIS）

TOPSIS 是一种常用的组内综合评价方法，能充分利用原始数据的信息，其结果能精确地反映各评价方案之间的差距。基本过程为基于归一化后的原始数据矩阵，采用余弦法找出有限方案中的最优方案和最劣方案，然后分别计算各评价对象与最优方案和最劣方案间的距离，获得各评价对象与最优方案的相对接近程度，以此作为评价优劣的依据。该方法对数据分布及样本含量没有严格限制，数据计算简单易行。

9.2.4.1 将原始数据矩阵正向化

也就是将那些极小型指标，中间型指标，区间型指标对应的数据全部化成极大型指标，方便统一计算和处理。

极小型转化最容易，直接用 max－x 即可，若变量 x 为正数，也可直接取倒数。

中间型转化公式为

$$1-\frac{|x_i - x_{\text{best}}|}{\max(|x_i - x_{\text{best}}|)} \tag{9.10}$$

区间型转化较为复杂，若 $\{x_i\}$ 为一组中间型指标序列，且最佳的区间为［a，b］，那么正向化的公式如下：

$$M=\max\{a-\min\{x_i\},\ \max\{x_i\}-b\},\ \widetilde{x}_i=\begin{cases}1-\dfrac{a-x}{M}, & x<a\\ 1, & a\leqslant x\leqslant b\\ 1-\dfrac{x-b}{M}, & x>b\end{cases} \tag{9.11}$$

9.2.4.2 将正向化后的矩阵标准化

假设有 n 个要评价的对象，m 个正向化的评价指标，则可以构建正向化矩阵。x_{12} 为第一个对象在第二个评价指标上正向化之后的得分。即

$$X=\begin{bmatrix} x_{11} & x_{12} & \cdots & x_{1m}\\ x_{21} & x_{22} & \cdots & x_{2m}\\ \vdots & \vdots & \ddots & \vdots\\ x_{n1} & x_{n2} & \cdots & x_{nm}\end{bmatrix} \tag{9.12}$$

将标准化矩阵记为 Z，则其中的每一个元素都等于对应矩阵 X 中的元素取值除以所在列元素的平方和开根号，即

$$z_{ij}=\frac{x_{ij}}{\sqrt{\sum_{i=1}^{n} x_{ij}^2}} \tag{9.13}$$

9.2.4.3 计算得分并归一化

n 个评价对象，m 个评价指标的标准化矩阵如下：

$$Z=\begin{bmatrix} z_{11} & z_{12} & \cdots & z_{1m}\\ z_{21} & z_{22} & \cdots & z_{2m}\\ \vdots & \vdots & \ddots & \vdots\\ z_{n1} & z_{n2} & \cdots & z_{nm}\end{bmatrix} \tag{9.14}$$

定义最大值为每列元素最大值的集合

$$z^{+}=\{\max(z_{11},z_{21},\cdots,z_{n1}),\max(z_{12},z_{22},\cdots,z_{n2}),\cdots,\max(z_{1m},z_{2m},\cdots,z_{nm})\}$$

定义最小值为每列元素最小值的集合

$$z^{-}=\{\min(z_{11},z_{21},\cdots,z_{n1}),\min(z_{12},z_{22},\cdots,z_{n2}),\cdots,\min(z_{1m},z_{2m},\cdots,z_{nm})\}$$

则第 i 个评价对象与最大值的距离为 j 个指标分别与最大值计算距离之后的求和：

$$D_i^+ = \sqrt{\sum_{j=1}^{m}(z_j^+ - z_{ij})^2} \tag{9.15}$$

同理，第 i 个评价对象与最小值的距离为 j 个指标分别与最小值计算距离之后的求和：

$$D_i^- = \sqrt{\sum_{j=1}^{m}(z_j^- - z_{ij})^2} \tag{9.16}$$

那么，第 i 个评价对象未归一化的得分为 $S_i = \frac{D_i^-}{D_i^+ + D_i^-}$，即 z 与最小值的距离除以 z 与最大值的距离和 z 与最小值的距离之和。因为距离都是非负的，很明显 S_i 取值在 0 和 1 之间，D_i^+ 越大，S_i 越大，即越接近最优解。

归一化之后的得分为 $\widetilde{S}_i = \frac{S_i}{\sqrt{\sum_{i=1}^{n} S_i^2}}$，此处应满足 $\sum_{i=1}^{n}\widetilde{S}_i = 1$。

归一化和标准化本质上都是为了消去量纲的影响，结果归一化之后更容易比较大小，如图 9.2 所示。

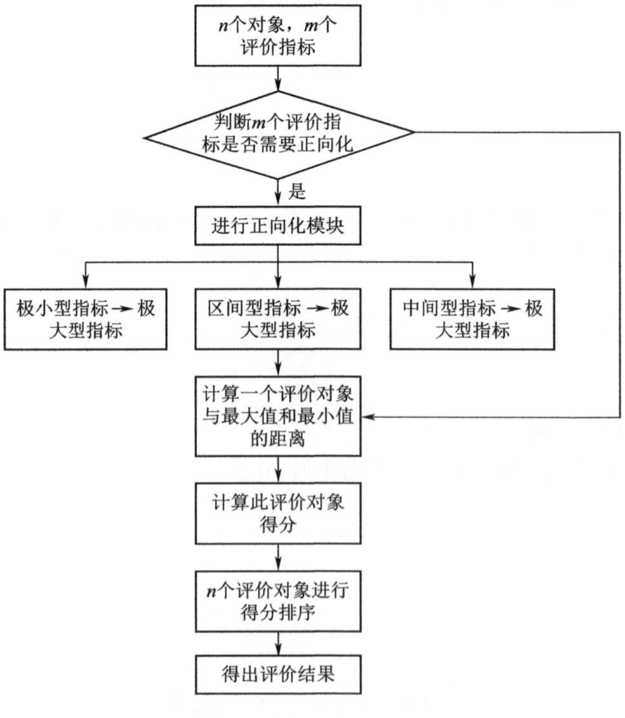

图 9.2　TOPSIS 的步骤

9.2.5　数据包络分析

数据包络分析评估多输入指标和多输出指标，比较多投入与多产出，进行效率分析，因此方法可广泛应用于业绩评价。简而言之，该方法就是用来评估投入—产出相对效率的。使用数学规划模型可以计算决策单元相对效率，从而对每个决策单元进行评价。对于每个决策单元，它们被视作相同实体，拥有相同的输入和输出。通过综合分析输入、输出数据，DEA方法可以得出每个决策单元的综合效率，进而对决策单元进行分类，确定有效DMU（即相对效率最高），并找出其他DMU未达到有效的程度和原因。

DEA模型具体又可细分为如下三种类型。

9.2.5.1 CCR模型

该模型假定规模报酬不变，主要用来测量技术效率（TE）。

指对DMU通过“投入一定数量的生产要素，并产出一定数量的产品”的经济系统来判断各个单元的相对合理性和有效性。从投入资源的角度来看，在当前产出的水准下，比较投入资源的使用情况，以此作为效益评价的依据，这种模式称为“投入导向模式”。

9.2.5.2 BCC模型

该模型假定规模报酬可变，主要测算纯技术效率（PTE）。纯技术效益（PTE）是技术效率（TE）与规模效率（SE）的比值，即PTE=TE/SE。

从产出的角度探讨效率，即在相同的投入水准下，比较产出资源的达成情况，这种模式称为“投入导向模式”。所得到的是“技术效益”，DEA=1称为“技术有效”，最优解是决策单元j的“技术效益”。

9.2.5.3 DEA-Malmquist指数模型

该模型可以测算出决策单元（DMUs）的生产效率在不同时期的动态变化情况。

DEA模型有多种类型，最具代表性有CCR模型，BCC模型。CCR模型基于规模报酬不变的假设，而BCC模型则基于规模报酬可变的假设，两者各有侧重，可以选择结合两个方法同时展开数据分析（一般较多采用BCC模型）。

9.2.6 变异系数法

变异系数法是根据统计学方法计算得出系统各指标变化程度的方法，是直接利用各项指标所包含的信息，通过计算得到指标的权重，因此是一种客观赋权的方法。

变异系数法根据各评价指标当前值与目标值的变异程度来对各指标进行赋权，若某项指标的数值差异较大，能明确区分开各被评价对象，说明该指标的分辨信息丰富，因而应给该指标以较大的权重；反之，若各被评价对象在某项指标上的数值差异较小，那么这项指标区分各评价对象的能力较弱，因而应给该指标较小的权重。

9.2.6.1 原始数据收集

收集指标的数据。

9.2.6.2 数据归一化

对不同量纲指标的原始数据标准化处理，将所有指标的数值转换成统一的含义。采用最大最小值法进行数据的归一化。

9.2.6.3 计算变异系数

$$\delta_j = \frac{D_j}{\overline{x}_j} \tag{9.17}$$

计算每个指标的均值和均方差，因为均方差可以描述取值的离散程度，即某指标的方差反映了该指标的分辨能力，所以可用均方差定义指标的权重。

计算每个指标的变异系数为

$$A_j = \frac{\delta_j}{\sum_{j=1}^{n} \delta_j} \tag{9.18}$$

式中　δ_j，D_j，x_j，A_j——第 j 个指标的变异系数、均方差、均值和权重。

第 3 节　辽河流域水安全评价指标体系的构建

本节重点分析影响辽河流域水安全的相关因素，确定相应的指标，并给出对应指标的权重分析方法。

9.3.1　评价指标选取的基本原则

辽河流域水资源具有自身的特点，因此，在进行水安全评价指标选取时，不但要充分考虑与目标对象相关因素的可取得性、全面性的各项相关因素，还要考虑辽河流域水资源的特点，同时要遵循标准化评价的通用原则，即科学性、客观性、可行性、针对性、全面性。

9.3.1.1　科学性原则

科学性原则是指在进行辽河流域水资源安全评价过程时必须要在科学决策理论的指导下，遵循科学决策的原则和程序，运用系统科学的决策思维方法和原则进行科学决策的程序和行为准则。相对于传统的经验分析决策而言，科学决策的主要优势和特点是：收集信息全面、准确；决策预测结果科学、及时；决策方案齐全、独立；论证充分、恰当；步骤清晰、有度；要求明确、具体。本书选取评价指标时，结合辽河流域水资源的实际情况，使选取的指标能够科学合理地反映辽河流域水资源安全情况。

9.3.1.2　客观性原则

客观性原则是指进行评价指标的选取和核算时应当以辽河流域水资源实际情况为依据，如实地反映辽河流域水资源安全状况。客观性原则要求评价指标进行各项数据核算的真实性，而评价指标选取的客观性是保证辽河流域水资源安全评价结果准确有效的基础。

9.3.1.3　可行性原则

评价问题的本质是为了解决问题，所以评价指标的选取必须具有可操作性，即可行性。进行辽河流域水安全评价时，其指标应该能够准确地反映该流域水资源安全的具体内容，绝不能把与辽河流域水资源安全状况无关的评价指标选取归纳进来。通俗来讲，就是要确保辽河流域水资源安全评价的可操作性，有些指标虽然看起来合适，但是相关数据无法获取，就不能说具有可操作性。

9.3.1.4　针对性原则

受地理位置、交通条件、开发历史、科技水平等因素的影响，辽河流域水资源情况除了具有其他部分河流的一些特点外，还有其自身的一些特点。与此同时，由于辽河流域跨度较大、地形地貌复杂多样等因素影响，不同河段的水资源情况往往有一些差异，很难整体进行评价。为此，选取辽河流域的某段水资源作为特定研究对象，针对该段水资源的实际水资源运行的情况，建立具有较强针对性的水资源安全评价模型。

9.3.1.5 全面性原则

进行辽河流域水安全评价时，评价指标的选取不能片面，要从全局出发，全面考虑。保证辽河流域具体研究河段的实际水资源数据可获得性和真实性，尽量不遗漏关键指标，确保评价过程不偏不漏。

9.3.2 评价指标的选取

辽河流域水资源安全受多种因素的影响，辽河流域主要包含东、西辽河、辽河干流和浑、太两大水系，主要涉及内蒙古自治区、辽宁省、吉林省和河北省四省（自治区），地处北温带半湿润半干旱区，属大陆性季风气候区，春季干燥多风沙，夏季高温多雨，秋季历时短，冬季寒冷干燥。自然气候特征决定了辽河流域水资源补给相对较少，且流域东西部分布不平衡。为此，考虑数据的代表性、可操作性和可观测性等特点，下面将从供需安全、社会安全、经济安全、生态环境安全和水利工程安全方面五个方面阐述影响辽河流域水安全的因素。

9.3.2.1 供需安全方面

中国北方省份水资源严重短缺，辽河流域的降水量不仅有限，且季节性很强，导致河流的径流量季节差较大。辽河流域内的人类活动包括引水灌溉、工业提取等又进一步减少了河流流量，例如受人类活动影响，浑河年径流量已呈下降趋势。水资源的匮乏、径流量的减少加重了流域干流水污染的趋势。

水资源的供需包括水资源的供给和需求两方面。从供给方面来看，水资源的供应主要受到自然条件和人类活动的影响。在自然条件方面，年降水量、地表水资源量和地下水综合补给量等指标反映了辽河流域水资源的总量和可利用量。如果这些指标不足，就会影响水资源的供应能力。此外，地表水、地下水、其他供水等指标反映了辽河流域的供水方式和供水能力，这些指标也会影响水资源的供应。在需求方面，水资源的消耗主要受到人类活动的影响。农业灌溉、林牧渔畜、工业、城镇公共、居民生活、生态环境用水等指标反映了辽河流域不同行业和领域对水资源的消耗和使用情况。如果这些指标存在用水结构不合理的情况，就会导致水资源的浪费和短缺。此外，人均水资源占有量和人均日生活用水量等指标也反映了辽河流域居民的用水需求和用水量是否合理。见表9.4。

表9.4 供需安全方面的相关指标

准　　则	指　　标
供需安全方面	人均水资源占有量
	人均日生活用水量
	年降水量
	地表水资源量
	地下水综合补给量
	农业灌溉、林牧渔畜、工业、城镇公共、居民生活、生态环境用水
	地表水、地下水、其他供水
	地表水、地下水、人均水资源量

9.3.2.2　社会安全方面

辽河流域地处我国东北老工业基地，仅在辽宁省境内流域就涉及沈阳、抚顺、铁岭、盘锦等工、农业发达，人口分布密集的大、中型城市。在国家相关政策的扶持下，随着振兴东北老工业基地战略的实施，社会经济发展进一步加速，城乡一体化、农业产业化进程快速推进，人口规模、城镇建设和工业产业不断扩大。城市的快速发展导致水资源的需求大幅增加，以满足人类正常的生产生活以及工、农业用水需求。然而，城市的扩张也加剧了流域水生态环境的污染，大量地表水资源无法满足城市用水在水质、水量和水安全方面的要求。这种恶性循环使得生态环境和社会经济的可持续发展难以实现。

社会安全方面主要关注人均用水量和畜牧业对水生态系统的影响，评估指标分别反映了用水量和畜牧对水资源产生的负面影响，如人口密度、城镇化率和人均用水量反映了辽河流域的人口压力，高人口密度地区对水资源的竞争会更激烈，可能引发社会不安和冲突。同时，城市人口增加，城市用水量需求也会相应增加，如果城市供水能力不足，可能引发社会问题。畜牧业反映辽河流域居民的生活水平和农业生产情况，如果人均粮食产量和大牲畜年末头数过低，可能影响居民的生活质量和农业生产。见表 9.5。

9.3.2.3　经济安全方面

水资源的合理利用对经济产生了巨大的影响。一方面，水资源开发利用为经济社会发展提供了用水保障、灾害防御、生态服务等多方面的支撑作用；另一方面，经济社会发展也为水资源开发利用和保护提供了必要的资金、技术、制度等条件和动力。其中，万元 GDP 用水量和人均 GDP 直接反映了水资源和经济之间的关系，而工业用水率和灌溉用水率则体现了水资源是农业、工业、能源、交通等各个产业部门的重要生产要素，也是城镇化、工业化、现代化进程中不可或缺的基础。水资源对于保障国家粮食安全、能源安全、生态安全等具有重要意义。同时，水资源本身也具有经济价值，可以通过市场机制进行配置和交易，为社会创造财富和福利。随着人口增长、经济发展、生活水平提高等因素的影响，水资源的需求量和质量要求不断增加，而水资源的供给量和质量却受到自然条件、开发程度、污染程度等因素的制约，导致水资源的供需矛盾日益突出。因此，通过合理配置和利用水资源，科学确定水资源开发利用率，进而实现水资源与经济社会发展之间的动态平衡。见表 9.6。

表 9.5　社会安全方面的相关指标

准　则	指　标
社会安全方面	人口密度
	城镇化率
	人均用水量
	粮食产量
	农作物总播种面积
	人均粮食产量
	大牲畜年末头数

表 9.6　经济安全方面的相关指标

准　则	指　标
经济安全方面	万元 GDP 用水量
	工业用水率
	水资源开发利用率
	灌溉用水率
	人均 GDP

9.3.2.4 生态环境安全方面

（1）水资源量逐年递减，生物资源破坏。近年来，受自然条件影响，辽河流域年均降水量减少，加之全球气候变暖，辽河流域年平均气温也连年升高，河流蒸发量增加，河流径流量变小，导致水面缩减，地下水位低，致使气候干旱化。此外，土地周边土壤的盐渍化影响植被的生长，使植被覆盖率降低，流域生物多样性和生态平衡遭到破坏。

（2）水生态污染严重，生态环境脆弱。辽河流域流经我国东北重要的工业基地和经济区，也是我国重要的农牧区之一，流域重工业发展，污染物的排放，造成工业点源污染，破坏流域水生态环境，加之农牧业产生的农村面源污染，导致生态环境恶化。此外，污水经由汇入水库，渗入地下和污水灌溉等途径导致污染范围扩大，加重河流污染程度，进而严重影响人民生产生活、流域水生态恢复和经济的可持续发展。

（3）土壤风蚀沙化，水土流失严重。流域内土地的过度开发利用，化肥农药利用率低，使土壤肥力消耗过大，破坏土壤的结构和特性，甚至出现盐碱化、营养和有机质缺乏等问题，导致流域内的水土流失现象也较为严重。盲目开荒耕种、破坏植被，造成土地风蚀沙化，加剧地区水土流失，且很难再生或恢复。土壤侵蚀，土壤地力大幅减退，干旱的威胁也随之增加，工农业生产过程中对土壤表层的污染等，这些都严重地制约着辽河流域土壤的可持续发展。

在水生态环境安全方面主要考虑生态用水率、植被覆盖率、造林面积等正向指标和废水、废气排放量、林木采伐量、累计水土流失治理面积等负向指标。河流在承受压力的同时，人类活动对其也产生了正面的影响，如造林面积、城市园林绿地面积和城市污染日处理能力，这些活动提升了蓄水能力，进而提高了水资源的供给，是河流生态安全的积极方面。河流及其附近的水域能为人类提供生态旅游等休闲娱乐活动的场所，体现了对人类的休闲娱乐价值。作为一个完整的生态系统，河流具有净化污染物的能力，在一定程度上利于河流生态和人类的安全。河流对污染物的净化能力随着环境容量的增加而增加。反之，肆意的开采和污染则会加剧破坏水资源的生态平衡，如化肥施用量和林木采伐量会加重水资源的流失。见表9.7。

表9.7 生态环境安全方面的相关指标

准则	指标
生态环境安全方面	生态用水率
	植被覆盖率
	水功能区水质达标率
	废水、废气排放量
	造林面积
	城市园林绿地面积
	化肥施用量
	林木采伐量
	城市污染日处理能力
	累计水土流失治理面积

9.3.2.5 水利工程安全方面

通过建设各种各样的水利工程，对水资源的位置、流量、水温等方面进行控制和调整，以达到向社会提供水资源、保障农业灌溉、发电和防洪等目的。

水利工程对水资源的保护和利用具有不可替代的作用。在水利工程建设中，保护水资源，提高水资源利用效率，防治水污染，维护水生态平衡都是重要的任务。但水利工程也存在负面影响，一方面，水库数量、堤防长度和水闸数量通过截流等进行施工建设，致使靠近河坝的水流量增加，对河流的水流速度产生影响，导致下游流速减缓，泄水量减少，下游地区河流在枯水期水流补给缓慢，延长了枯水期；另一方面，水利工程对水资源的调节将影响流域生态，如水位升高、土壤沼泽化、湖泊池塘干涸等，进而影响居民的正常生活，当发展到一定程度时，居民将难以维持正常的生活状态，从而不得不选择移民；另外，水利工程建设也会对当地居民的交通出行、森林生长状况和古建筑、文化的保留和维护带来影响。见表 9.8。

表 9.8　水利工程安全方面的相关指标

准　则	指　标
水利工程安全方面	水利建设完成投资合计
	水利建设计划投资
	水库数量
	堤防长度
	水闸数量
	水库年末蓄水量

第4节　实　例　研　究

考虑辽河流域全域涉及范围广、环境复杂，不同区域干流或支流水资源安全情况有较大差异，无法进行辽河流域整体水资源安全评价。为此，本节将以辽河流域辽宁段为研究对象，收集相关数据，并完成具体水资源安全评价。

9.4.1　数据获取与预处理

数据来源于中国统计年鉴 2023 和中国水利统计年鉴 2023，包括辽宁省、吉林省、黑龙江省、河北省、内蒙古自治区的农业灌溉、林牧渔畜、工业、城镇公共、居民生活、生态环境用水、地表水、地下水、其他供水等相关数据，具体见表 9.9。

表 9.9　相关指标数据

指标/单位	指标性质	辽宁	吉林	黑龙江	河北	内蒙古
林牧渔畜用水/亿 m^3	负向	75.2	76.6	273.8	100.4	143.4
工业用水/亿 m^3	负向	15	8.7	14.6	16.3	13.2
居民生活用水/亿 m^3	负向	26.4	12.8	15.4	27.8	37.9
生态环境用水/亿 m^3	负向	9.4	6.4	3.9	11.3	23.5
总用水/亿 m^3	负向	126	104.5	307.7	182.4	191.5
其他供水/亿 m^3	正向	7.2	2.7	2.6	14.4	6.9
供水量总计/亿 m^3	正向	126	104.5	307.7	182.4	191.5
地表水资源量/亿 m^3	正向	513.8	625.2	771.4	88.5	365.9
地下水资源量/亿 m^3	正向	154.3	192.6	307.1	152.8	223.1
人均水资源量/m^3	正向	1333	2986	2951	253	2121
水资源总量/亿 m^3	正向	561.7	705.1	918.5	188	509.2
人口密度/(人/km^2)	负向	288.1	125.3	65.5	390.5	20.3
人均用水量（m^3/人）	负向	299	443	989	245	798
人均日生活用水量/L	负向	172	149	136	103	129
大牲畜年末头数/万头	负向	324.8	401.9	536.2	420.1	956.9
农作物总播种面积/$10^3 hm^2$	负向	4326.9	6226.4	15209.4	8114	8750.7

续表

指标/单位	指标性质	辽宁	吉林	黑龙江	河北	内蒙古
粮食产量/万 t	负向	2484.5	4080.8	7763.1	3865.1	3900.6
人均粮食产量/kg	负向	590	1728	2495	520	1625
GDP/亿元	负向	28975.1	13070.1	15901	42370.4	23158.6
林木采伐量/万 m^3	正向	257.7	211.7	170.3	123.6	117.2
人均 GDP/元	正向	6.903765	5.566482	5.13101	5.710296	9.645398
除涝面积/$10^3 hm^2$	正向	931.75	1043.08	3347.14	1621.02	277
灌溉面积/$10^3 hm^2$	正向	1833	1937	6169	4592	4816
废水中氨氮排放总量/万 t	负向	1.54	1.16	1.3	3.31	1.57
化肥施用量/万 t	负向	130.5	222.7	238.5	271.6	227.4
SO_2 排放量/万 t	负向	13.05	5.51	10.26	14.62	20.27
氨氮排放量/万 t	负向	52.39	20.07	26.64	75.45	39.53
年均降水量/mm	正向	914.6	820.7	578.8	592.5	271.8
森林覆盖率/%	正向	39.24	41.49	43.78	26.78	22.1
累计水土流失治理面积/$10^3 hm^2$	正向	6144.1	3230.3	6717.9	6359.8	16678.7
水利建设完成投资合计/亿元	正向	189.8445	145.4709	125.906	574.4134	120.3037
堤防长度/km	正向	12554	8610	14490	10948	7355
水闸数量/座	正向	1272	499	1600	2752	1743
水库总库容量/亿 m^3	正向	374	325	199	208	185
农村水电装机容量/kW	正向	479726	650985	389115	384616	107595
国家基本水文站/处	正向	123	108	120	136	148
水利部门从业人员/人	正向	15105	15922	15638	31776	17931

9.4.2 评价过程

针对表 9.9 中收集到的原始指标数据，考虑样本数据较少，而且各指标的量纲存在较大差异，为此，先运用 Min－Max 方法对各指标数据进行归一化，消除不同指标之间的量纲；然后运用变异系数法确定各指标的权重。

具体步骤如下：

第一步：原始数据归一化处理。

正向指标：$Y_{ij}=\dfrac{x_{ij}-x_{j\min}}{x_{j\max}-x_{j\min}}$

负向指标：$Y_{ij}=\dfrac{x_{j\max}-x_{ij}}{x_{j\max}-x_{j\min}}$

第二步：依据 9.2.6 节介绍的变异系数法确定权重。

计算每个指标 2 的平均值、均方差，得到指标的变异系数，变异系数比上所有指标变异系数之和，得到各指标的权重。

第三步：计算各地区的评价值，评估安全状态。

9.4.3 水安全评价结果与分析

9.4.3.1 权重计算结果

依据变异系数法计算得到 37 个指标的权重结果见表 9.10。由表 9.10 可以看出，水利建设完成投资、水利部门从业人数、人均 GDP、地下水资源量、累计水土流失治理面积、水库总库容等指标所占权重比较大，意味着在评价水安全时，上述指标被认为是非常重要的因素，对评价水安全状况起到重要作用。

表 9.10 相关指标的权重

指标/单位	指标性质	辽宁	吉林	黑龙江	河北	内蒙古	均值	均方差	变异系数	权重
林牧渔畜用水/亿 m^3	负向	1.000	0.993	0.000	0.873	0.657	0.705	0.418	0.593	0.019
工业用水/亿 m^3	负向	0.171	1.000	0.224	0.000	0.408	0.361	0.386	1.070	0.034
居民生活用水/亿 m^3	负向	0.458	1.000	0.896	0.402	0.000	0.551	0.405	0.734	0.023
生态环境用水/亿 m^3	负向	0.719	0.872	1.000	0.622	0.000	0.643	0.387	0.602	0.019
总用水/亿 m^3	负向	0.894	1.000	0.000	0.617	0.572	0.617	0.389	0.631	0.020
其他供水/亿 m^3	正向	0.390	0.008	0.000	1.000	0.364	0.353	0.407	1.155	0.036
供水量总计/亿 m^3	正向	0.106	0.000	1.000	0.383	0.428	0.383	0.389	1.015	0.032
地表水资源量/亿 m^3	正向	0.623	0.786	1.000	0.000	0.406	0.563	0.383	0.680	0.021
地下水资源量/亿 m^3	正向	0.010	0.258	1.000	0.000	0.456	0.345	0.412	1.197	0.037
人均水资源量/m^3	正向	0.395	1.000	0.987	0.000	0.683	0.613	0.424	0.691	0.022
水资源总量/亿 m^3	正向	0.512	0.708	1.000	0.000	0.440	0.532	0.368	0.692	0.022
人口密度/(人/km)	负向	0.277	0.716	0.878	0.000	1.000	0.574	0.422	0.735	0.023
人均用水量/(m^3/人)	负向	0.927	0.734	0.000	1.000	0.257	0.584	0.436	0.748	0.023
人均日生活用水量/L	负向	0.000	0.333	0.522	1.000	0.623	0.496	0.369	0.744	0.023
大牲畜年末头数/万头	负向	1.000	0.878	0.666	0.849	0.000	0.679	0.398	0.586	0.018
农作物总播种面积/10^3hm^2	负向	1.000	0.825	0.000	0.652	0.593	0.614	0.378	0.616	0.019
粮食产量/万 t	负向	1.000	0.698	0.000	0.738	0.732	0.634	0.374	0.591	0.019
人均粮食产量/kg	负向	0.965	0.388	0.000	1.000	0.441	0.559	0.423	0.757	0.024
GDP/亿元	负向	0.457	1.000	0.903	0.000	0.656	0.603	0.399	0.661	0.021
林木采伐量/万 m^3	正向	1.000	0.673	0.378	0.046	0.000	0.419	0.424	1.011	0.032
人均 GDP/元	正向	0.393	0.096	0.000	0.128	1.000	0.323	0.405	1.253	0.039
除涝面积/10^3hm^2	正向	0.213	0.250	1.000	0.438	0.000	0.380	0.380	0.999	0.031
灌溉面积/10^3hm^2	正向	0.000	0.024	1.000	0.636	0.688	0.470	0.440	0.938	0.029
废水中氨氮排放总量/万 t	负向	0.823	1.000	0.935	0.000	0.809	0.713	0.407	0.570	0.018
化肥施用量/万 t	负向	1.000	0.347	0.235	0.000	0.313	0.379	0.373	0.984	0.031
SO_2 排放量/万 t	负向	0.489	1.000	0.678	0.383	0.000	0.510	0.369	0.724	0.023
氨氮排放量/万 t	负向	0.416	1.000	0.881	0.000	0.649	0.589	0.398	0.676	0.021
年均降水量/mm	正向	1.000	0.854	0.478	0.499	0.000	0.566	0.389	0.686	0.022
森林覆盖率/%	正向	0.791	0.894	1.000	0.216	0.000	0.580	0.444	0.765	0.024

续表

指标/单位	指标性质	辽宁	吉林	黑龙江	河北	内蒙古	均值	均方差	变异系数	权重
累计水土流失治理面积/$10^3 hm^2$	正向	0.217	0.000	0.259	0.233	1.000	0.342	0.382	1.118	0.035
水利建设完成投资合计/亿元	正向	0.153	0.055	0.012	1.000	0.000	0.244	0.427	1.748	0.055
堤防长度/km	正向	0.729	0.176	1.000	0.504	0.000	0.482	0.405	0.841	0.026
水闸数量/座	正向	0.343	0.000	0.489	1.000	0.552	0.477	0.362	0.760	0.024
水库总库容量/亿 m^3	正向	1.000	0.741	0.074	0.122	0.000	0.387	0.452	1.168	0.037
农村水电装机容量/kW	正向	0.685	1.000	0.518	0.510	0.000	0.543	0.362	0.668	0.021
国家基本水文站/处	正向	0.375	0.000	0.300	0.700	1.000	0.475	0.385	0.810	0.025
水利部门从业人员/人	正向	0.000	0.049	0.032	1.000	0.170	0.250	0.424	1.696	0.053

9.4.3.2 水资源安全评价结果

根据确定的各项指标权重，对各地区水安全状况进行评价，按供需安全方面、社会安全方面、经济安全方面、生态环境安全方面和水利工程安全方面共5个方面进行汇总，见表9.11。

表9.11　　辽河流域水安全评价

评价指标类型	辽宁	吉林	黑龙江	河北	内蒙古
供需安全	0.1169	0.1750	0.1807	0.0978	0.1141
社会安全	0.1072	0.0956	0.0446	0.1123	0.0790
经济安全	0.0632	0.0543	0.0914	0.0389	0.0730
生态环境安全	0.1135	0.1122	0.1013	0.0327	0.0729
水利工程安全	0.0962	0.0583	0.0615	0.1779	0.0475
综合评价	0.4970	0.4955	0.4795	0.4596	0.3866

从表9.12中可以看出辽河流域与周边地区相比：在供需安全方面处于中等水平，但由于水资源禀赋条件限制，与人均水资源量更为丰沛的吉林、黑龙江省相比，仍有一定的提升空间；在社会安全方面处于较为先进水平，说明对水资源承载能力的影响控制较好；在经济安全方面处于中等水平，说明在水资源开发利用与地区经济发展间的平衡适中；在生态环境安全方面处于先进水平，说明辽河流域在保护水生态环境安全治理方面走在同类地区前列；在水利工程安全方面处于较为先进水平，说明辽河流域管理水平较高。综合来看，辽河流域水安全综合评价在周边地区中处于先进水平。

9.4.3.3 辽河流域水安全建议

通过上面的分析，结合辽河流域水资源的实际情况，提出如下建议：

(1) 积极发挥主观能动改造和保护对辽河流域水安全的促进作用。加强现有的岸堤、水土治理，强化水利设施建设，继续完善岸堤防护和水土保持的长效机制。持续推进辽河流域水污染治理，有效控制生产生活中的污染物排放，寻求生产技术和管理流程上的创新，突破瓶颈，从而实现增产不增污、增产减污，进一步提升污水处理的数量和效率。在现有工作顺利开展的基础上，不断推进对辽河流域水生态环境的积极响应。

（2）持续推进辽河流域水资源安全的保护和改善。在抓牢长板优势的同时，也要巩固基础，努力弥补短板不足，真正做到“两手抓，更要两手硬、两手赢”。要进一步拓宽水资源安全的治理面，做到合理有序地利用水资源，杜绝过度使用和无序消耗，同时通过强化推进全省节水工作的开展、提升生产生活用水的利用效率、改善全省的城市绿化水平等，多管齐下打通影响水资源安全的堵点、痛点和难点，稳固提升水资源质量和状态，合理调节水资源所面临的需求和压力，推动辽河流域水资源安全水平向高向好发展。

第10章　辽河流域水管理模式研究

第1节　水法治体系研究

水是生命之源、生产之要、生态之基。人类生存、经济发展和社会进步都离不开对水资源的开发和利用。在推进依法治国的大背景下，实现水资源的法治化开发和利用，把水资源的管理、保护、开发等一切水事活动和水资源管理的各个环节都纳入法治化轨道，依法规范各项水事活动，依法治水、依法管水，是实现水资源可持续利用的根本保证。

针对水治理在国家治理体系中的独特作用，应加强系统治理、依法治理、综合治理、源头治理，立足辽河流域水战略发展的需要，以健全完善水法治体系、创新水行业监管体制、完善水网良性运行机制为抓手构建现代水管理体系，保障水网长期可靠运行。通过智慧水网和现代水管理体系的深度融合，形成“系统完备、管控有力、运行有序、智能高效”的现代水治理体系。

10.1.1　水法治体系概念和建设现状

10.1.1.1　水法治体系概念

所谓水法治体系，就是以法治思维和法治方式统筹水资源、水生态、水环境治理的综合性制度框架，其核心在于通过立法、执法、司法、守法全链条治理机制，实现涉水事务的规范化管理。该体系强调“法治之水”的动态运行，既包含静态法律文本，更注重法律规范在治水实践中的效能转化。

10.1.1.2　水法治体系建设的现状

10.1.1.2.1　中央层面

中央层面的水法规包括水法律、水行政法规、水部门规章。

1. 水法律

现行有效的水法律主要有5部：一是《水法》。1988年颁布，2002年、2009年、2016年修订，2023年对生态流量监管、河湖长制等内容补充修正。二是《中华人民共和国防洪法》(以下简称《防洪法》)。1997年颁布，2009年、2016年修订，2022年修订强化极端气候下的防洪应急机制。三是《中华人民共和国水土保持法》(以下简称《水土保持法》)。1991年颁布，2010年修订，2021年新增生态脆弱区专项保护条款。四是《中华人民共和国水污染防治法》(以下简称《水污染防治法》)。1984年颁布，1996年、2008年、2017年修订，2023年增加新污染物管控要求。五是《中华人民共和国长江保护法》，2021年施行，首次针对单一流域立法，确立“共抓大保护”原则，强化流域统筹协调机制。

2. 行政法规

现行有效的水行政法规主要有 24 部，包括《河道管理条例》《水库大坝安全管理条例》《防汛条例》《蓄滞洪区运用补偿暂行办法》《长江河道采砂管理条例》《取水许可和水资源费征收管理条例》《大中型水利水电工程建设征地补偿和移民安置条例》《黄河水量调度条例》《水文条例》《抗旱条例》《太湖流域管理条例》《长江三峡水利枢纽安全保卫条例》《南水北调工程供用水管理条例》《农田水利条例》《地下水管理条例》《黄河保护法实施条例》《节约用水管理条例》《河湖健康评价管理办法》等。

3. 部门规章

现行有效的水部门规章有 60 部，包括《水行政处罚实施办法》《水利工程供水价格管理办法》《水量分配暂行办法》《取水许可管理办法》《河湖长制监督考核办法》《水资源刚性约束管理办法》《数字孪生流域建设导则》《生态护岸工程技术规范》等，内容涵盖水资源管理、河道管理、水土保持、水政监察等水利管理的主要方面。

4. 中央层面水法规的特点

(1) 内容已覆盖大多数水事活动和水事制度，总体呈现出一定的体系化特征。以防洪为例，在法律层面有《防洪法》，在行政法规层面有《防汛条例》《蓄滞洪区运用补偿暂行办法》，对防洪管理体制、防洪规划、治理与保护、防洪区和防洪工程设施的管理、防汛抗洪、保障措施、蓄滞洪区运用补偿等进行了规定，防洪领域形成《防洪法》→《防汛条例》→《蓄滞洪区运用补偿暂行办法》→《城市防洪应急预案管理办法》的完整链条，覆盖了防洪减灾的重要事项。

(2) 水法规领域呈现出"多且散"现象。现行的 5 部水法律、24 部水行政法规和 60 部水部门规章，涉及防洪抗旱、水资源管理、河湖管理、水土保持、水利工程建设与管理、水污染防治、农村水利水电管理、水文管理、水行政立法与执法管理、流域综合管理、智慧水利、水生态修复 12 个领域，呈现出水法规"多且散"现象。

(3) 单行法规多，综合法规少，水法规布局总体呈现出"单打独斗"现象。目前综合性比较强的法规主要是《水法》，除《水法》外，其余的大多属于单行法规，即便是同一领域里的水法规，也基本是单行法规多。以水资源管理为例，24 部水行政法规中属于水资源管理的包括《城市节约用水管理规定》《取水许可和水资源费征收管理条例》《黄河水量调度条例》《水文条例》《地下水管理条例》《节约用水管理条例》6 部。不过也有一定例外，《太湖流域管理条例》体现出流域综合立法的趋势。

10.1.1.2.2　地方层面

截至 2024 年，历年制定、修改且现行有效的地方水法规总计约 1230 部。

1. 地域分布

目前全国 31 个省级行政区域共出台了地方性水法规和地方政府水规章 1230 部，平均每个省份约 40 部。出台地方性水法规数量最多的是云南省，为 80 部；其次是山东省，为 70 部；再次是辽宁省，为 68 部。出台地方性水法规数量最少的为北京市、天津市、重庆市、西藏自治区，分别为 21 部、19 部、18 部、16 部。

2. 类别分布

目前全国共有省级地方性水法规 340 部，省级水规章 240 部，地市级地方性水法规

400 部，地市级规章水 165 部，单行条例 100 部，特区条例 4 部。

(1) 省级地方性水法规。全国目前共有 340 部，占全国地方水法规总量的 27.6%，平均每个省份约 11 部。省级出台地方性水法规数量最多的是云南省，共 22 部；其次是江苏省，为 20 部；再次是广西壮族自治区，为 17 部。青海省仅出台了 5 部省级地方性水法规，成为省级地方性水法规数量最少的省份。

(2) 省级政府水规章。全国目前共有 240 部，约占全国地方水法规总量的 19.5%，平均每个省份约 7.7 部。其中，出台省级政府水规章数量最多的是河北省，共 20 部；其次是山东省，为 18 部；再次是广东省，为 16 部。出台省级政府水规章最少的是海南省和山西省，均仅出台了 2 部。

(3) 地市级地方性水法规。全国目前共有 400 部，约占全国地方水法规总量的 32.5%，平均每个省份约 12.9 部。自从 2015 年《中华人民共和国立法法》修改后，设区的市拥有立法权，地市级水法规数量大幅增加。其中出台地市级地方性水法规数量最多的是江苏省，共 35 部；其次是辽宁省，共 33 部。

(4) 地市级政府水规章。全国目前共有 165 部，占全国地方水法规总量的 13.4%，平均每个省份 5.3 部。其中制定地市级政府水规章最多的是山东省，为 28 部，远高于全国其他省份。

(5) 单行条例。全国目前共有 100 部，约占全国地方水法规总量的 8.1%。其中有将近一半在云南省，有 50 部。

(6) 特区条例。全国目前共 4 部，均在广东省。

3. 领域与地域分布

按照所涉及的领域，可以将地方水法规划分为以下 6 个领域：综合与监管、水旱灾害防御、水资源管理、水生态保护、河湖管理、水工程管理。

总体来看，目前全国地方水法规在领域之间的具体分布情况为：综合与监管 38 部，平均每个省份 1 部；水旱灾害防御 105 部，平均每个省份 3 部，其中湖北省最多，为 8 部；水资源管理 370 部，占地方水法规的 36%，其中辽宁省数量最多，为 26 部；水生态保护 110 部，平均每个省份 3 部，其中山西省与辽宁省数量最多，均为 9 部；河湖管理 205 部，平均每个省份 6 部，其中云南省数量最多，为 22 部；水工程管理 210 部，平均每个省份 6 部，其中河南省最多，为 16 部。

4. 地方水法规的特点和趋势

(1) 大部分省份均建立起较为完备的水法规体系。通过调查与历年数据分析发现，各地方的水法规建设日益受到重视，围绕着《水法》《防洪法》《水土保持法》《河道管理条例》等骨干性水法律法规，密切结合本地实际出台了相关配套办法，形成了以上述配套办法为骨干的、相对完善的地方水法规体系，基本实现了重点水利管理领域立法全覆盖，为地方水利管理工作提供了坚实的法律制度保障。

(2) 流域管理、水资源管理、生态环境保护、节水管理、地下水管理成为近几年地方立法重点。大部分省份在地方水利立法中，紧密结合省情、水情，制定了适合本地需要的地方水法规，尤其是在地下水管理、再生水管理、水资源管理等方面，且生态文明在地方立法与地方发展中占据越来越重要的地位。

（3）及时将水利改革发展探索成果进行法律化，强化立法创新，为中央顶层设计提供参考。近几年，地方立法不断出现亮点，在很多中央没有制定统一规则的领域，地方出现了有益的探索，如《广东省水权交易管理试行办法》《浙江省河长制规定》，为其他地方及中央立法提供了有益经验借鉴。

10.1.2　水法治建设存在的问题

10.1.2.1　法律冲突

由于所处的位置、考虑的问题角度不同，局部利益与流域整体利益经常会发生冲突，造成地方性法规与部门规章之间对同一事项规定不一致。如，根据 1984 年发布、1996 年修正的《广东省河道堤防管理条例》第七条规定，在广东省境内的西江、北江、东江、韩江及珠江三角洲主干河道、滩地上进行建设，报广东省水利部门审批。而 1992 年国务院批准，水利部、国家计委发布的《河道管理范围内建设项目管理的有关规定》第三条规定，在珠江主要河段的河道管理范围内兴建大中型建设项目，由水利部所属流域机构实施管理。再如，依据《中华人民共和国立法法》第六十三条第一款的规定，省、自治区、直辖市的人民代表大会及其常务委员会根据本行政区域的具体情况和实际需要，在不同宪法、法律、行政法规相抵触的前提下，可以制定地方性法规。而根据立法法第七十一条第一款，国务院各部、委员会、中国人民银行、审计署和具有行政管理职能的直属机构，可以根据法律和国务院的行政法规、决定、命令，在本部门的权限范围内，制定规章。由于地方人大与国务院各部委之间没有领导和被领导、监督和被监督的关系，不能简单地确定地方性法规与部门规章的效力高低，因此上述问题给实际工作带来一定困难。

10.1.2.2　水行政执法力度不够

现行水法规的法律责任条款普遍存在“宽松软”问题，与经济社会发展不同步，行政管理规范与治安管理规范、刑事司法规范不衔接，执法威慑力不足，法律适用和实施效果不佳。主要体现在：一是罚款数额上限偏低。《水法》设定的罚款上限为 10 万元，与环保、国土、医药食品卫生等部门行政处罚幅度相比，明显偏低，与违法成本更是不成比例，导致威慑力不足。二是就涉水违法行为设定行政强制措施和行政强制执行的情形较少，不利于有效打击和遏制涉水违法行为。对于水行政执法中急需的诸如查封场所、设施或者财物，冻结存款、汇款，拍卖或者依法处理查封、扣押的场所、设施或者财物等行政强制，存在明显欠缺。三是对严重危害水资源、非法采砂、破坏水利设施等严重水事违法行为，《中华人民共和国刑法》（以下简称《刑法》）中尚无对应条款，实际执法中很难对严重水事违法行为实施刑事处罚，惩戒力明显不足。以破坏水利设施为例，现行水法规所规定的行政处罚措施一般为责令停止违法行为、恢复原状、处以罚款，但是，采取行政处罚不能及时制止破坏水利设施危及公共安全违法行为的问题；同时，对于“构成犯罪的，依法追究刑事责任”规定，由于《刑法》中没有直接对应的罪名规定，造成实际上难以追究刑事责任。

10.1.2.3　水法治意识薄弱

社会对《水法》《水污染防治法》等核心法规了解有限，对节水、护水义务缺乏清晰认知。例如，部分地区居民仍存在随意倾倒污水、侵占河道等行为，将水资源保护视为“政府责任”而非“个人义务”；不少群众水资源节约、保护的意识薄弱，浪费水现象还很严重。

10.1.3 健全水法治体系的对策

为提升水利治理能力和水平，适应辽河流域水战略发展建设新要求，加强水法治体系建设，形成高效的法治实施体系、严密的法治监督体系、有力的法治保障体系，发挥法治在流域水治理体系中固根本、稳预期、利长远的重要作用。

10.1.3.1 建立完善水法规体系

1. 协调地方性法规与部门规章的冲突

依照《中华人民共和国立法法》第八十六条第二款的规定，地方性法规与部门规章之间对同一事项的规定不一致，不能确定如何适用时，由国务院提出意见，国务院认为应当适用地方性法规的，应当决定在该地方适用地方性法规的规定；认为应当适用部门规章的，应当提请全国人民代表大会常务委员会裁决。实际工作中，如果遇到地方性法规与部门规章冲突，再采用“一事一裁”的办法，势必会延长工作时间，降低工作效率。因此要提前做好法规的清理工作，根据《国务院办公厅关于做好规章清理工作有关问题的通知》（国办发〔2010〕28号）精神，对应当适用地方性法规的部门规章进行及时清理；对确实需要适用的部门规章，及时提请全国人民代表大会常务委员会作出裁决；需要上升为行政法规的，提请国务院制定行政法规。

2. 加快制定辽河流域的水法规

过去，筑一条堤防保一方平安，建一座水库灌一片土地，上下游、左右岸相互影响小，矛盾不突出。随着经济社会不断发展，由防洪抗旱、水资源开发利用和保护等相互影响引起上下游、左右岸之间的矛盾日益凸显，迫切需要从辽河流域全局出发，统筹兼顾，协调解决。为此，需抓紧研究制定辽河流域水量调度条例、辽河流域管理条例、辽河流域法等，加强与有关部门沟通，采用各种有效措施加快立法进程，从法律层面解决辽河流域管理面临的问题，建立辽河流域水量调度的长效机制，逐步强化辽河流域管理，为服务辽河流域经济社会发展提供法制保障。

3. 建立利益调整机制

产业布局受当地经济发展牵引，难以自行实现合理布局，应从三方面考虑制定相应法规，建立利益协调机制，应对经济社会发展的挑战。一是促进产业布局与水资源承载能力相适应。应制定相应法规，赋予辽河流域管理机构责权，由辽河流域管理机构提前介入区域经济发展规划等活动，主动与有关地区、部门沟通，促进产业布局与水资源的承载能力相适应，合理利用和保护辽河流域水资源。二是加强工程运行管理。加强辽河流域内各水库、水电站的运行调度管理，减少因运行调度不合理带来的生态环境不利影响和辽河流域整体综合效益损失。三是协调各方利益。辽河流域水资源开发利用涉及上下游、左右岸、各地区、各部门，而各自都希望自身利益最大化，为此引发水事矛盾，影响辽河流域整体效益和生态环境，需要研究建立利益协调机制，完善生态环境补偿机制等，合理调整各方利益，实现辽河流域综合效益最大和经济社会可持续发展。

10.1.3.2 提升水行政执法质量和效能

(1) 进一步夯实水行政执法基础保障，理顺水行政执法体制机制，加快推进市县两级水利综合执法，加强基层水政监察队伍建设。完善执法制度，把严格规范公正文明执法的要求落实到水行政执法全过程。

(2) 切实加大执法力度，遏制水事违法案件，确保法律法规得到严格实施。坚持预防为主，妥善预防处置水事矛盾纠纷。完善权责明确、保障有力的水行政执法体系，有效实现执法常态化、规范化，切实提升水行政执法效能，确保全流域河湖生态和水利工程安全。

(3) 大力推进行政审批标准化建设，进一步规范优化审批流程，提高审批效率，大力提高水利管理科学化水平。进一步提高行政复议办案质量，依法加强行政应诉工作，既要切实维护行政管理相对人的合法权益，也要保障行政机关依法行使职权。

(4) 健全水利和其他部门执法工作协调机制，强化联合办案，推动水行政执法和刑事司法有效衔接。

10.1.3.3 做好水利普法工作

(1)“宪法宣传周”“世界水日”“中国水周”等重要时间节点已成为水利公益性宣传和水利法治宣传最重要阵地；“人・水・法”系列法治宣传片品牌得到社会认可；以沿河、沿湖为特色的法治文化长廊、法治文化主题公园、法治广场等已成为各地群众接受水法治教育的重要场所，水利普法宣传逐步实现宣传方式多样化、宣传内容具体化、宣传力度最大化、宣传效果最佳化。开展水法宣传活动，加强水法普及教育，形成依法治水的良好氛围，提升水法治意识和法治素养。

(2) 强化依法治水管水工作考核评价制度，推动各级水利领导干部自觉增强依法行政意识，提高运用法治手段处理和解决问题的能力。科学编制并组织实施普法规划，大力弘扬法治精神，增强全民法治观念。推动领导干部和国家工作人员学法用法工作制度化、规范化，进一步健全完善学法用法各项制度。不断创新法治宣传教育内容与方式方法，打造全媒体大普法格局，形成浓厚的水法治文化氛围，夯实水生态文明的文化内涵。

(3) 建立公众参与制度，在“以最小代价获取自身最大利益”的同时常常使他人利益受到损害，因此“受害者”是不良行为的最好监督者。公众参与，对解决水资源与水环境问题的作用重大。公众参与，也是间接普法。建立适合我国国情的公众参与制度，通过利益相关者参与，共同协商流域水资源开发、利用和保护等相关事宜，公平、公正解决水资源与水环境问题。

10.1.4 健全水法治体系意义

健全完备辽河水法治体系，是实现流域全面加强依法治水管水目标的基础。随着水资源保护日益严峻的形势，充分利用地方立法的灵活、及时、富有针对性等优势，发挥法律的管理、惩戒功能，使群众对法律存有敬畏之心，很好地维护了法律的权威。将其纳入依法治水的法治轨道，从而实现辽河流域水资源可持续发展的开发利用，并进而为国家水法规的制定完善提供有意义的地方经验，具有重要的现实意义和价值。

第2节 水网良性运行机制研究

建立健全水治理的良性运行机制，推进农业水价综合改革，加快完善水生态保护补偿机制、多元化水利投融资等机制，建立水网智慧化管理制度，提升水治理水平和能力。

10.2.1 完善水价形成机制

水价综合改革的核心宗旨即为提高水资源利用率，使其综合效益最大化。水网规划是涉及居民、工业、农业和生态供水的综合规划，现状农业供水和生态供水处于收入不能覆盖成本，导致农业供水和生态供水只能靠制度保障，工程的运行维护得不到应有保障，农业灌溉工程建设发展缓慢。水网统一管理是水价综合改革的根本保障，只有统筹管理才能使综合效益最大。

10.2.1.1 完善居民、工业水价形成机制

目前居民、工业水价有相对完善的水价制度，有政府制定价格成本监审办法（国家发展改革委第42号令）、水利工程价格管理办法和水利工程供水定价成本监审办法等。水利工程水价的测算有基本的文件支撑，但新建水利工程的投资和运行成本较高，目前城市供水很多是多年前修建，这些工程投资与现在相比偏低，且作为城市主要的供水工程供水量较大，供水成本较低。新建工程主要是为了满足经济发展过快，原有水源不能满足而需要增供的水量。目前，居民和工业实际水价基本处于年年不调整不上浮的阶段，新建工程的成本水价过高，造成居民难以接受新建工程水价。新建的城市供水工程一般是政府定价，考虑居民的消费水平，制定的水价低于成本水价，对水利工程的运行造成不利影响。

大部分水利枢纽工程实际融资能力有限，根据前期工作测算，实际投入的资本金相对不足，工程建设不得不从银行等金融机构大量贷款，导致工程运行期间还本付息压力很大。尤其是一些缺水地区，需要外调水解决本地的需水问题，外调水的成本更高，由于现状水价偏低，这些工程无法满足良性运行，导致这些工程迟迟不能建设，严重影响当地经济的发展。

10.2.1.2 完善农业水价形成机制

长期以来，我国农田水利基础设施薄弱，运行维护经费不足，农业用水管理不到位，农业水价形成机制不健全，价格水平总体偏低，不能有效反映水资源稀缺程度和农业用水成本，价格杠杆对促进节水的作用未得到有效发挥，不仅造成农业用水方式粗放，而且难以保障农田水利工程良性运行。

农业水价综合改革总体思路是，按照有利于促进节约用水、有利于降低农民水费支出、有利于保障灌排工程良性运行、有利于创新水利体制机制的总体要求。以完善水价形成机制为核心，以小型水利工程产权改革为动力，以灌溉计量设施配套为支撑。以农民用水合作组织规范化建设为保障，统筹推进农业水价综合改革。集中力量在全国打造一批综合改革示范区，充分发挥示范辐射带动作用，同时结合各类农田水利项目推动面上改革。2016年1月21日，国务院办公厅印发了《关于推进农业水价综合改革的意见》（国办发〔2016〕2号），要求建立健全农业水价形成机制；农业用水价格总体达到运行维护成本水平，农业用水总量控制和定额管理普遍实行，可持续的准确补贴和节水奖励机制基本建

立，先进适用的农业节水技术措施普遍应用，农业种植结构实现优化调整。

科学核定农业供水成本，加快落实灌排工程运行维护费财政补助政策，推动各级财政对灌区骨干工程运行维护费予以补助，末级渠系运行维护费由受益主体承担、财政适当奖补。根据扣除财政补助后的成本确定最终水价，在此基础上定额内用水实行优惠水价，超定额用水累进加价。考虑各地财政状况、水资源紧缺程度、供水成本差异较大，具体由各地结合实际确定。

最后，水费补贴渠道、对象和执行主体以因地制宜，以最小的执行成本为原则。现在国家对农业的补贴种类很多，渠道各不相同，水费补贴可以参照粮食直补或农资综合补贴发放方式直接发放到农民个人手中，也可在财政和水利部门联合审查后通过财政渠道直接发放到农民用水合作组织。也可直接由财政部门通过国库直接支付到水管单位。统一抵顶水费。具体补贴办法可由各地政府根据实际情况制定。

10.2.1.3 完善生态水价形成机制

目前生态水价基本处于空白状态，很多水利工程承担着下游生态水量的任务，这部分水量占用一部分工程规模，但不承担工程费用的分摊，造成其他用水成本偏高，不利于工程的良性运行。

10.2.2 健全水生态保护补偿机制

建立水生态产品价值实现机制，生态产品“难度量、难抵押、难交易、难变现”等问题得到有效解决。健全有效市场和有为政府更好结合、分类补偿与综合补偿统筹兼顾、纵向补偿与横向补偿协调推进、强化激励与硬化约束协同发力的水生态保护补偿制度。

针对江河源头、重要水源地、水土流失重点防治区、蓄滞洪区、受损河湖等重点区域，理顺受水区与输水区、上游与下游等重要的水利益关系，建立健全水价值实现与补偿机制。要遵循“谁受益、谁补偿”，“谁破坏、谁付费”。水生态保护具有很强的正外部性，如果不对提供这种正的外部性的经济主体进行利益补偿，那么这种外部性将难以维持。水源地保护为下游和调水地区提供清洁的水源，应由享受生态服务功能的全部受益者按照一定的成本分担原则承担补偿的责任。即受益者应该对优质水源供水区支付相应的费用。“谁破坏、谁付费”原则，主要针对经济主体带来的负外部性影响从而导致水质恶化，对受害者进行的补偿。推动建立全流域横向生态保护补偿机制，研究建立近海生态保护补偿制度。

10.2.3 建立健全多元化水利投融资机制

水利资金的良性运行，是指水利资金投入水利建设项目并最终通过项目的运用转化产生预期效益，实现有效的增值这一完整的动态过程。而现实是水利建设在筹资阶段往往面临资金投入不足的问题。在项目施工阶段，又常常因为资金到位率低或配套资金未落实而导致工期延误，使得水利建设投资无法顺利转化为预期的水利资产，也难以产生经济效益。即使已完工交付使用的水利工程，也由于水利价格机制和公益性补偿机制尚未完善，致使水利建设资金难以实现增值。要解决这些问题，当务之急是要健全和完善水利建设投融资机制，实现水利建设投融资渠道的多元化发展。

10.2.3.1 水利投融资现状

从资金来源渠道看，水利投融资来源渠道仍较为单一。水利工程的建设资金来源主要是政府财政资金、银行贷款、地方政府专项债、水利建设基金和社会投资公司等。长期以来，政府投资是水利基础设施建设资金的主要来源，银行贷款、利用外资和债券等市场化融资规模总体偏小。受经济下行压力增加、财税体制改革和地方土地财政萎缩影响，财政投入水利建设的压力将进一步加大。水利建设资金存在较大缺口，对金融、社会资本支持水利建设的需求将更加强烈。

为了拓宽融资渠道，国家下发一系列文件保障融资文件，促进融资的发展。党中央、国务院高度重视投融资体制改革工作，2014年国务院下发《国务院关于创新重点领域投融资机制鼓励社会投资的指导意见》（国发〔2014〕60号）等文件。2017年3月国务院下发了《国务院办公厅关于进一步激发社会领域投资活力的意见》（国发〔2017〕21号），强调了进一步扩大投融资渠道。中共中央办公厅、国务院办公厅2018年底下发了《关于做好地方政府专项债券发行及项目配套融资工作的通知》，大规模实施减税降费，较大幅度增加地方政府专项债券规模。2020年，中国证监会与国家发展改革委联合发布《关于推进基础设施领域不动产投资信托基金（REITs）试点相关工作的通知》（证监发［2020］40号），拉开了我国在基础设施领域建设公募REITs市场的帷幕，填补了基础设施股权投资领域的空白。

10.2.3.2 水利投融资存在的问题

1. 投资渠道单一，融资政策相对滞后

尽管我国放开了私人融资的限制，但是水利工程自身的高风险和低收益难以吸引其他投资者进入。相关配套政策的落后也导致水利工程在面临风险时，相关债权人的利益难以得到保证，这都导致水利项目融资渠道单一。

2. 融资能力差

我国水利投资回报率低的根源在于市场化改革的不彻底。尽管国内融资渠道的市场化程度提升很快，但水利工程建设的特征决定了市场化融资渠道的应用存在较大障碍。首先，水利工程建设期长并且缺乏抵押物，银行贷款难以足额贷款。其次，地方政府受限于法律规定，不能对商业性融资进行担保，银行在缺乏本息保障的情况下贷款意愿不高。

3. 市场风险大

水利工程项目收入来源依赖于水电类等相关的产品，成本回收周期较长，由于我国水和电都是国家控制价格的商品，水利工程投产后的产品出售价格必须依靠国家相关规定，不是完全依据成本测算定价。另外，水利工程运行前期达产率偏低，造成前期还贷压力偏大，并且有可能影响到后续维护资金的筹措。

10.2.3.3 完善水利投融资机制

1. 合理配置政府资金

应认真研究国家各领域政策的承接机制，千方百计用好政策资源，对符合条件的项目，争取中央预算内支持政策和资金补助，解决基层资金配套难的问题。同时，对于到位的财政资金，要做好后期资金监管，保证工程建设和正常运行。

2. 拓宽融资渠道

面向“十四五”时期这一新的历史起点，为贯彻落实党的十九届五中全会精神，应深刻认识新发展阶段的新特征新要求，贯彻新发展理念，融入新发展格局，切实增强抓投资抓项目的责任感紧迫感，持续推进水利投融资体制机制改革创新，优化拓展各类融资渠道，推动水利建设高质量发展。

鼓励和支持政府投融资机构创新融资方式，以银行贷款、发行债券和信托产品、转让经营权、资产证券化、股权投资基金等多种方式筹集资金。加快水利企业资源重组，争取实现上市筹集资金。支持符合条件的水利企业上市和发行债券，探索发展大型水利设备设施的融资租赁业务，积极开展水利项目收益权质押贷款等多种形式融资。

3. 公益性项目或准公益性项目和经营性项目整体融资

公益性项目或准公益性项目由于缺乏明显的财务效益，缺乏社会融资的能力，只能借助政府拨款进行建设，导致项目迟迟不能上马。根据区域水利建设规划，将区域内的公益性项目或准公益性项目和经营性项目打包，统筹推进公益性和盈利性水利工程项目，使整体项目具备融资能力，促进区域水利发展。

4. 盘活存量资产

明晰存量资产产权，实现工程投融资与建设运行管理相衔接的管理体制，为盘活存量资产创造有利条件。对具有一定经营收入的存量水利资产，在确保防洪、排涝、调度和灌溉等社会公益职能的前提下，灵活采取转让项目经营权、收费权和采用政府与社会资本合作（PPP）模式、开展资产证券化（ABS）、发行不动产信托投资基金（REITs）等多种方式进行盘活。回收资金用于水利项目建设和运营，推动水利发展。

5. 完善投融资政策

一是要健全水利的投资机制，完善政府财政投入机制，包括财政投入稳定增长机制、财政补偿机制和财政信贷机制；二是要建立灵活有效的融资机制，关键是要调整水利融资政策，创新融资方式，完善投资回报机制，吸引社会资金投入；三是要培育规范化的水利市场主体，加快水利产权制度的改革，实现水利资产的保值增值。

10.2.4 建立水网智慧化管理制度

建立并完善水网智慧化管理制度，强化制度的执行与监督，创新建设机制，引导辽宁省多层次、多渠道参与智慧水利建设，推进智慧水网与物理水网同步设计、同步建设、同步运行，加大工程智能化改造力度；构建适度超前的辽宁省智慧水利标准体系，重点推动编制水利工程设施智慧化改造与建设标准及辽宁省智慧水利评价标准。建立技术创新发展激励机制，发挥互联网公司、科研院所及其他社会机构作用，推进前沿技术在水利行业创新应用的平台建设，形成多维保障体系，保证智慧水网健康、可持续发展。

10.2.5 建立健全水网运行管护常态化机制

第一，建立良好的用人培训机制。通过引进与培养相结合模式逐步提高民生水利工程运行管理队伍素质。引进那些学习能力强、适应民生水利工程管理岗位、专业技术能力较强的人才，并通过人才引进改善民生水利工程运行管理队伍结构。定期组织专业技术培训班，邀请水利科研院校教师、上级管理部门业务骨干担任培训班讲师，为民生水利工程运行管理队伍提供理论知识、专业技术的培训。第二，建立组织内部激励机制。按照职业态度、工作能力、管理效果等因素综合考核，绩优者在薪资待遇、升职等方面给予优待，以鼓励多劳多得、能者多酬。第三，引入竞争机制，通过政府购买服务方式优选维修养护单位，运用物业化管理方式对民生水利工程进行管护。第四，建立长效管护机制。地方水利部门应加强民生水利工程管护工作的指导和监督，制定民生水利工程运行管理规程、制度，落实管护单位责任与义务，并与其签订委托关系合同。水利部门联合行业协会对管护单位的运行管理成效进行监督考核。第五，扩大资金筹措渠道，建立经费良性机制。在政府财政拨款不能满足民生水利工程运行管理需要的情况下，要弥补资金缺口必须扩大资金筹措渠道，例如融资入股、群众自筹投劳等方式。第六，建立资金监管机制，实行专款专用，防止民生水利工程资金被违规截留、挤占和挪用。地方财政部门联合水利、农业等部门加强资金监管，并建立资金使用台账、大宗物品实行政府采购等制度。审计部门定期进行财务审计，并将审计结果作为下年度资金拨付的依据。

第3节　水行业监管模式研究

针对水治理在国家治理体系中的独特作用，加强系统治理、依法治理、综合治理、源头治理，立足辽宁水网建设的需要，以健全完善水法治体系、创新水行业监管体制、完善水网良性运行机制为抓手构建现代水管理体系，保障水网长期可靠运行。

10.3.1　水资源监管

随着落实最严格水资源管理制度持续深入推进，水资源管理工作重心从最初的制度建设转为日常措施落实和监督管理的实施。目前，强化水资源监督管理主要体现在水资源管理考核、水资源监督检查、监督检查结果运用等方面。

10.3.1.1　水资源监管现状

监督检查是强化水资源监管的主要抓手，是检验监管工作目标任务完成进度、效果，发现监管存在问题、漏洞和薄弱环节，并将检查成果应用于奖励或责任追究的主要方式；监督检查结果运用是基于检查形成的整改和激励机制，是强化水资源监管的重要推动因素。为落实水利改革发展要求，强化水资源监管，规范监督检查行为，确保有效落实最严格水资源管理制度，2019 年 12 月，水利部印发《水资源管理监督检查办法（试行）》（水资管［2019］402 号，以下简称《办法》），为水利部开展水资源管理监督检查提供了制度保障，有效推动了水资源强监管工作的开展。

水利部于 2019—2020 年连续 2 年开展了水资源管理和节约用水监督检查，主要检查县级行政区取用水管控、取水口取水监管、地下水监管以及落实节约用水等情况，检查结果为年度最严格水资源管理制度考核提供了依据，也为落实《办法》提供了参考。按照水利部要求，相继开展了无证取水清理整顿、取水工程（设施）核查登记、取水许可和节约用水“四不两直”监督检查、水资源强监管试点等，取得了显著成效。

今后一段时期，深入实施《办法》和开展水资源管理监督检查将成为推进水资源强监管工作的常态化手段。为深入贯彻水利改革发展，推进水利治理体系和治理能力现代化，按照国家水资源管理及考核的新要求，强化水资源监督管理将是今后一段时期水资源领域亟须落实的重点任务，也是新发展阶段下推动水资源管理工作的必然选择。开展水资源强监管体系建设，探索符合区域实际的水资源管理模式，对进一步规范水资源管理方式、推进水资源重点工作、提升水资源管理水平具有重要的现实意义。

10.3.1.2　水资源监管对策研究

为强化和规范水资源管理工作，建议从制度与标准制定、信息化管理、规范业务监管流程 3 个方面，构建由“制度与技术标准层、信息化管理平台层、日常业务监管层”组成的水资源强监管体系。制度与技术标准层是为规范监管建立的制度与标准体系；信息化管理平台层是集成水资源管理各项重点工作的信息化操作平台，实现水资源的智能化管理；日常业务监管层是为推动各项工作规范执行与有效监管的实际操作流程。

10.3.1.2.1　制度与技术标准层

结合水资源管理工作实际，围绕水利部确定的水资源管理工作目标，从合理分水、管住用水、系统治水 3 个方面提出完善水资源管理机制体制和补齐有关技术标准的建议。

1. 合理分水

为指导市、县（市、区）有序开展水量分配工作，制定出台《跨市（县）河湖水量分配方案制订技术大纲》，加强流域管理机构，省、市和县（市、区）4 级之间的协调与配合。

2. 管住用水

在用水总量管控方面，制定出台《用水总量管控办法》《规划水资源论证管理办法（试行）》《区域水资源论证评估管理办法（试行）》及相关技术标准。在取水许可方面，修订《取水许可制度与水资源费征收管理办法》，增加水资源“三条红线”管理有关要求，并针对拒不缴纳、拖延缴纳、拖欠水资源费的行为，提出具体处理规定；印发《取水工程（设施）验收管理办法（试行）》，明确范围、对象，验收主体、程序、材料准备和评估意见等内容，建立统一规范的取水工程（设施）验收准则；编制《取用水监管档案建设管理工作细则》，规范取用水档案管理，并推动建立电子档案；为有效指导取水户安装取水计量设施，组织编制《取水计量设施安装与运维技术标准》，针对不同取水口类型，提出取水计量设施选型以及安装、运维标准等，以强化取用水计量管理。在用水统计方面，依据水利部《用水统计调查制度（试行）》，结合本省实际制定《用水统计直报制度》。

3. 系统治水

制定应对突发水污染事件的应急预案，如《城市饮用水源地突发性水污染事件水利系统应对方案》《集中式饮用水源地突发性水污染事件水利系统应急预案》等，减轻突发事件对供水饮水产生的不利影响。编制省内相关河湖的生态流量保障实施方案，制定相应生态河湖评价规范。在生态流量管控方面，修订《水资源保护条例》，增加河道内水库、电站等管理单位拒不履行生态流量管控要求，不按要求下放生态环境用水等违规行为的处理规定。

10.3.1.2.2　信息化管理平台层

根据《办法》提出的重点监管事项，对已建成的水资源管理平台进行升级改造，升级研发“智慧取水”和“智慧管水”模块，搭建水资源信息化管理平台层。

1. 智慧取水模块

（1）整合水资源管理相关要素信息，建立完整的水资源管理空间数据体系，集成展示水量分配、生态流量、重要水功能区、县域行政边界等重要性控制断面和自备水源、重要饮用水水源地、地下水监测工程等信息，采集相关监测数据。按照水利部水资源监控能力建设要求，对规模以上地下水取水户开展实时监控，并实现与省级平台的无缝连接。

（2）实现取水许可全过程审批。在对接政务服务网基础上，纳入省、市和县（市、区）规划水资源论证、区域水资源评估及建设项目水资源论证相关成果，以关联区域用水总量控制红线、水量分配指标、生态流量指标、最新行业用水定额要求为前提，实现取水许可审批在线申请、审批、验收、发证等。

（3）开展水资源费线上征缴。通过“互联网＋政务服务”，结合省财政对于政府非税收入纳入统一公共支付平台的考虑，实行移动APP和网上水资源费征缴，实现水资源费征缴工作网上办、掌上办，定期向相关取水户发送电子缴款通知书，并自动生成专用二维码以对应一张通知书、一个缴款单号和一项金额。取水户可通过扫描二维码直接使用支付宝、微信、银联等移动支付手段进行支付，缴款后可自动生成电子发票并发往取水户预留的邮箱供其下载。

（4）搭建取水许可基础数据库，对取水户实行“一户一档”管理，全面梳理和完善辽宁省取水户取水许可信息，对两年以上未取水、搬迁、关停的企业及监测点进行注销，完善和更新取水企业信息，及时登记录入新增取水企业信息。建立取水户和区域取水电子台账，通过监测数据采集，形成并存储形成取水户取水电子台账和省、市、县（市、区）各级取水电子台账。

2. 智慧管水模块

（1）智能化预警。取水户取水实时状态、水源地水质水量实时状态、水量分配及生态流量重要性监管控制断面下泄流量实时状态纳入系统管理，通过规则建立、模型计算、机器学习等分析预测计算，形成当监控对象的状态不符合相关标准要求时（如取水户年度实时累计取水量达到许可水量或年度取水计划的80％时），通过平台实现向监管人员自动预警、监控对象管理人员自动通报发布、状态及时处理反馈的预警处理机制。

（2）智能化配置调度。结合水量分配、生态流量等重要控制断面的监测预警，当出现不满足相关要求时，实现水资源统一调度指令的下达，及时保障监管控制断面下泄流量满足要求。

（3）实现取水计划线上管理，利用平台采集取水户相关数据，自动展示近3年取水量，智能提出取水计划下达建议，对于年度取水量接近或超过取水计划的，纳入取水计划调整、超计划累进加价征收水资源费等功能。

（4）实现日常监督立体化覆盖。能够通过系统平台，实现监管人员、第三方机构等对取水口的巡查、取水户明察暗访、过程记录、问题跟踪、处置登记等。

10.3.1.3 日常业务监管层

围绕水资源管理涉及的水量分配、用水总量控制、取水许可、生态流量管控、水资源费征收、地下水管理、饮用水水源保护7项常规工作，结合实际管理情况，梳理监管过程中存在的漏洞和不足，全面构建和规范水资源监管流程，并编制水资源管理工作手册，以指导各级水行政主管部门开展日常监管。

1. 水量分配

按照水利部工作安排，编制完成跨省和省内江河湖库水量分配方案，并将分水指标下达到有关行政区域。监管的重点是将水量分配指标应用于区域用水总量控制，如在规划水资源论证、区域水资源评估、取水许可审批和节水评价等工作中将水量分配指标作为强制约束性指标，超出水量分配指标的规划或建设项目一律不得批准。

2. 用水总量控制

应以县级行政区为单元，建立取水许可审批信息互联互通机制，确保县级水行政主管部门清晰掌握区域内流域管理机构，省级、市级和本级水行政主管部门的全部取水许可信息，以便于准确判定该区域累计审批取水许可量（河道外）是否控制在区域用水总量指标范围内。对取用水总量已经达到或超过控制指标的地区，暂停审批新增取水建设项目。对取用水总量接近控制指标的地区，严格限制高耗水、高污染、低效益的项目，实现区域水资源供需平衡。

3. 取水许可

按照取水许可有关法律法规和水利部最新要求，全面梳理取水许可审批流程，编制《取水许可标准化审批指南》，指导各级水行政主管部门开展取水审批。同时，编制《取水许可管理便民手册》，以方便取用水户办理取水申请，延续、变更、注销和缴纳水资源费（税），办理取水计划申请等日常业务。针对辽宁省取水许可薄弱环节，应将取水许可审批、取水工程验收、取水计划下达和取水计量设施安装及检定等规范性问题作为日常监管的重点。

4. 生态流量管控

在完成区域重点河流生态流量目标核定及保障方案批复的基础上，尽快建立辽宁省统一的生态流量监测体系，加快生态流量控制断面监测设备的安装，并接入辽宁省水资源管理平台，实现实时监测和预警预报等功能。为进一步强化日常监管，可将生态流量保障落实情况纳入河湖长制工作，作为河长大巡河和日常巡河的常态化事项，并将监管落实情况纳入年度最严格水资源管理制度和河湖长制考核。

5. 水资源费征收

应尽快推广水资源费信息化计量征收，提高管理效率，逐步淘汰人工现场抄表计量的传统模式，实现自动生成电子缴费通知单，以手机短信或微信公众号的形式推送到取水户，并实现网上或手机客户端缴费。对生产经营不善或运维困难的取用水户，要规范缓缴水资源费的程序，对拒不缴纳的取用水户应严格按照相关法律法规从严处理。考虑农村供水实际，应适当降低农村供水企业的征收标准，并建立农村供水水量核定机制，同时，落实好水资源费税改革的相关要求。

6. 地下水管理

在地下水监管中，首先应确定地下水管控指标并下达，以此作为约束性指标，从严开展以地下水作为供水水源的规划或建设项目取水许可的审批，并严格落实年取水达到 5 万 m^3 及以上的地下水取用水户取水量在线监测全覆盖。同时，建立公共供水管网覆盖范围内自备水源台账，并严格执行相关关停计划。

7. 饮用水水源保护

重点加强对已实施安全保障达标建设的饮用水水源地的监督检查，确保按照批复要求完成相关建设内容，并定期组织对辖区内县城以上集中式饮用水水源地开展安全保障达标评估，对评估不合格的，应责令相关部门限期整改，并将整改落实情况纳入当年度最严格水资源管理制度考核。

10.3.2 水旱灾害风险管理

我国是世界上自然灾害最为严重的国家之一，灾害种类多，分布地域广，发生频率高，造成损失重。水旱灾害是我国主要的自然灾害之一，历来是中华民族的心腹之患，造成的直接经济损失占各类自然灾害总损失的70%。我国有超过60%的国土面积、90%以上的人口均受到不同程度的洪水威胁，重要城市、重要基础设施和粮食主产区主要分布在江河沿岸以及沿海地区，人口分布和生产力布局与洪水风险区域高度重叠。同时，我国人多水少，水资源供需矛盾突出，干旱缺水是制约经济社会发展的突出瓶颈。从我国的自然地理和气候特征来看，水旱灾害将长期存在。

10.3.2.1 水旱灾害风险管理现状

习近平总书记2018年10月10日主持召开中央财经委员会第三次会议，会议研究提高我国自然灾害防治能力。会议强调，提高自然灾害防治能力，要全面贯彻习近平新时代中国特色社会主义思想和党的十九大精神，牢固树立“四个意识”，紧紧围绕统筹推进“五位一体”总体布局和协调推进“四个全面”战略布局，坚持以人民为中心的发展思想，坚持以防为主、防抗救相结合，坚持常态救灾和非常态救灾相统一，强化综合减灾、统筹抵御各种自然灾害。会议提出要实施灾害风险调查和重点隐患排查工程，掌握风险隐患底数。国务院办公厅2020年5月印发了《关于开展第一次全国自然灾害综合风险普查的通知》，成立了国务院第一次全国自然灾害综合风险普查领导小组。2020年7月，国务院第一次全国自然灾害综合风险普查领导小组办公室印发《第一次全国自然灾害综合风险普查总体方案》（国灾险普办发〔2020〕2号）文件，启动自然灾害综合风险普查工作。普查实施分为2个阶段：一是前期准备与试点阶段（2020年）；二是全面调查、水旱灾害风险普查是全国自然灾害综合风险普查的重要组成部分。根据第一次全国自然灾害综合风险普查领导小组的统一安排部署，由水利部门负责水旱灾害风险普查的行业指导，完成水旱灾害风险普查任务，为第一次全国自然灾害综合风险普查提供支撑。按照第一次全国自然灾害综合风险普查总体目标，系统梳理水旱灾害防御工作存在的主要问题和薄弱环节，制定水旱灾害风险普查总体要求和任务内容，摸清全国水旱灾害风险隐患底数，客观认识全国和各地区水旱灾害风险水平，促进提高水旱灾害防御能力，有效防范和化解水旱灾害风险，推进水旱灾害风险管理，为国家和地方各级政府有效开展水旱灾害防治和应急管理工作、切实保障社会经济可持续发展提供权威的水旱灾害风险信息和科学决策依据。

10.3.2.2 水旱灾害防御系统基础框架

1. 数据层

数据层是整个系统的数据基础，这其中包括了九大类业务数据，其中有矢量格式数据、栅格格式数据，现场调查数据主要包括图片数据、一些记录的文档数据、表格数据及接入的外部模型运行的基础数据等。

2. 数据管理层

数据管理层是对数据进行存储，主要包括空间数据存储、关系型数据存储及缓存数据存储。其中空间数据存储使用PostGIS数据库，支持各种格式的空间数据进行存储；关系型数据库使用PostgreSQL，缓存数据库使用Redis数据库。

3. 业务支撑层

业务支撑层采用空间数据服务引擎以及动态、模型等技术，实现高并发、高可用的总体架构，主要是为系统提供业务支撑。

4. 应用接口层

组件化接口服务，实现访问高效性，所有的服务都是通过接口层进行调用，方便前端调用。

5. 应用展现层

主要包括综合信息、普查成果、专题成果、实时计算模块，可支持多种客户端的数据接入和展示。系统总体框架如图 10.1 所示。

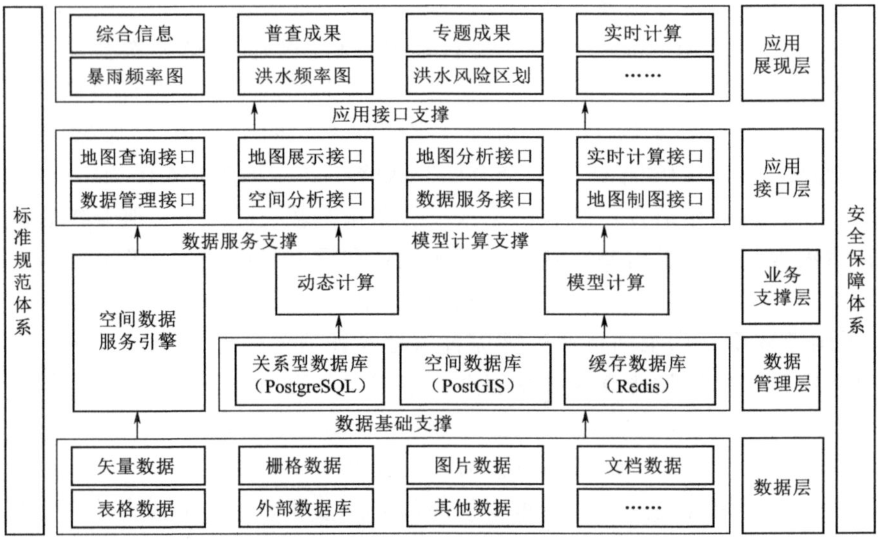

图 10.1　系统总体框架图

10.3.2.3　水旱灾害防御系统技术框架

系统建设在技术选型上遵循“先进成熟、稳定高效、安全可靠”的原则，系统的开发遵从开放标准、基于 SOA 体系，采用 B/S 应用架构、前后端分离的方式，支持 XML 和 RESTAPI 等服务接口。

基础设施包括服务器、存储设备、网络以及虚拟化环境，将计算资源、存储资源、网络资源等物理资源进行整合，以物理设备作为基本单元，形成可按需动态扩展的高基础设施包括服务器、存储设备、网络以及虚拟化环境，将计算资源、存储资源、网络资源等物理资源进行整合，以物理设备作为基本单元，形成可按需动态扩展的高性能计算环境、大容量存储环境，满足海量空间基础数据存储、高并发用户业务办理和信息查询。基于信息资源管理模式和统一的数据资源规范进行管理存储，对体系内的多比例尺、异构、海量的水旱灾害风险普查空间地理信息，按照统一的数据模型进行整合与综合管理，实现空间信息的统一组织、无缝衔接、统一服务、高效应用。

10.3.2.4　水旱灾害防御系统数据框架

本项目成果数据组织以业务开展为基础划分为 3 方面内容，分别为：水旱灾害致灾调查与评估、洪水灾害隐患调查、水旱灾害风险评估与区划。下分九大类内容，分别为：洪水频率图、暴雨频率表图、干旱灾害致灾调查与评估成果、洪水灾害隐患调查成果、中小河流洪水淹没图、防洪（潮）保护区洪水风险图、洪水风险区划及防治区划、干旱灾害风险评估、干旱灾害风险区划和防治区划。九大类下按成果包含内容又细分为56小类，通过56类数据组织与整合形成了对水旱灾害风险普查业务的整体成果数据组织框架。

水旱灾害防御系统融入省级水旱灾害风险普查成果管理平台，实现了水旱灾害风险普查成果和中间成果的有序组织和高效管理。系统主要特点包括：以数据模型为核心实现多源数据的有序组织，以动态缓存、矢量切片技术实现海量数据的高效管理，以数据看板实现数据的多维度呈现，通过分级分类实现普查成果和调查成果的汇总统计和展示，集成水文、水力学和风险评估等专业模型实现暴雨洪水淹没范围和风险实时分析计算，强力支撑未来智慧水务、数字孪生应用。

10.3.3 江河湖泊监管

目前的河湖监管信息系统存在局限性，为使业务与应用融合，全流程支撑业务工作，综合分析和智能决策支持能力，能够在物理水利及其影响区域的数字化映射中实现“四预”。因此对于河湖监管的数字孪生系统平台的深入研究具有十分重要的意义。“十四五”以来，通过全面强化河湖长制、开展流域专项执法行动、河湖“清四乱”等举措，河湖监管能力明显提升，河湖水事环境持续改善。但当前河湖监管过程中存在人工投入大，信息无法深入挖掘，缺乏统一的决策管理和可视化平台。

10.3.3.1 江河湖泊监管平台关键技术

针对河湖数字孪生系统间的信息集成需求，构建具备开放数据接入能力及综合应用能力基础服务框架，实现跨平台运行环境对数据底板、模型平台和知识平台的实时联动。内容包括：

1. 构建河湖监管数字孪生基础服务框架

基于Spring Cloud ALIBABA＋SAAS企业架构技术（如图10.2所示），以Spring Boot为核心框架对计算模型的开发、封装与接入做出统一约束与管理。为模型平台和知识平台提供数据服务支撑，实现多平台的实时联动。

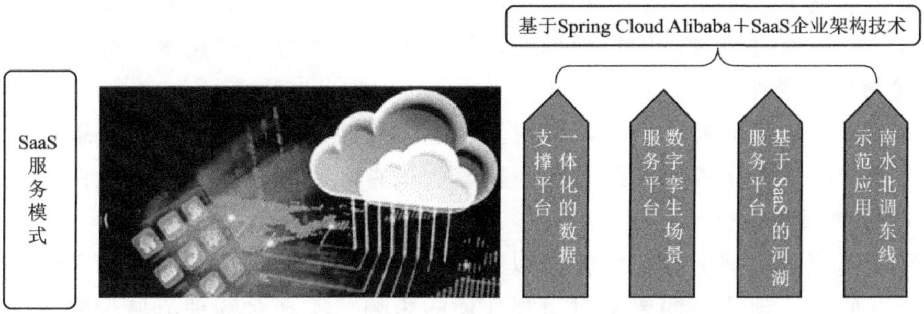

图10.2 Spring Cloud Alibaba＋SaaS企业架构技术

2. 河湖数字孪生模型数据支撑

基于HTTP协议的RESTWeb服务架构，数据库HBSE/MongoDB/PostgreSQL结合数字孪生场景生成引擎实现各类专业模型的数据交换和模型集成，为分析物理流域的要素变化、活动规律和相互关系提供技术支撑。

3. 多源异构数据之间的语义融合

针对河湖的多源数据之间在语义表达上的差异性，多维度分析，利用实体—关系—实体进行几何重构，研究多源异构数据之间的高效转换技术。

10.3.3.2 一体化的数据支持平台

针对河湖数字孪生数据资源的协调需求，基于公有云和私有云的孪生基础容器云平台，搭建河湖数字资产共享和协作平台，实现河湖原型系统的快速实施。在网络空间虚拟再现真实河湖环境，满足河湖管理业务应用需要，为河湖管理提供决策支撑。内容包括：

1. 构建数字孪生河湖数据库

基于PostgreSQL、MongoDB实现空间数据、BIM数据和属性数据等多源数据的存储与管理，实现数字孪生平台中数据层和上层业务应用之间信息高效、稳定地流动。

2. 构建多级河湖水利云

采用自建云，共享行业云和政务云等方式，构建多级水利云，实现分级运行调控。

3. 跨平台联动控制技术

基于云端分布式渲染和高清视频串流服务、多终端实时输入控制管理，突破高性能数字孪生场景的设备限制，实现互动大屏、手持、固定触控等跨终端联动控制，满足不同用户的使用场景。

10.3.3.3 基于数字孪生场景服务平台

面向数字孪生河湖流域建设对成果检验标准的需求，研发以“河湖流域预报模拟—河湖水流分析—监管智能联合调度—多方案决策协同分析”为业务主线，支撑“四预”功能全覆盖的河湖监测平台。内容包括以下内容。

1. 构建模块化处理的“四预”集成系统

遵循大系统设计、分系统建设、模块化链接的要求，在数字孪生河湖流域基础上，贯通河湖业务“四预”全链条，统一数据底板、模型平台、知识平台，实现河湖业务“四预”功能有机集成。

2. 搭建河湖预报平台

基于上述系统平台，结合水文模拟、信息技术和位移形变等水安全要素，研究河湖监测预报模型，提高预报精度，延长预见期，为河湖预警平台提供技术支撑。

3. 搭建河湖预警平台

开发遥感影像的自动解译功能，对卫星遥感历年地图数据进行识别、解译，及时发现水域变化、水域岸线变化等，并结合无人机巡查核查，提升河湖生态环境保护效率。

4. 搭建河湖预演平台

研究环境模拟及物理引擎，完整模拟光照、雨、雪、风、火、水、物理引擎，更精准有效的回溯、监控、预测不同要素对河湖环境的影响，实现对物理流域全要素和河湖治理管理活动全过程的前瞻预演。

5. 搭建河湖预案平台

基于河湖预演平台确定的方案，并考虑河湖环境、经济社会情况等，确定河湖工程调度运用、非工程措施和组织实施方式，确保预案的可操作性。

6. 新型技术融合

新一代信息技术与河湖“四预”平台的深度融合，提高河湖“四预”的数字化、网络化、智能化水平，为河湖监管的仿真评估、优化、预报和决策提供有力的数据和模型支撑。

10.3.3.4 基于 SaaS 的河湖服务平台

面向服务数字孪生河湖流域建设的技术需求，研究基于 SaaS 的服务提供模式，负责河湖服务平台前期的实施、后期的服务等。内容包括：①通过 SaaS 服务接口 API 提供数字孪生实时数据和动态模型调整使用实时执行环境，在可靠的事件系统上构建动态业务逻辑和数据处理，用实时图形表示形式可让数字孪生活灵活现；②基于云平台的分布式部署和分布式事务的数据交换和数据传递使得河湖服务平台具有较强的 portal 管理能力，服务平台在云服务器上集中托管不需要独立部署甚至物理分发来完成交付和使用，用户通过网络即可使用；③基于 SaaS 的河湖服务平台具备集成支持能力，如集成各种类型硬件的数据收集分析能力，以及具备云服务器数据库和地方数据库数据通讯能力，可以合理地将河湖的数据进行回溯分析整合，为数据分析预警以及河湖预警事件进行发布提供支持；④基于 SaaS 的河湖服务平台解决了数据孤岛与数据安全问题，提供数据分析服务器并给决策者提供参考，数据可以更加方便地进行共享，并且提供数据安全管控来解决数据安全问题；⑤河湖服务平台基于服务平台的 SSO 登录及其校验，租户及租户的客户每次访问页面或调用接口时读取配置中心配置，校验其是否有这个页面/接口的权限决定是否放行，对租户的租约到期时间进行校验，判断该租户的模块是否被定制化，若已定制化则转发到对应的定制化模块上，提供接口给租户查询自己拥有多少个模块及其页面和接口；⑥河湖服务平台可以通过物联网服务，使用 RESTAPI 连接服务设备等其他设备资产对设备进行实时的控制。

河湖监管系统应用研究，主要是通过建立数字孪生平台进行可视化呈现，解决多专业协同工作的问题，针对河湖监管过程中的关键问题，结合河湖环境和条件，提供可视化的模拟，使操作人员能够清楚地了解整个监管过程，并且能够结合河湖监测中所出现的问题对设计方案进行不断的优化，并将河湖监管事件反馈于数字孪生平台，为之后的河湖监管提供更多的参考信息，以此提高工作效率。以数据底板、模型平台、知识平台为切入点实现水域岸线管理、河湖管理决策支持，采砂管理、河湖长制管理等日常监督管理功能，为流域河湖管理提供智能支撑，具备较强的先进性。

10.3.4 水利工程管理

众所周知，水利工程质量与安全事关人民群众切身利益、国民经济投资效益和水利行业可持续发展。水利工程质量检测是水利工程质量安全保证体系的一个重要环节，水利工程质量检测数据是工程结构安全得到保证和工程质量达到合格标准的主要判断依据，保证检测工作中的独立性以及检测数据的真实性非常重要。

10.3.4.1 水利工程管理研究近况

近年来，随着信息化手段的应用，在质量检测信息化系统方面开展了一些尝试和应用。探索了水利工程质量检测信息化平台的建设工作，系统平台具有可扩展性，可以提高检测业务处理和流转效率和行业监管的效率。通过该监管系统，建设单位可以实现对水利工程质量检测单位统一管理，对水利工程质量检测过程进行全面监管，包括工程检测的整体情况、检测取样过程、检测单位的室内及现场检测工作开展情况、检测的时效性等。此外，也为各级水行政主管部门开展行之有效的工程质量飞检、督查、稽查工作提供便利，使水利工程质量检测真正成为建设单位控制工程质量的有力抓手，为评选优质工程等提供参考依据。

10.3.4.2 系统规划

1. 总体架构

水利工程质量检测监管系统可以实现数据的上传下达，从检测业务系统抓取数据，对检测数据进行分析统计，便于建设单位的管理。水利工程质量检测监管系统架构设计从试验室需要具备的基本要求着手，实现对人员配备、仪器设备、检测行为监控、检测数据、样品流转等方面的管理；消除试验室对工程质量监管不力的现象，实现对工程质量检测全过程、全流程的管理（如图 10.3 所示）。

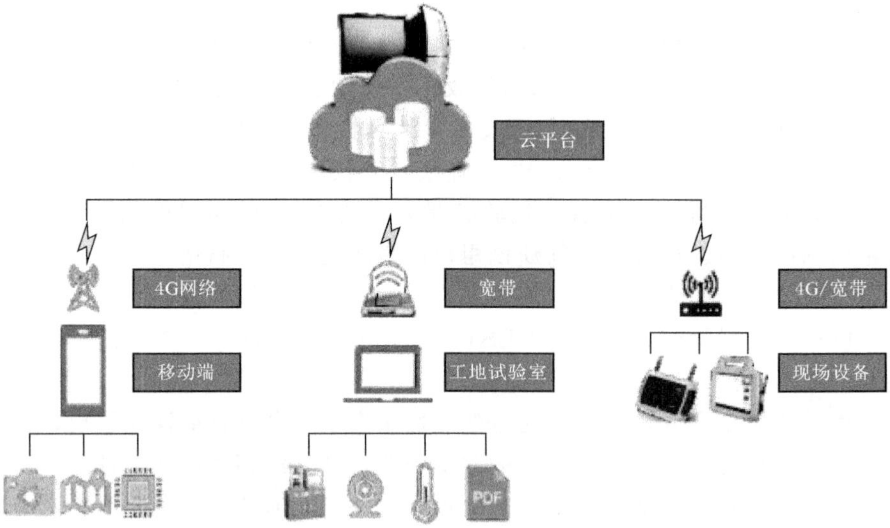

图 10.3 水利工程质量检测监管系统总体架构示意图

2. 网络架构

网络架构是基于 Internet 平台，搭建以工程质量检测数据为核心的网络架构（可扩展成云化架构），在此架构下，信息的存储、处理和交换以及检测业务处理和计算都在系统内进行。采用云服务器，可以实现数据的异地备份，设置防火墙，消除系统安全漏洞。

3. 功能结构

水利工程质量检测监管系统功能涵盖首页展示、机构管理、见证管理、检测管理、数据统计、行为监控、系统管理七方面。机构管理涵盖机构信息、人员信息、设备信息、资质信息等方面；见证管理可以实现样品信息的登记和查询功能；检测管理可以对不合格台账及检测报告进行查询，同时对检测工作进行流程管理；数据统计实现了数据的综合分析，依据不同的条件进行筛选分析；行为监控可以实现对试验室的环境和检测工作的远程监控；系统管理主要用于对系统权限和后台数据进行统一管理。

4. 用户体系

根据水利工程的特点和参建单位情况，水利工程质量检测监管系统配置了建设单位、检测单位、监理单位、施工单位 4 种用户角色，并对每种类型用户的功能、权限进行配备。

5. 业务流程

建立水利工程质量检测监管系统的业务流程，检测类别不同，检测业务流程有所区别。建设单位委托开展对比检测工作，监理单位委托开展平行检测工作，施工单位委托开展施工自检工作。

6. 软硬件要求

水利工程质量检测监管系统的构建需配备符合条件的软硬件设备（Web 服务器，操作系统：Windows Server 2012 R2，应用环境：Tomacat 7.0 或以上版本；Jrel. 8.0 等）。

10.3.4.3 功能设计

1. 机构管理

机构管理可实现机构基本信息（包括检测资质）、试验室、人员信息和检测设备信息的备案登记（将线下备案完成的信息在系统中进行信息管理）与查询管理。根据工程参建单位进行系统配置，赋予检测机构、施工单位、监理单位管理员账号权限，通过管理员账号完善机构信息，创建试验室信息（生成试验室负责人账号）。试验室负责人负责完善试验室信息、人员信息、设备信息及资质信息。

2. 见证管理

见证管理可以实现取样过程人员、见证及检测的关联性及一致性。对取样人员、见证人员进行数据库管理（包含姓名、身份证、手机号码、人脸、照片等信息），对样品进行唯一性标识（芯片、二维码等载体），对见证过程进行人员、时间、地点三要素信息采集。

3. 检测管理

检测工作受理之后开展检测，在检测业务系统生成检测报告进行审批、打印、发放、归档。检测管理可以实现检测数据及试验过程的查询，力学项目的检测数据由检测试验人员完成试验后，通过自动采集接口将力学部分的检测数据上传至本监管系统，既保证了试验数据的公正、真实性，又规范了试验室的检测行为。检测管理还可以实现试验数据勘误记录的查询，检测数据修改处理，实现严格流程化与标准化的控制管理，所有更改都将留下痕迹，记录修改类型、修改人、修改日期、修改内容、改前改后值，为事后溯源提供依据。

10.3.4.4 数据统计

水利工程质量检测监管系统可以对检测数据进行多维度的统计分析。可以按工程项目、标段进行检测报告的汇总统计，统计总样品数、不合格数及不合格率，客观的反映各检测项目/参数的质量情况。可以按工程项目、标段、检测类别统计检测样品组数，统计施工自检样品组数及总检测量占比、不合格数及不合格率；统计对比检测样品组数及总检测量占比、不合格数及不合格率；统计平行检测样品组总数及总检测量占比、不合格数及不合格率。可以按试验室统计，统计各试验室检测数据汇总情况。

10.3.4.5　行为监控

1. 视频监控

试验室视频监控是对试验室检测过程的视频录像，结合数据上传、验证相关人员身份进行监督和控制管理。利用互联网技术，可通过网络实时视频监督检测过程或事后查看视频录像，加强对试验室和检测人员监管，确保工程检测信息的真实性。检测环节应监控整个检测过程，包括检测环境调控及记录、检测人员数量、使用的仪器设备、采集过程及操作步骤等。监控范围可包括试验室（或检测机构）的水泥试验室、骨料试验室、力学试验室、化学试验室、耐久性试验室等。

2. 温湿度监控

检测场所的温湿度监测控制是保障检测客观准确的基础条件。通过温湿度监控，管理部门可清晰的获知试验室对试件养护环境及设备对温湿度的控制准确与否。通过加强试验室及养护室的温湿度控制，避免环境条件直接影响试验的检测结果。

10.3.4.6　系统管理

系统管理可以实现系统参数设置、检测范围设置、工程项目划分、机构信息管理、用户角色管理、用户权限管理等方面的统一管理。

第 4 节　重大工程建管模式研究

水利工程的建设管理和运行管理其实只是水利工程项目的不同阶段，两者密不可分，建设是前提，运行管理是目的。运行管理是建设阶段的后序阶段。在工程建设期间，管理单位不参与或较少地参与工程建设的设计、实施过程，在工程完工后由建设方整体移交给管理单位。这种建管分离的模式，导致移交后的工程与工程实际运行的要求有差距，影响工程运行和效益的发挥。

随着中央及地方陆续出台一系列关于推进工程总承包的指导性意见及相关规定，近年来在水利工程建设中涌现出了代建制、设计采购施工总承包（EPC）、项目管理总承包（PMC）、设计施工总承包（DB）、项目管理服务（PM）等多种建管模式，大幅度提升了水利工程建设管理水平。为了更好地发挥工程效益，需对不同的水利工程选用适合的建管模式。

10.4.1　代建制

代建制的运作过程就是水利工程主管部门经过招标方式，委托一家专业工程管理公司代表水利工程主管部门对工程进行全过程管理，在工程项目决策阶段为主管部门编制可行性研究报告，进行可行性分析和项目筹划；在项目实施阶段为业主提供设计和施工招标代理、设计管理、施工管理和试运行等服务，代表水利工程主管单位对工程的安全、进度、质量、费用、合同、信息进行管理和控制，竣工验收后移交给运行管理单位。

10.4.1.1　代建制特点

（1）通过公开招标、邀请招标或直接指定等方式选择项目管理公司，作为项目建设期间的法人，全权负责项目建设全过程的组织管理。

（2）专业化管理，提高管理效率。实现了项目管理队伍的专业化，从而有效提高了项目管理水平，有效控制了施工质量、投资及进度，保证了财政资金的使用效率。

（3）提高投资效益，遏制工程中的腐败。代建制对控制工程进度、质量和投资，提高投资效益具有积极的作用。由专业部门承接项目法人难以履行的职责，实现配置合理化、管理专业化、责权明确化、运作透明化，保证工程质量，提高投资效益，明确项目所有者、建设者和使用者的责任，使其利益相分离，从源头上遏制腐败，减少行政成本，提高运转效率。

10.4.1.2 代建制存在的问题

代建单位一般难以承担筹措工程建设资金、协调地方政府推进征地拆迁移民安置、维护工程建设外部环境等方面工作。

另外，代建制的代建单位是项目实施期间的法人，按照合同约定全权负责项目管理，承担项目风险及建设过程中产生的民事责任。但利润回报除有限建管费外，约定的结余分成存在极大不确定因素，风险责任与回报不对等。没有充分考虑到企业利润实际状况，只有提出并实施科学合理的代建取费标准，维护代建单位合法利益，才能推动代建市场全面健康发展。

10.4.2 设计采购施工总承包（EPC）

EPC是设计（Engineering）、采购（Procurement）、施工（Construction）的英文缩写，是总承包商按照合同约定，完成工程设计、材料设备的采购、施工、试运行（试车）服务等工作，实现设计、采购、施工各阶段工作合理交叉与紧密融合，并对工程的进度、质量、造价和安全全面负责的项目管理模式。

10.4.2.1 EPC的特点

（1）责任主体明确。业主与工程总承包企业签订合同，责任明确，工程总承包企业对工程的进度、质量、造价和安全等全面负责。有利于简化合同关系，克服设计、采购、施工责任分离、相互脱节的矛盾。

（2）采用总价合同。为工程总承包企业优化工程和合理控制工程风险增加动力，有利于发挥总承包企业的创造性和积极性，有利于缩短项目建设周期，有利于综合控制项目进度、质量及安全，提高投资效益。

（3）以设计为龙头，与施工、采购深度融合。充分发挥设计的龙头主导作用，促进新技术、新工艺、新方法的应用。工程总承包企业是设计、施工、采购的利益共同体，为其深度交叉融合，优化工程方案构建了共同的平台。

10.4.2.2 EPC存在的问题

（1）缺少与不确定性较大的水利工程项目相匹配的科学合理的合同计价方式。对于不确定性较大的水利工程项目来说，如采用固定总价合同，显然存在较大风险，该风险不管由谁承担，对工程建设而言均为不利；如采用传统的单价合同，对工程总承包企业的激励属性就会大幅降低，失去了EPC总承包管理模式的优势。另外，目前水利行业工程审计、财评等按实计量，采用单价合同，与EPC总承包采用总价合同结算也存在冲突。

（2）建设项目业主不能彻底摆脱传统的项目管理模式，对项目进行过多的干预，难以按照EPC总承包管理模式来真正实行。

（3）总承包企业功能不匹配。目前大部分企业由于国内市场发育及资质壁垒等原因，只能组成联合体或者进行分包，设计企业在施工管理和项目管理上缺乏经验，施工企业很难与设计进行深度交叉融合，这在很大程度上制约了工程总承包的发展。

10.4.3 项目管理总承包（PMC）

项目管理总承包（PMC）是工程总承包的一种主要模式，是指项目业主聘请具备相应资质和能力的工程公司或咨询公司代表业主进行整个项目实施过程的管理，这家公司在项目中被称作“PMC 承包商”。

10.4.3.1 PMC 的特点

1. 有助于优化项目建设管理流程

传统平行发包模式中项目法人单位需要逐一招标，逐一与参建各方订立合同关系，需耗费大量的时间和精力协调施工和供货商等参建各方，需派驻不同专业的人员进行现场管理。但在 PMC 模式中项目法人单位只需与 PMC 单位发生合同关系，由 PMC 单位统筹全局，协调设计、施工、采购等参建各方深度融合，实现技术、人力、资金和管理资源的高效组合、优化配置，使项目法人单位能够更好的管理项目建设。

2. 有助于控制项目总投资

目前水利工程建设项目 PMC 模式多数采用“固定总价承包”合同，直接将项目建设投资控制在项目管理总承包合同价款内或批复的概算范围内，传统建设模式中的一般设计变更、设计漏项、施工方案调整等引起的成本费用增加等均在总价包干范围之内。

3. 有助于发挥设计单位的积极性

PMC 模式前期咨询单位（包括可研和初设编制单位）可参与项目管理，且对整个项目情况的了解充分，代项目法人单位管理时能更好地统管全局，把握建设节点，充分发挥设计单位的作用。同时，采用 PMC 模式的水利工程项目中，中标单位大多为设计单位，为实现项目效益最大化、控制建设成本，大多会对建设项目进行设计优化，缩短工期，以实现成本最低。

10.4.3.2 PMC 存在的问题

1. 无相关招标标准文本和合同文本

PMC 模式虽然实行多年，因无相关法律法规支撑依据，各个行业都未订立相关的招标文件标准文本，故没有可参考的招标文件标准文本和合同文本，在项目 PMC 招标时，对投标人资质要求、评分办法没有一个统一标准，在编制招标文件中的合同条款时，也没有标准。

2. 管理缺位和协调难度大

当前水利工程建设项目 PMC 模式中项目法人单位与施工、采购单位无直接合同关系，在实际项目建设过程中存在管理缺位，无法直接调动施工、采购单位，对工程质量、安全、进度参与度较低，项目法人单位选择的项目管理公司水平高低直接决定这个工程的成败。在实际的项目管理过程中，作为 PMC 单位仅代表业主对工程建设进行管理控制，对工程建设移民征地、政府协调等与工程建设息息相关的外部协调难度较大。

3. PMC 单位与监理单位职责定位不明

PMC 管理单位和项目监理单位都是项目法人单位通过招投标形式确定的，在管理关系上都是为项目法人单位服务，PMC 项目管理单位与监理单位不存在直接合同关系，现行的监理规范规程以及与项目法人单位签订的合同要求监理单位直接服务于项目法人单位，对工程的质量、安全把握控制。项目管理承包单位代项目法人管理整个项目建设，但不直接管理监理单位。

10.4.4 设计施工总承包（DB）

DB总承包是工程总承包企业按照合同约定，承担工程项目设计和施工，并对工程质量、安全，工期、造价全面负责。

设计施工模式（DB）先是投资方提供基本设计，然后再由承包商进行具体地详细设计，这就造成了设计的过程出现了断层，缺乏连续性。如果以投资方的简单的基本设计为参考，则很难具体的把握好项目的基本要求。因此有很多的不确定因素存在于基本设计之中，承包商采用了这一模式会面临着极大的风险。

10.4.5 项目管理服务（PM）

PM模式有利于提高建设期项目管理水平，为实现项目建设目标提供保障。该模式可以有效地缓解项目建设单位建设期管理人员不足（建设单位依然承担主要管理职责，仍需要配备一定数量的管理人员），又避免了项目建成后大量闲置人员的安置，有利于精简建设单位机构。

PM单位不是工程建设责任主体，主体责任仍需由建设单位承担。建设过程中存在建设单位与PM承包人责权交叉、管理混乱等潜在风险。

10.4.6 改进建管模式的对策

10.4.6.1 规范组建项目法人

大型水利工程项目法人是工程建设的责任主体、现场管理主体和实施主体，对项目建设的工程质量、工程进度、资金使用和安全生产负总责。无论选择哪种建管模式，项目法人的主体地位和主导作用均不可替代，也直接关系工程建设的成败。明确项目法人组建权限。建议由市（州）或省人民政府组建市管或省管事业单位或国有企业，作为新建大型工程项目法人。

法人代表应为专职人员，应具备以下素质和能力：一是要有丰富的项目建设管理经验，熟知项目建设程序和管控重点；二是要有较强的组织协调能力，能够统筹协调参建单位；三是要有敢于担当、善于决断的敬业负责精神；四是要配齐配强技术力量。项目法人单位技术负责人应具有水利高级专业技术职称、有丰富的技术管理经验，负责过中型及以上水利工程的建设管理。专业技术人员结构应合理，工程建设管理涉及的技术、经济、财务、招标和合同管理等方面的人员应满足要求。

10.4.6.2 择优选好总承包单位

无论选择哪种模式，参建单位的选择都至关重要。

（1）资质资格必须满足要求。总承包单位要具备与工程等级相匹配的设计资质、施工资质。

（2）人员能够满足要求。总承包单位必须具有与工程规模相适应的工程总承包项目经理、技术负责人、质量与安全负责人等，且能够按合同到岗履职。储备、培养具备项目管理、设计理论、施工技术、采购合同、工程经济等技能的各类专业综合型人才。

（3）项目管理能力要相匹配。总承包单位要具有与工程相适应的项目管理能力和财务能力，要具有一定数量实施良好的总承包项目业绩。

10.4.6.3　推行水源到用水户建管的统一策划

目前，水利工程建设存在分段建设的问题，工程骨干工程建设完成后，后期配套由于资金不到位问题，存在搁置、不建设问题，导致工程不能及时运行，发挥应有的效益。配套工程的建设涉及具体用水户，工程建设过程中容易出现扯皮问题，社会资本没有政府管理的权利，导致工程建设进度缓慢，效率低下等问题，社会资本不愿参与工程配套的建设管理。推行水源到用水户统一建管的策划可以避免工程前后规模不匹配，配套不到位造成工程闲置浪费。

结　语

水网和松辽运河的实施将显著提升区域水资源调配能力，缓解北方水资源短缺问题，促进农业灌溉和工业用水保障。同时，运河的通航将加强南北物流效率，降低运输成本，推动沿线经济发展。生态方面，通过合理的水资源调度，有助于改善区域生态环境，恢复湿地，提升生物多样性。此外，项目的实施还将带动相关基础设施建设，创造就业机会，促进区域经济一体化，为东北振兴和京津冀协同发展提供有力支撑。

水网战略将实现防洪、供水、灌溉、水文化景观等多方面的经济社会效益。辽宁省防洪排涝防潮体系全面形成，重要城镇防洪标准全面达标，促进经济稳定发展与社会安定。水资源实现节约集约高效利用，河流开发利用率得到有效控制，实现水资源空间均衡配置，新增供水量约 30 亿 m^3，城镇供水水源全部达到“一源一备”，城乡供水基本实现一体化，保障 3420 万城镇人口、940 万农村人饮的用水安全。新增灌溉面积 740 万亩，新增高效节水灌溉面积 1000 万亩，灌溉保证率提高，维护粮食安全能力大幅提升。水利基本公共服务均等化水平显著提升，提高广大人民群众的生活水平和质量，有力支撑实现共同富裕。

水网战略将有效减少洪涝潮灾害带来的经济损失，为落实国家重大战略，以及城镇化进程的推进提供可靠水源。增加粮食产量，提高农村居民收入，为区域经济结构优化调整创造条件，促进经济稳定运行。通过生态廊道、水文化水景观建设，带动区域精品旅游业发展，推进旅游与生态、文化等产业深度融合，实现水兴产业、水活经济。

水网战略涉水生态空间分类分区管控和涉水生态保护红线管控体系基本建立，河湖水域空间得到充分保护。水土流失得到基本控制，水土保持率提高至 80%以上，水源涵养能力显著提高。重点河湖绿色生态廊道全面建成，重要河湖生态流量得到有效保障。水库、湖泊等水体富营养化状况显著改善，集中式饮用水水源地水质全面达标。城市、县城污水处理率分别达到 99%、90%以上，河湖生态环境全面改善。美丽幸福河湖建设全面推进，水生态系统质量和稳定性明显提升。

松辽运河是优化提升全国水运网络、加快建设国家综合立体交通网的联网工程，建成通航后将直接开辟东北内地区乃至俄蒙运距最短、最经济最便捷的出海通道，将推动形成陆海内外联动、南北双向互济的全方位开放格局，对东北和我国政治、经济、社会、文化发展具有重大战略意义。松辽运河在优化船舶能源结构，提高 LNG、电动船舶货运占比基础上，大气污染物排放量相比可减少 40%～76%；二氧化碳排放量可减少 22%～42%，松辽运河全线 2035 年和 2050 年二氧化碳减排量分别可达 245 万 t、336 万 t；进一步提高船舶清洁能源和新能源应用比例，优化船舶航速，加装船舶尾气处理设施等措施，大气污染物排放量相比可减少 69%～95%；二氧化碳排放量可减少 46%～72%，松辽运河全线

2035 年和 2050 年二氧化碳减排量分别可达 279 万 t、386 万 t。松辽运河大气污染物和二氧化碳减排效益相当显著。运河通航后，能够推动内河港口规模化、集约化、现代化发展，推动交通运输的结构性节能减排，促进绿色发展。将使依托内河水运的煤炭、矿建材料、水泥、金属砂石、粮食、集装箱等货种的物流成本大幅降低，工程对于促进交通行业节能减排具有积极意义。

运河水资源调配的环境正效益主要包括水容量变化带来的纳污能力增强，以及调水工程带来的改善气候环境、增补地下水和改善沿线水环境质量等。调水工程的生态环境正面效益主要为输水线路、航道和受水区。输水时，通过对输水线路区沿岸的适当水资源补给，可增加土壤湿度，形成有益于植物生长的良好生境，降低地表温度，增加陆面蒸发，在一定程度上改善局部气候。通过沿途的渗漏补给或是人工补给，可适当增补沿线的地下水，抬升沿线地下水位。输水过程中沿线水库的蓄泄，增加河网水系的连通性和流动性，提高水体的自净能力。在极端干旱情况下，可以承担应急生态补水保障任务。调出区水体水质要优于受水区水体水质，通过调出区优质水源的输入，减轻水体污染物浓度，改善受水区水体的水质，增大受水区水体的水环境容量。运河开发在流域上形成新的水库型河道，库区形成许多库湾，生长了多种水生植物和动物，成为人工湿地，为湿地动、植物提供了生存条件，因此在库区和库周会增加多种适合湿地环境的动、植物物种，提高了局部区域的生物多样性价值，增加了水域的综合功能。在枢纽建设的基础上，合理优化水工建筑物的布置和造型，并适当加以装饰设计，使其在景观上起到美化环境的作用。可根据具体要求和地势环境条件，修建人工港湾、池塘，放缓岸坡，建造森林公园、草坪、花圃及景观建筑，修建水上娱乐设施，组成新的水环境景观系统。另外，利用工程弃渣填筑冲沟，形成人工阶地，可绿化美化，形成人工景观。水库型河道对供水、灌溉环境具有的改善作用。有调整河道径流的作用，枢纽的通航下泄水具备稳定、可控制供水和灌洒的条件。使河水水量、水质季节性变化减小，保证水厂运行均衡，促进地区经济的发展，改善当地居民的生活环境，提高生活质量。天然状态下的河流水资源，由于径流量的季节性变化，不可能保证流域内灌溉面积大幅度增加。建设枢纽后，径流得到充分利用，使灌溉面积大大增加，并使作物产量大幅度提高。

辽河流域水战略研究具有重要的现实意义和长远价值。研究为科学规划和管理辽河流域水资源提供了依据，有助于缓解水资源短缺、水质污染等问题，保障区域用水安全。研究能够优化水资源配置，支撑农业、工业、生态等多领域协调发展，促进区域经济可持续增长。此外，通过生态补水和水环境治理，研究有助于修复流域生态系统，提升生物多样性，改善人居环境。最后，辽河流域水战略研究为全国水资源管理和流域综合治理提供了重要参考，对推动生态文明建设和实现高质量发展具有示范意义。

参 考 文 献

[1] 李原园，张宜清，杨晓茹. 完善流域防洪工程体系提升洪涝灾害防御能力 [J]. 水利发展研究，2021，21 (9)：28-29.

[2] 王银堂，胡庆芳，苏鑫，等. 变化环境下流域防洪韧性提升对策 [J]. 中国水利，2022 (22)：21-24.

[3] 朱菲. 辽宁省防汛抗旱水利信息化提升工程建设研究 [J]. 水利发展研究，2019，19 (4)：38-41.

[4] 齐玉亮. 松辽流域防汛抗旱减灾体系建设与成就 [J]. 中国防汛抗旱，2019，29 (10)：80-88.

[5] 杨得瑞. 推进中国式现代化水资源管理的担当和作为 [J]. 中国水利，2023 (19)：1-4.

[6] 杨芳，刘晋，王建国，等. 粤港澳大湾区水利标准现状与发展趋势 [J]. 中国水利，2023 (1)：26-31.

[7] 李肇桀，张旺，王亦宁，等. 加快建立健全节水制度政策 [J]. 水利发展研究，2021，21 (9)：18-21.

[8] 杨研，夏朋，梁宁. “四水四定”制度体系构建思考 [J]. 中国水利，2023 (9)：51-54.

[9] 马睿，李云玲，何君，等. 我国水资源承载力分析及分区管控对策 [J]. 南水北调与水利科技（中英文)，2023，21 (2)：209-217.

[10] 许继军，王永强. 长江保护与利用面临的水问题及其对策思考 [J]. 长江科学院院报，2020，37 (7)：1-6.

[11] 王平，郦建强，何君，等. 现代水网规划编制的战略思考 [J]. 水利规划与设计，2021 (9)：3-6.

[12] 徐翔宇，何君，高兴德，等. 区域现代水网建设总体战略与基本策略的有关思考 [J]. 水利规划与设计，2023 (4)：5-9.

[13] 廖晓玉，高远，金思凡，等. 松辽流域智慧水利建设方案初探 [J]. 中国防汛抗旱，2022，32 (2)：40-43.

[14] 曾焱，程益联，江志琴，等. “十四五”智慧水利建设规划关键问题思考 [J]. 水利信息化，2022 (1)：1-5.

[15] 刘志雨. 提升数字孪生流域建设“四预”能力 [J]. 中国水利，2022 (20)：11-13.

[16] 关明皓. 面向智慧水利的辽宁智慧使能与应用支撑平台建设 [J]. 水利技术监督，2023 (2)：35-38.

[17] 金思凡，廖晓玉，高远. 数字孪生松辽流域防洪“四预”应用建设探究 [J]. 中国水利，2022 (9)：21-24.

[18] 蔡阳. 以数字孪生流域建设为核心　构建具有“四预”功能智慧水利体系 [J]. 中国水利，2022 (20)：2-6.

[19] 邱振宇，郑懋岚，吴晓峰. 政策性金融支持国家水网建设的机遇和对策 [J]. 农业发展与金融，2023 (6)：88-90.

[20] 董令三，于汛然. 构建东北亚国际水运大通道的设想 [C] //2022 世界交通运输大会（WTC2022)，中国，武汉，2022.

[21] 陈金木，汪贻飞. 我国水法规体系建设现状总结评估 [J]. 水利发展研究，2020，20 (10)：64-69.

[22] 王小娜，乔根平. 多渠道融资助推水利基础设施建设 [J]. 水利发展研究，2021，21 (11)：16-20.

[23] 李木子. 新发展理念下创新水利投融资模式 [J]. 经济研究导刊，2023 (4)：93-95.

[24] 陈茂山，庞靖鹏，严婷婷，等. 完善水利投融资机制　助推水利高质量发展 [J]. 水利发展研究，2021，21 (9)：37-40.

参考文献